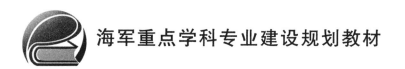海军重点学科专业建设规划教材

自动测试技术实验教程

王朕　肖支才　秦亮　聂新华　编著

北京航空航天大学出版社

内 容 简 介

本书从系统集成与应用角度介绍自动测试技术理论知识和实践训练项目。全书共 6 章,分为三个部分。第一部分(第 1 章～第 3 章)为理论知识篇,主要介绍自动测试简介和虚拟仪器技术、测试总线技术和软件开发技术;第二部分(第 4 章和第 5 章)为教学实验系统篇,主要介绍教学实验系统所采用的教学实验开发软件(Microsft Visual Studio 和 C♯ 语言)、教学实验系统的硬件组成、教学实验系统的应用软件和利用本教学实验系统开展实验项目二次开发的方法和步骤;第三部分(第 6 章和附录)为实验篇,主要介绍简单自动测试系统的开发流程及五个实验训练项目。本书设计合理、体系完整、知识连贯;书中内容理论联系实际,实验流程步骤详实,实用性强,能为学生更好地掌握自动测试技术的理论知识,熟悉自动测试设备的开发流程,并开展自动测试设备故障诊断与维修提供理论和实践指导。

本书主要用作测控技术与仪器、武器自动测试设备、导弹设备维修等本科或士官专业的"自动测试技术"或"自动测试设备"等相关课程的实验教程,也可作为高等院校测控技术与仪器、电气工程及其自动化等相关专业与自动测试相关课程的实验教程或参考书,也可供从事电子设备或装备的测试与维护等工作的开发人员、科技工作者、工程师和研究人员参考。

图书在版编目(CIP)数据

自动测试技术实验教程 / 王朕等编著.－－北京：
北京航空航天大学出版社,2020.9
ISBN 978－7－5124－3311－3

Ⅰ.①自… Ⅱ.①王… Ⅲ.①自动测试系统－高等学校－教材 Ⅳ.①TP274

中国版本图书馆 CIP 数据核字(2020)第 132929 号

自动测试技术实验教程

王朕　肖支才　秦亮　聂新华　编著
责任编辑　金友泉

＊

北京航空航天大学出版社出版发行

北京市海淀区学院路 37 号(邮编 100191)　http://www.buaapress.com.cn
发行部电话:(010)82317024　传真:(010)82328026
读者信箱:goodtextbook@126.com　邮购电话:(010)82316936
涿州市新华印刷有限公司印装　各地书店经销

＊

开本:787×1 092　1/16　印张:18.75　字数:480 千字
2020 年 9 月第 1 版　2020 年 9 月第 1 次印刷　印数:1 000 册
ISBN 978－7－5124－3311－3　定价:56.00 元

前　　言

随着现代信息电子技术的高速发展,电子设备和武器装备的自动化、信息化、智能化水平越来越高,结构也变得日益复杂。作为性能检测或故障诊断效率提升的重要因素,自动测试技术越来越多地用于工业电子设备和现代武器装备的测试维修和故障诊断。为帮助读者从系统集成与应用或自动测试系统研发角度深入理解自动测试的基本理念,掌握自动测试的关键技术,熟悉自动测试设备的工作原理,编者结合本校相关专业要求、教程应用背景以及笔者的实践经验,编写了本教程。

全书共 6 章,分为三个部分。

第一部分为自动测试理论知识篇,包括第 1 章、第 2 章和第 3 章。第 1 章为绪论,首先介绍测试和测量数据误差处理、总线及自动测试相关概念等基础知识,然后介绍自动测试系统发展历程、未来关键技术,最后介绍虚拟仪器技术;第 2 章为测试总线技术,首先介绍串行通信的基本概念、典型 RS - 232C/422/485 串行通信总线和 1553 总线的组成、原理和使用等相关内容,其次从结构、工作原理、消息编码等方面介绍 GPIB(又称为 IEEE488)并行总线技术,然后介绍 VXI 和 PXI 两种系统总线的基本概念、结构和原理使用等内容,最后介绍 LXI 总线的技术规范和触发使用等内容;第 3 章为软件开发技术,主要介绍虚拟仪器软件架构 VISA、可编程程控命令 SCPI 和 VPP 仪器驱动程序等自动测试系统开发必备的软件开发技术。

第二部分为教学实验系统篇,包括第 4 章和第 5 章。第 4 章为实验开发软件,首先介绍集成开发软件 Microsoft Visual Studio(满足教学实验系统需求且硬件性能要求最低),然后介绍 C♯软件开发语言的基础知识;第 5 章为教学实验系统,首先介绍教学实验系统的基本性能和工作原理,然后着重介绍该系统的硬件选型与配置、软件设计与使用,最后介绍利用该教学实验系统从服务端或客户端进行实验项目二次开发的方法和步骤。

第三部分为实验篇,包括第 6 章和附录。第 6 章为课程实验,首先介绍实验开发流程和要求,然后按步骤详细介绍程控通信接口实验、任意波形发生器编制实验、串行接口通信原理验证实验、温度测试系统搭建实验、GPIB 仪器通信实验 5 个项目的开发过程,并给出每个实验项目的实验结果及要求;附录部分为 4 个开发性实验项目的完整参考程序。

通过本教程的学习,学生应掌握自动测试技术的基础知识、自动测试系统或自动测试设备的开发流程,熟悉自动测试设备的基本架构,掌握一门自动测试系统开发软件和语言,初步具备对自动测试设备本身故障的诊断和维修能力。

本教程由王朕副教授、肖支才副教授、秦亮讲师共同编写,聂新华讲师完成了文字检查并绘制了大量插图。史贤俊教授担任本书的主审,并提出了许多宝贵的意见,在此表示诚挚的谢意。

在本教程的编写过程中,参考了国内外相关资料,特别是兄弟院校的相关教材及相关产品技术说明书,在此对原作者致以深深的谢意。同时,大学及学院各级学院教科处等领导机关给予了极大支持,在此表示衷心感谢。

由于编者水平有限,错误疏漏在所难免,恳请读者、专家批评指正,以便修订时予以更正。

编　者

2020 年 4 月

目　　录

理论知识篇

实验系统篇

实验篇

理论知识篇

第1章 绪 论

1.1 自动测试简介

1.1.1 基础知识

1. 测量与测试

以确定量值为目的的一组操作叫作测量。一组操作的结果可得到量值,或者进一步说可以得到数据,这组操作才称为测量。例如:某人的身高 1.78 m 就是通过测量得到的;对某固体表面所进行的硬度试验不能称为测量,因为这一操作并不能给出量值。

在生产和科学实验中经常进行的满足一定准确度要求的试验性测量过程叫作测试。例如,对某交流电源的性能进行测试,交流电源相关技术指标均有准确度要求;如输出电压为 (115 ± 5) V,频率为 (400 ± 5) Hz,波形失真度$<3\%$,对该交流电源的技术指标进行试验性的测量过程叫作测量。

测试与测量概念的区别体现在如下几个方面:

① 测试是指试验研究性质的测量过程:这种测量可能没有正式计量标准,只能用一些有意义的方法或参数去"测评"对象状态或性能,比如对人的能力测评和对不规则信号的测量都属于这种性质。

② 测试也可以指只着眼于定性而不重定量的测量过程:比如,数字电路测试主要是确定逻辑电压的高低而非逻辑电压的准确值。这种测量过程也称为测试。

③ 测试也可以指试验和测量的全过程:这种过程既是定量的,也是定性的,其目的在于鉴定被测对象的性质和特征。

总之,测试与测量两个概念的基本含义是一致的,但测试概念的外延更宽,更注重强调试验性质与过程。

2. 测量误差

在实际测量中,由于测量设备不准确,测量方法和测量手段不完善,测量环境不规范等因素的影响,都会导致测量结果偏离被测量的真值。测量结果与被测量真值之差就是测量误差。测量误差的存在是不可避免的,一切测量都有误差,且自始至终存在于所有科学试验过程之中,这是误差公理。人们研究测量误差的目的就是寻找产生误差的原因,认识误差的性质和规律,从而找出减小误差的途径与方法,以获得尽可能接近真值的测量结果。下面首先介绍测量误差的几个名词术语。

① 测量误差:测量值与被测量真值之差,包括系统误差和随机误差。

② 测量值:由测量仪器设备给出或提供的测量结果的量值。

③ 真值:表征物理量与给定特定量的定义相一致的量值。真值是客观存在的,但它是不

可测量的。随着科学技术的发展,人们对客观事物认识的提高,测量结果的数值会不断接近真值。在实际计量和测量工作中,经常使用"约定真值"和"相对真值"。

④ 重复性:在相同条件下,对同一被测量进行多次连续测量所得结果之间的一致性。相同条件包括相同测量程序、相同观测人员、相同测量设备、相同地点和相同的测量环境等。

(1) 测量误差的分类

测量误差一般按其性质分为系统误差、随机误差和疏失误差。

1) 系统误差

系统误差是指在相同条件下,对同一物理量无限多次测量结果的平均值与被测量的真值之差。

系统误差具有量大小、方向恒定不变或按一定规律变化的特点。大小、方向恒定不变的系统误差为已定系统误差,在误差处理中可被修正;按一定规律变化的系统误差为未定系统误差,在实际测量工作中方向往往不确定,在误差估计时可归纳为测量不确定度。

系统误差的来源主要包括:

① 方法误差:由于检测系统采用的测量原理与测试方法本身所产生的测量误差,是制约测量准确性的主要原因。

② 装置误差:检测系统本身固有的各种因素影响所产生的误差。传感器、元器件与材料性能、制造与装配的技术水平等都影响检测系统的准确性和稳定性,由此均产生测量误差。

③ 随机误差:偏离额定工作条件所产生的附加误差以及试验人员素质不高产生的非随机性人员误差。

测量条件确定后系统误差为一定值,针对系统误差产生的原因,采用一定的修正措施后可以减小系统误差。

2) 随机误差

随机误差是指测量示值与重复条件下同一被测量无限多次测量结果的平均值之差。

随机误差表现为在相同条件下,对同一参数多次测量,其结果以不定方式变化。随机误差产生于试验条件的微小变化,如温度波动、电磁场扰动、地面振动等。由于这些因素互不相关,人们难以预料和控制,因此随机误差的大小、方向随机不定,不可预见也不可修正。

在重复条件下对一个参数进行多次测量,其随机误差服从正态分布,当重复测量的次数足够多时,随机误差的期望值为零,这一特性通常被称为随机误差抵偿特性。

3) 疏失误差

疏失误差是指测量值明显偏离实际值时形成的误差,它是统计异常值。也就是说,含有疏失误差的测量结果明显偏离被测量的期望值。

产生疏失误差的原因有读错或记错数据,有使用缺陷的计量器具以及试验条件的突然变化等。含有疏失误差的测量值在处理时应剔除不用。

应当指出,上述 3 类误差的定义既科学又严谨,不能混淆。但在测量实践中,对于测量误差的划分是人为的、有条件的,在不同测量场合、不同测量条件下,误差之间可以相互转化。

(2) 测量误差的表示形式

测量误差可以用绝对误差或相对误差表示。

绝对误差定义为示值与真值之差,相对误差定义为绝对误差与真值之比,通常用百分数表示。

在测量实践中,误差的分析常用绝对误差,测量结果准确度的评价常常使用相对误差。

1) 随机误差

$$\delta_i = X_i - E_x \qquad (1-1)$$

式中:δ_i——第 i 次测量的随机误差($i=1,2,\cdots,n$);

X_i——第 i 次测量的结果,有

$$E_x = \lim_{n \to \infty} \frac{1}{n} \sum_{i=1}^{n} X_i \qquad (1-2)$$

E_x——无穷多次测量值的算术平均值。

在实际测量中,足够多次测量的算术平均值 $\overline{X}$ 是测量真值 A_0 的最佳估计值。

2) 剩余误差

$$v_i = X_i - \overline{X} \qquad (1-3)$$

式中:v_i——第 i 次测量的剩余误差($i=1,2,\cdots,n$);

$\overline{X}$——n 次测量值的算术平均值,即

$$\overline{X} = \frac{1}{n} \sum_{i=1}^{n} X_i \qquad (1-4)$$

3) 系统误差

$$\varepsilon = E_x - A_0 \qquad (1-5)$$

式中:ε——系统误差;

A_0——被测量的真值。

4) 绝对误差

$$\Delta_i = X_i - A_0 = (E_x + \delta_i) - (E_x - \varepsilon) = \delta_i + \varepsilon \qquad (1-6)$$

式中:Δ_i——第 i 次测量的绝对误差($i=1,2,\cdots,n$)。

由式(1-6)可知,绝对误差等于随机误差与系统误差的代数和。

5) 标准误差

标准误差为系列测量的均方根误差,其值为

$$\sigma = \sqrt{\frac{\delta_1^2 + \delta_2^2 + \cdots + \delta_n^2}{n}} \qquad (1-7)$$

σ 表示测量值集中的程度。注意:式(1-7)只有当 $n \to \infty$ 时才成立,实际是相对于真值的标准差,计算不方便,为此常用剩余误差来进行标准偏差的估计。

6) 标准误差估计值

贝塞尔(Bessel)公式推导出了用剩余误差计算标准误差估计值的公式,即

$$\sigma' = \sqrt{\frac{1}{n-1} \sum_{i=1}^{n} v_i^2} \qquad (1-8)$$

实际测量中的有限次测量只能得到标准误差 σ 的近似值 σ',通常用 σ' 作为判定精度的标准。

(3) 测量仪器的误差

由于测量仪器的缺陷常有碍于被测电路的测量,测量时多少要从电路中取走一些能量,因而总会引入一点误差。此外,仪表的固有误差也会降低测量质量。这些误差主要受两个方面的影响:精度和分辨力。习惯上,精度泛指误差,分辨力是仪表可检测的最小变化值,它们共同

决定了仪表的测试准确程度。

在计量学中,精度的概念用以下三个名词进行明确区分:

① 精密度:表示测量结果中的随机误差大小的程度。

② 正确度:表示测量结果中的系统误差大小的程度。

③ 准确度:是测量结果中系统误差与随机误差的综合,它表示测量结果偏离被测真值的程度。

由于在计量、测试等领域使用"精度""误差"时存在混乱,国际计量局(BIPM)于 1980 年提出了 NIC-1 文件,建议用"不确定度"来表征测量误差。不确定度指出于测量误差的存在而对被测量值不能肯定的程度。

仪器的测量误差可以用误差的绝对值或相对值表示。仪器生产厂家给出的精度指标通常用其基本误差(在额定环境条件下产生的误差)的极限值表示,其中还应包含由于系统的分辨力限制所造成的误差,对数字化仪器尤其应注意。

假设某电压表的精度为被测电压的 1%,分辨率为 3 位数字。若被测电压为 5 V,则该表的精度为 5 V 的 1%(即 ±0.05 V),读数可为 4.95~5.05 范围内的任何值。该表不能读出 5.001 V,因为它没有 4 位的分辨能力。

假设该表的分辨力达 4 位数字,但精度为 1%,于是读数可从 4.950 V 读至 5.050 V(精度相同,但多 1 位数)。若某一时刻两个表都读出 5 V,之后实际电压变至 5.001 V,3 位数字表不能记录此变化,4 位数字表却有足够的分辨能力来能显示电压发生了变化。这是因为 3 位数字表只能显示出 3 位数,不能显示出 4 个数字。实际上,它现在测得的电压已是改变了的电压。4 位数字表的精度并没有优于 3 位数字表,只是当测量较小电压变化时,它有较高的分辨率。两种表都不能保证把测量 5.001 V 电压的精度提高 1% 以上。

通常,仪表提供的分辨率要高于其精度,这样可保证分辨率不会制约应获得的精度,并可保证从读数中检测出小的变化量,即使这些读数中有某种绝对误差。

(4) 测量误差的消除

测量误差的性质不同,产生误差的原因各异,误差的消除方法也不相同。下面分别介绍几种误差的消除方法。

1)随机误差的处理

就单次测量而言,随机误差是无规律的,其大小、方向不可预知。但当测量次数足够多时,随机误差总体服从统计学规律。对某量进行无系统误差等精度重复测量 n 次,其测量读数分别为 $A_1, A_2, \cdots, A_i, \cdots, A_n$,则随机误差分别为

$$\left. \begin{array}{l} \delta_1 = A_1 - A_0 \\ \delta_2 = A_2 - A_0 \\ \vdots \\ \delta_i = A_i - A_0 \\ \vdots \\ \delta_n = A_n - A_0 \end{array} \right\} \qquad (1-9)$$

大量实验证明,上述随机误差具有下列统计特性:

① 有界性:随机误差的绝对值不会超过一定的界限。

② 单峰性:绝对值小的随机误差比绝对值大的随机误差出现的概率大。

③ 对称性：等值反号的随机误差出现的概率接近相等。

④ 抵偿性：当 $n \to \infty$ 时，随机误差的代数和为零，即

$$\lim_{n \to \infty} \sum_{i=1}^{n} \delta_i = 0 \tag{1-10}$$

在实际的计量和测量工作中，利用随机误差的统计特性对随机误差进行处理，通过一定的测量次数的算术平均，可以减弱或消除随机误差对测量结果的影响。

2）系统误差的消除

为了获得理想的测量结果，找到产生系统误差的原因并采取相应的技术措施减小误差是很重要的。系统误差的来源多种多样，要消除系统误差，只能根据不同的测量目的，对测量仪器、测量仪表、测量条件、测量方法及步骤进行全面分析，以发现系统误差，进而分析系统误差，然后采取相应的措施将系统误差消除或减弱到与测量要求相适应的程度。

在测试工作之前首先要对测量仪器的工作原理、主要性能（频率、带宽、输入/输出特性等）是否满足要求，对仪器的使用条件、测试的工作条件和电磁环境等妥善安排，采取稳压和电磁防护措施，这些都是减少测量系统误差的预防措施，解决得好可大大减少系统误差的量值。在实际测试中，采取以上措施后还会有系统误差存在，判断有规律变化的系统误差大小的简单方法是利用多次重复测量的数据求出其测量剩余误差的变化规律，如图 1-1 所示。

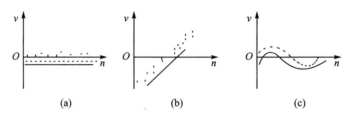

图 1-1 系统误差的判断

图 1-1 中：图（a）表示恒定线性系统误差；图（b）表示线性系统误差；图（c）表示交变性系统误差，不管哪种情况都还可能有一部分系统误差表示不出来。实际上，测量的算术平均值不等于被测量的真值，当存在恒定的系统误差时，用这种方法无法判定。如果对测试结果很怀疑，可用高一级的仪器重复测量，以判定原来的测量有无恒定线性系统误差。

对于已经判定的系统误差，可以整理成表格或曲线作为修正值。修正后的被测值可认为不存在系统误差。

3）疏失误差的剔除

含有疏失误差的测量数据属于异常值，不能参加测量值的数据处理，必须予以剔除。为避免或减少疏失误差的出现，首先是尽可能提高测试人员高度的工作责任心和严谨的科学态度。其次是正确判断疏失误差，一旦发现疏失误差，则将相应测量数据从记录中划掉，且必须注明原因。

判断疏失误差需从定性和定量两方面来考虑。定性判断就是对测量条件、测量设备、测量步骤进行分析，看是否存在引起疏失误差的因素，也可以将测量数据同其他人员、别的方法或不同仪器所得结果进行核对，以发现疏失误差。定量判断就是以由统计学原理建立起来的疏失误差准则为依据，对异常值进行剔除。粗差准则是建立在一定的分布规律和置信概率基础上的。

判定疏失误差的准则一般采用莱特准则,即采用 3σ 作为判据:把剩余误差的绝对值超过 3σ(即 $|v_i|>3\sigma$)的个别数据 X_i 判为疏失误差点,从而加以剔除,作平均值计算时不再采用,实际计算时,以 σ' 代替 σ。

事实是,莱特准则的判据是建立在 n 较大的情况下的,当 n 值较小时,这种采用 3σ 作为判据的方法就不很可靠了。特别是当 $n\leqslant10$ 时,此规则不再适用。

以 $n=10$ 为例,由标准误差估计值的计算公式为

$$3\sigma'=3\sqrt{\frac{v_1^2+v_2^2+\cdots+v_{10}^2}{10-1}}=\sqrt{v_1^2+v_2^2+\cdots+v_{10}^2}\geqslant v_i \qquad (i=1,2,\cdots,10)$$

$$(1-11)$$

式(1-11)说明:当 $n\leqslant10$ 时,即使测量数据中有疏失误差,应用莱特准则也无法消除,在此情况下,一般采用格罗贝斯判据进行判别。

格罗贝斯判据是根据一个显著水平 a(一般取 $a=0.05$ 或 $a=0.01$),通过查格罗贝斯统计表找出格罗贝斯统计量的临界值 $g_0(n,a)$,如果测量序列的剩余误差的最大值 $|v_i|_{max}>g_0(n,a)\cdot\sigma'$,则对应的 X_i 为小概率事件,应当剔除。利用格罗贝斯准则,每次只能剔除一个可疑值,即当剔除一个疏失误差后,应重新计算平均值和标准差,再进行检验,反复进行,直到疏失误差全部剔除为止。

4)测试结果处理的步骤

在工程测试中,测量的数值一般同时含有系统误差、随机误差和疏失误差。为了得到合理的测试结果,应对测试数据进行分析处理,基本步骤如下:

① 利用修正曲线,减少系统误差的影响;

② 求算术平均值:

$$\overline{X}=\frac{1}{n}\sum_{i=1}^{n}X_i \tag{1-12}$$

③ 求剩余误差:

$$v_i=X_i-\overline{X} \tag{1-13}$$

④ 求标准误差估计值:

$$\sigma'=\sqrt{\frac{1}{n-1}\sum_{i=1}^{n}v_i^2} \tag{1-14}$$

⑤ 判断疏失误差,剔除可疑值。剔除可疑值后,再重复步骤② ～步骤⑤,直到无奇异值为止。

在实际的测试报告中给出的数据应为修正系统误差和剔除可疑值之后的算术平均值。

3. 总 线

(1) 接口与总线

现代测试系统的基本特征是建立以计算机为中心、由各种测量仪器、过程模块所构成的自动测试系统。接口(interface)是一个自动测试系统内计算机与仪器、仪器与仪器之间相互连接的通道。接口的基本功能是管理它们之间的数据、状态和控制信息的传输、交换,并提供所需的同步信号,完成设备之间数据通信时的速度匹配、时序匹配、信息格式匹配和信息类型匹配。因此,在设计一个以计算机为中心的测量控制系统时,设计和选择一个合适的接口成为系

统设计的重要环节。接口按数据传输工作方式可分为串行接口和并行接口。串行接口数据信息按位流顺序传输,采用 ASCII 码或 BCD 码;并行接口中数据信息按位流并行传输。

总线是一组信号线的集合,它也是在一种系统中各功能部件之间进行信息传输的公共通道。总线也是自动测试技术的重要组成部分。一个自动化测试系统就是利用一种向仪器测试功能扩展的计算机总线的技术形式来组建成一个自动测试的硬件整体。

测试总线的目的是使系统设计者只需根据总线的规则去设计,将各测试部件与按照总线接口标准与总线连接而无须单独设计连接,因而简化了系统软硬件的设计,使系统组建简易方便且可靠性提高,也使系统更易于扩充和升级。

总线的特点在于其公用性和兼容性,它能同时挂连多个功能部件且互换使用。如果某一两个部件之间的专用信号连接不能称它为总线。

(2) 总线的基本规范内容

一个测试总线要成为一种标准总线,使不同厂商生产的仪器器件都能挂在这条总线上,可互换和组合,并能维持正常的工作,就要对这种总线进行周密的设计和严格的规定,也就是制定详细的总线规范。各生产厂商只要按照总线规范去设计和生产自己的产品,就能挂在这样的标准总线上运行,即方便了厂家生产,也为用户组装自己的自动测试系统带来灵活性和便利性。无论哪种标准总线规范,一般都应包括以下三方面内容:

1) 机械结构规范

机械结构规范规定总线扩展槽的各种尺寸,规定模块插卡的各种尺寸和边沿连接器的规格及位置。

2) 电气规范

电气规范规定信号的高低电压、信号动态转换时间、负载能力及最大额定值等。

3) 功能结构规范

功能结构规范规定总线上每条信号的名称和功能、相互作用的协议和其功能结构规范是总线的核心。通常用时序和状态描述信息的交换与流向以及信息的管理规则。

总线功能结构规范包括:

① 数据线、地址线、读/写控制逻辑线、模块识别线、时钟同步线、触发线和电源/地线等。

② 中断机制的关键参数是中断线数量,直接中断能力和中断类型等。

③ 总线主控仲裁。

④ 应用逻辑,如挂钩联络线、复位、自启动、状态维护等。

(3) 总线的性能指标

总线的主要功能是完成模块间或系统间的通信。因此,总线能否保证其间的通信通畅是衡量总线性能的关键指标。总线的一个信息传输过程可分为:请求总线、总线裁决、寻址目的地址、信息传送、错误检测几个阶段。不同总线在各阶段所采用的处理方法各异。其中,信息传送是影响总线通信通畅的关键因素。总线的主要性能指标如下:

1) 总线宽度

主要是指数据总线的宽度,以位数为单位。如 16 位总线、32 位总线指的是总线具有 16 位数据和 32 位数据的传送能力。

2) 寻址能力

主要是指地址总线的位数及所能直接寻址的存储器空间的大小。一般来说,地址线位数越多,所能寻址的地址空间越大。

3) 总线频率

总线周期是微处理器完成一步完整操作的最小时间单位。总线频率就是总线周期的倒数,它是总线工作速度的一个重要参数。工作频率越高,传输速度越快。通常用 MHz 表示。如 33 MHz、66 MHz、100 MHz、133 MHz 等。

4) 传输率

总线传输率是指在某种数据传输方式下总线所能达到的数据传输速率,即每秒传送字节数,单位为 MB/s,总线传输率用下列公式计算,即

$$Q = W \times f/N \tag{1-15}$$

式中:W 为数据宽度,以字节为单位;f 为总线时钟频率,以 Hz 为单位;N 为完成一次数据传送所需的时钟周期个数。

若一种总线宽度为 32 位,总线频率为 66 MHz,且一次数据传送需 8 个时钟周期,则数据传输率为

$$32b \times 66 \text{ MHz}/8b = 264 \text{ MB/s}$$

即每秒传输 264 兆字节。

5) 总线的定时协议

在总线上进行信息传送,必须遵守定时规则,以使源与目的同步。

定时协议主要有以下几种:

① 同步总线定时　信息传送由公共时钟控制,公共时钟连接到所有模块,所有操作都是在公共时钟的固定时间发生,不依赖于源或目的。

② 异步总线定时　是指一个信号出现在总线上的时刻取决于前一个信号的出现,即信号的改变是顺序发生的,且每一操作由源(或目的)的特定跳变所确定。

③ 半同步总线定时　它是前两种总线挂钩方式的混合。它在操作之间的时间隔可以变化,但仅能为公共时钟周期的整数倍,半同步总线具有同步总线的速度以及异步总线的通用性。

6) 负载能力

负载能力是指总线上所有能挂连的器件个数。由于总线上只有扩展槽能提供给用户使用,故负载能力一般是指总线上的扩展槽个数,即可连到总线上的扩展电路板的个数。

(4) 测试系统总线技术

根据每种测试总线在一个 ATS 中所能担任的功能角色,可把它归纳分类成三种类型的总线:控制总线、系统总线和通信接口总线。

1) 控制总线

控制总线是一种流行的微型计算机总线。它是测试总线的基础,且是最重要的核心部分。一个测试总线是在一种高速的计算机总线的基础上经测试仪器功能的扩展而构成的。

控制总线由微处理器(CPU)主总线(Host Bus)和数据传输总线(DTB)所组成。在一个 DTB 中包括了地址线、数据线和控制线的数据。为了满足更高的带宽和高速可靠的数据传送功能,在新一代的计算机总线中引入了局部总线技术。采用局部总线,一个高性能的 CPU 主总线可以支持很高的数据传输率给挂在主总线上的各个器件模块。

目前,在测试总线中常见的控制总线有 VME 总线和 PCI 总线。

2）系统总线

系统总线又称为内总线,这是指模块式仪器机箱内的底板总线,用来实现系统机箱中各种功能模块之间的互连,并构成一个自动化测试系统。系统总线包括计算机局部总线、触发总线、时钟和同步总线、仪器模块公用总线、模块识别总线和模块间的接地总线。选择一个标准化的系统总线,并通过适当地选择各种仪器模块来组建一个符合要求的自动化测试系统,可使得开放型互联模块式仪器能在机械、电气、功能上兼容,以保证各种命令和测试数据在测试系统中准确无误地传递。目前,较普遍采用的标准化系统总线有 VXI 总线、Compact PCI 总线和 PXI 总线。

3）通信接口总线

通信接口总线又称为外总线,它用于系统控制计算机与挂在系统内总线上的模块仪器卡之间,或系统控制器与台式仪器间的通信通道。外总线的数据传输方式可以是并行的,如MXI－2 和 GPIB 总线;或是串行的,如 RS 232 和 USB 总线。

并行接口总线采用相同的数据传输方式,有多条数据线、地址线和控制线,因此传输速度快,但并行总线的长度不能过长,通常少于几米,这就要求采用并行外总线的系统必须与控制器相邻。

串行接口总线采用数据串行传输方式,数据按位的顺序依次传输,因此数据总线的线数较少,仅有 2～4 线,总线的地址和控制功能多是通过通信协议软件是实现。串行外总线虽然传输速度较慢,但是可以适用在外控器件与测试系统有较远传输距离的要求。

目前,较普遍采用的通信接口总线有 GPIB(IEEE－488)总线、MXI－2 总线、USB 总线、IEEE 1394 总线、RS 232C/RS－485 总线等。

4. 自动测试技术

自动测试技术是自动化科学技术的一个重要分支科学,是在仪器仪表的使用、研制、生产的基础上发展起来的一项涉及多个学科领域的综合性技术。

(1) 自动测试技术的研究内容

自动测试技术的主要研究内容包括测量原理、测量方法、测量系统和数据处理四个方面。

测量原理是指测量所依据的物理原理。不同性质的被测量用不同原理去测量,同一性质的被测量也可用不同原理去测量。测量原理研究涉及物理学、热学、力学、电学、光学、声学和生物学知识。测量原理的选择主要取决于被测量物理化学性质、测量范围、性能要求和环境条件等因素。测量原理的更新和发展,新的测量原理的研究与探索始终是测试技术发展的一个活跃领域。

测量方法是指人们依据测量原理完成测量的具体方式,也可按测量结果产生的方式,将测量方法分为直接测量、间接测量和组合测量 3 种。

① 直接测量:在测量中,将待测量与作为标准的物理量直接比较,从而得到被测量的数值,这类测量称为直接测量。

② 间接测量:在测量中,对与被测量有确定函数关系的其他物理量(也称原始参数)进行直接测量,然后通过计算获得被测量数值,这类测量称为间接测量。

③ 组合测量:测量中各个未知量以不同的组合形式出现,综合直接或间接测量所获得的数据,通过求解联立方程组以求得未知的数值,这类测量称为组合测量。

测量系统是指完成具体测量任务的各种仪器仪表所构成的实际系统。测量系统按照信息传输方式一般分为模拟式和数字式两种,无论是哪种测量系统一般都由传感器、信号调理电路、数据处理与显示装置、输出装置等组成。数字式测量系统由于信息传输均采用数字化信息,所以具有抗干扰能力强、速度快、精度高、功能全等优点,这是目前测量系统的发展方向。

测量数据的精度和可信度不仅取决于测量原理、测量方法和测量系统,很大程度上也与数据处理密切相关。统计分析、数字信号处理都是测量数据处理中常用的算法。研究先进、快速、高效的数据处理算法;研制集数据采集、分析、管理和显示为一体的数据处理系统与软件是现代测量系统一个重要的发展方向。

(2) 自动测试技术的分类

对一个具体的测试过程而言,测试对象不同,测试要求不同,测试方法与手段也各不相同。测试技术分类有多种方式,既可以按应用的工程领域划分(如机械测试、航空测试、水声测试等),也可以按测试信号特征来区分,后者更具有通用性和代表性。因此,人们一般按照待测信号所属信号域特征,将基本测试技术归纳为时域测试、频域测试、数据域测试和统计域测试4大类。

1) 时域测试

顾名思义,时域测试就是用时间域观察动态信号随时间的变化过程,研究动态系统瞬态特性,测量各种动态参数,常见的时域测试仪器有示波器、波形记录仪等。

示波器按照其内部工作原理不同,一般分为模拟示波器和数字示波器两种。模拟示波器采用传统电路技术,在阴极射线管上显示波形;而数字示波器则是通过 A/D 转换器,将模拟信号转换成数字信号进行显示。比较两种类型的示波器,模拟示波器分辨率高,它可表现信号波形幅度和辉度的微小变化;而数字示波器由于离散化数字采样,分辨率受 A/D 转换器位数的限制。但是数字示波器在测量功能、计算能力、存储能力等方面具有明显的优势,而且随着数字技术的发展,模拟示波器在价格上的优势也不再明显。

2) 频域测试

所谓频域测试,就是在频率域观察信号频率组成,测量信号频率响应特性,获取信号频谱图像。事实上,频域测试与时域测试是研究同一过程的两种方法,通过数学上的傅里叶变换,可以建立时域与频域测试的对应关系。常见的频域测试有频谱分析仪和网络分析仪。

频谱分析仪主要有 3 种实现方式:

① 带通滤波器频谱分析法,就是采用大量的带通滤波器,除了测量的特定频率外,信号中的其他频率分量都被滤除。

② 超外差扫频频谱分析法,它是通过超外差技术构造对频率自动扫描的滤波器,从而获取信号频谱。

③ 快速傅里叶变换频谱分析法,它通过数字采样器将模拟波形转换成数字形式,然后进行 FFT 计算,获得信号频谱。FFT 方法通过数字计算来替代滤波器功能,性能优越,但它的主要局限是带宽受 A/D 转换器技术的限制。目前高性能的 FFT 频谱分析仪带宽已达到 100 MHz 量级,但射频和微波波段的频谱分析仪仍然主要采用扫频分析法。

网络分析仪主要用于研究一个被测系统的频率响应特性,常用正弦信号作为测试激励信号,在所关心的频率范围内测出被测网络的频响特性,求得被测网络系统的传递函数。自动网络分析仪还可根据传递函数幅频相频特性,进一步推算出中心频率。−3 dB 带宽、−20 dB 带宽、阻带抑制比、群延迟时间及其波动等网络参数。

3）数据域测试

时域和频域方法对于模拟电路和系统是行之有效的分析和测试方法,但对复杂的数字电路和系统未必有效。数字信号通常用二进制逻辑状态 0、1 来表示信号特性,与信号波形关系不大,而且正常的数据流中经常混杂错误信息。因此,数字电路与系统的测试需要新的方法和仪器。由于数字系统处理的是二进制信息,一般称为"数据",故数字系统测试也就被称为数据域测试,最常见的数据域测试仪器是逻辑分析仪。作为数据域测试的主要仪器,逻辑分析仪具有以下主要特点:

① 具有足够高的测试速率,能够可靠地捕获被测数字系统数据。

② 提供足够多的输入通道,以便同时观察多路数字信息。

③ 提供多种触发方式,便于有效捕捉各种数字信息。

④ 具备存储和比较功能,用于查找被测系统的故障原因和故障位置。

⑤ 提供灵活多样的显示方式,包括各种数制及 ASCII 码的数据显示、逻辑状态定时图和映射图的显示等。

4）统计域测试

统计域测试一般是指对随机信号的统计特性进行测试,也包括具有特定统计规律的随机信号作测试激励信号,通过对系统响应的统计测试,实现对被测系统的统计特性研究或实现对噪声污染信号的精确检测。描述随机过程统计特性的主要参数包括:均值、标准偏差、方差、自相关函数、互相关函数、谱密度函数等。统计域测试中有两种基本激励信号:一种是白噪声信号,常用于系统的动态测试或对系统工作性能进行估测;另一种是伪随机信号,它是一组由计算机直接产生的二进制数字序列、具有与随机信号一样的频谱和高斯概率分布特性,只要将统计测试时间间隔取值为测试信号周期的整数倍,则测试结果就不会出现统计误差。

5. 自动测试与自动测试系统

与测试相关的因素包括人、测试仪器或系统、测试对象,根据人在测试过程中的参与程度,可将测试分为自动测试、半自动测试和手动测试。测试系统开始工作后,按照预定流程运行,最终直接给出被测对象测试结果,这种测试叫自动测试。测试系统开始工作后,人参与部分的测试工作,如测试条件的构成,测试结果判断等,这种测试称为半自动测试。测试系统开始工作后,人参与每个参数的测试,如选择测试位置、手段、方法等,这种测试称为手动测试。因此,自动测试是指测试系统开始工作后,在没有人参与的情况下,按照预先设定的流程自动对被测对象进行测试并直接给出测试结果。

自动测试系统(Automatic Test System,ATS)是指采用计算机控制,能实现自动测试的系统,是自动完成激励、测量、数据处理并显示或输出测试结果的一类系统的统称。这类系统通常是在标准的仪器总线(CAMAC、GPIB、VXI、PXI 等)的基础上组建而成的,具有高速度、高精度、多功能、多参数、宽测量范围等特点。

根据应用环境和需求的不同,自动测试系统(ATS)的规模可小可大。最简单的自动测试系统可以仅由一台智能测试仪器组成,大规模的自动测试系统可以由一台计算机控制下的许多测试仪器组成,甚至可以是由分布在不同地理位置的若干个测试系统构成。但不论哪种情况,从自动测试系统组成而言,都可以用下述更一般的自动测试设备(ATE)、测试程序集(TPS)和 TPS 软件开发工具组成,如图 1-2 所示。

自动测试设备(ATE)是指用来完成测试任务的全部硬件资源的总称。ATE 硬件本身可

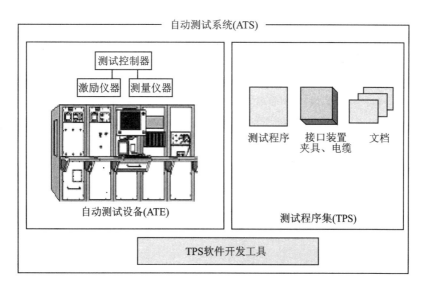

图 1 - 2 自动测试系统组成

能是很小的便携设备,也可能是由多个机柜多台仪器组成的庞大系统。为适应机载、舰载或机动运输需要,ATE 往往选用加固型商用设备或者商用货架设备(COTS)。ATE 的核心是计算机,通过计算机实现对各种复杂的测试仪器如数字万用表、波形分析仪、信号发生器及开关组件的控制。在测控软件的控制下,ATE 为被测对象中的电路或部件提供其工作所需的激励信号,然后在相应的引脚、端口或连接点上测量被测对象的响应,对各种物理量进行测量或给出测量结果,从而确定该被测对象是否达到规范中规定的功能或性能。

测试程序集(TPS)是与被测对象及其测试要求密切相关的。典型的测试程序集由三部分组成,即:测试程序软件、测试接口适配器和被测对象测试所需的各种文件。测试程序软件通常采用标准测试语言(如 ATLAS)。对有些 ATE,其测试程序软件是直接用通用计算机语言如 C 编写的。ATE 中的计算机运行测试软件,控制 ATE 中的激励设备、测量仪器、电源及开关组件等,将激励信号加到需要加入的地方,并且在合适的点测量被测对象的相应信号,然后再由测试软件来分析测量结果并确定可能是故障的事件,进而提示维修人员更换某一个或几个部件。由于每个被测对象有着不同的连接要求和输入/输出端口,因此通常要求有相应的接口设备,称为接口适配器。该适配器完成测试对象到测试设备的正确、可靠的连接。通用ATE 系统设计的原则是使 ATE 本身资源配置最大化,能够覆盖各种 UUT 的测试需求,而接口装置的设计应以最简化和无源化为原则,只有当 ATE 无法完全满足 UUT 测试需求时,才考虑在接口装置中加入有源组件实现信号调理、通道切换等功能。

开发测试软件要求一系列的工具,这些工具统称为测试程序集开发工具,有时亦被称为测试程序软件开发环境。它主要包括 ATE 和 UUT 仿真器、ATE 和 UUT 建模描述语言、编程工具,如各种测试软件的集成开发环境。

1.1.2 自动测试系统发展历程

自动测试系统的发展经历了从专用型向通用型发展的过程。在早期,仅侧重于自动测试设备(ATE)本体的研制;近年来,则着眼于建立整个自动测试系统体系结构,同时注重 ATE

研制和 TPS 的开发及可移植,以及人工智能在自动测试系统中的应用。

自动测试技术首先是基于军事上的需要而发展起来的。为解决日益增加的复杂武器系统测试问题,1956 年,美国国防部开始了名为 SETE(Secretariat to the Electronic Test Equipment Coordination Group)计划的研究项目,标志着大规模现代自动测试技术研究的开始。该项目设想的最终目标是不必依靠任何有关的测试技术文件,由非熟练的人员上机进行几乎全自动的操作,并以电子计算机的速度完成各种测试项目。通过灵活的程序设计,它还可以适应任何具体测试任务。在当时条件下,虽然该计划花费了可观的经费,最终却没有达到上述预期目标。美国国防部的 SETE 计划主要存在 3 个方面的原因:首先,尽管采用了高速计算机来控制测试系统,但系统中的测试仪器以及被测对象常常不能响应计算机的高速度;其次,虽然对操作人员的测试技能要求降低了,但对测试工程师的程序设计能力与技巧的要求提高了;最后,虽然测试手册和测试指南等技术文件减少了,但又增加了程序指令和编程说明在内的许多技术文档。

尽管如此,自动测试技术的思想还是很快为广大测试工程师所接受。随着测试技术的发展,到 20 世纪 60 年代末,自动测试技术突破了原先军事应用的狭窄范围,在工业领域得到应用,市场上出现了成套的自动测试系统。经过 30 多年的发展,目前自动测试技术已经成为航空、航天、电子、通信等众多领域不可缺少的关键技术之一。

1. 第一代自动测试系统

第一代自动测试系统多为专用系统,主要用于测试工作量很大的重复测试,或者用于高可靠性的复杂测试,或者用来提高测试速度,在短时间内完成规定的测试,或者用于人员难以进入的恶劣环境。计算机主要用来进行逻辑或定时控制。由于当时计算机缺乏标准接口,技术比较复杂,因此主要功能是进行数据自动采集与分析,完成大量重复的测试工作,以便快速获得测试结果。图 1-3 所示为早期的自动测试系统框图。该系统包括计算机、可程控仪器等。为了使各仪器和控制器之间进行信息交换,必须研制接口电路,各个仪器厂家的接口电路是不兼容的,需要的程控仪器较多时,不但研制的工作量大,费用高,而且系统的适应性很差。系统设计者并未充分考虑所选仪器/设备的复用性、通用性和互换性问题,带来的突出问题是:

① 若复杂的被测对象的所有功能、性能测试全部采用专用型自动测试系统,则所需要的自动测试系统数目巨大,费用十分高昂。更为严重的是,这会使该被测对象的保障设备的机动能力降低。

② 这类专用系统中,仪器/设备的可复用性差,一旦被测对象报废式退役,为其服务的一大批专用自动测试系统也随之报废,测试设备方面的浪费是惊人的。

第一代自动测试系统至今仍在应用,各式各样的针对特定测试对象的智能检测仪就是其中的典型例子。近十年来,随着计算机技术的发展,特别是随着单片机与嵌入式系统应用技术以及能支持第一代自动测试系统快速组成的计算机总线(如 PC-104)技术的飞速发展,这类自动测试系统已具有新的测试思路,研制策略和技术支持。第一代自动测试系统是从人工测试向自动测试迈出的重要的一步,它在测试功能、性能、测试速度、测试效率以及使用方便等方面明显优于人工测试,使用这类系统能够完成人工测试无法完成的一些任务。

2. 第二代自动测试系统

第二代自动测试系统的特点是采用标准接口、总线系统。测试系统中的各器件按照规定的形式连接在一起,在标准的接口总线的基础上,以积木方式组建在一起,具有代表性的是通用接口总线 GPIB(General Purpose Interface Bus)接口系统。

图 1-4 给出了典型的第二代的自动测试系统的组成框图,除被测对象和电源部分以外,主要由计算机系统、测量控制系统、接口总线系统三大部分组成。也就是说,计算机、可程控仪器和 IEEE488 标准总线系统是构成第二代自动测试系统的三大支柱。

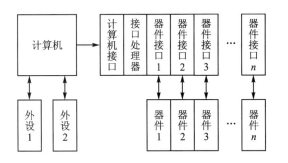

图 1-3 第一代自动测试系统框图   图 1-4 第二代自动测试系统框图

通用接口总线 GPIB,在美国亦称为 IEEE 488、HP-IB,在欧洲、日本常称为 IEC 625。在我国,人们常称为 GPIB 或 IEEE 488,并已公布了相应的国家标准。该接口总线特别适合于科学研究或武器装备研制过程中的各种试验、验证测试,已广泛应用于工业、交通、通信、航空航天、核设备研制等多个领域。

第二代自动测试系统中的各个设备(计算机、可程控仪器、可程控开关等)均为台式设备,每台设备都配有符合接口标准的接口电路。组装系统时,用标准的接口总线电缆将系统所含的各台设备连在一起构成系统。这种系统组建方便,组建者一般不需要自己设计接口电路。由于组建系统时的积木式特点,使得这类系统更改、增减测试内容很灵活,而且设备资源的复用性好。系统中的通用仪器(如数字多用表、信号发生器、示波器等)既可作为自动测试系统中的设备来用,亦可作为独立的仪器使用。应用一些基本的通用智能仪器可以在不同时期,针对不同的要求,灵活地组建不同的自动测试系统。

基于 GPIB 总线的自动测试系统的主要缺点如下:

① 总线的传输速率不够高(最大传输速率为 1 Mb/s),很难以此总线为基础组建高速、大数据吞吐量的自动测试系统。

② 由于这类系统是由一些独立的台式仪器用 GPIB 电缆串接组建而成的,系统中的每台仪器都有自己的机箱、电源、显示面板、控制开关等。从系统角度看,这些机箱、电源、面板、开关大部分都是重复配置的,它阻碍了系统的体积、重量的进 步降低。

3. 第三代自动测试系统

第三代自动测试系统是基于 VXI、PXI 等测试总线,主要由模块化的仪器/设备所组成的自动测试系统。VXI 总线(VMEbus eXtensions for Instrumentation)是 VME 计算机总线向仪器/测试领域的扩展;PXI 总线是 PCI 总线(其中的 Compact PCI 总线)向仪器/测量领域的扩展,以这两种总线为基础,可组建高速、大数据吞吐量的自动测试系统。在 VXI(或 PXI)总线系统中,仪器、设备或嵌入计算机均以 VXI(或 PXI)总线的形式出现,系统中所采用的众多模块化仪器/设备均插入带有 VXI(或 PXI)总线插座、插槽和电源的 VXI(或 PXI)总线机箱中;仪器的显示面板及操作,用统一的计算机显示屏以软面板的形式来实现,从而避免了系统中各仪器、设备在机箱、电源、面板、开关等方面的重复配置,大大降低了整个系统的体积、质量,并能在一定程度上节约了成本。

基于 VXI、PXI 等先进的总线,由模块化仪器/设备组成的自动测试系统具有数据传输速率高、数据吞吐量大、体积小、质量轻,系统组建灵活易于扩展、资源复用性好、标准化程度高等优点,是当前先进的自动测试系统特别是军用自动测试系统的主流组建方案。在组建这类系统中,VXI 总线规范是硬件标准,VXI 即插即用规范(VXI Plug & Play)为软件标准,软件/硬件二者均为 VXI,虚拟仪器开发环境(LabWindows/CVI、LabVIEW 等)为研制测试软件可采用的基本软件开发工具。目前,尚有一部分仪器不能以 VXI(或 PXI)总线模块的形式提供,因此,在以 VXI 总线系统为主的自动测试系统中,还可以用 GPIB 总线灵活连接所用的总线台式仪器。

第三代自动测试系统的发展基本形成了现代自动测试系统的基本架构或基本组成,即在标准的测控系统或仪器总线(CAMAC、GPIB、VXI、PXI 等)的基础上组建而成的。其基本体系如图 1-5 所示,系统采用标准总线制架构,测控计算机(含测试程序集 TPS)是测试系统的核心,包括测试资源、阵列接口(ICA)、测试单元适配器(TUA)等主要组成部分。

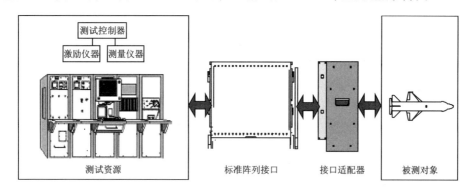

图 1-5 自动测试系统组成

测控计算机提供测控总线(如 VXI、GPIB 等)的接口通信、测试资源的管理、测试程序(TPS)的调度管理和测量数据管理,并提供检测人机操作界面,实现自动测试。

测试资源一般由通用测试设备和专用测试设备两大类构成。

通用测试设备通常选用技术成熟的货架产品,目前主要选择具备 VXI、PXI、GPIB 等总线接口形式的产品。以导弹的功能测试为例,一般包括 PXI 主机箱(带系统控制器)、总线数字微波信号源、频率计模块、数字示波器模块、数字电压表模块、计数器模块、矩阵开关模块、数字信号输出模块、数字信号输入模块、任意函数信号发生器模块、直流稳压电源、交流电源、三相交流净化电源等。

专用测试设备是指专门用于被测设备某些特定参数测量、模拟、控制的设备。如激光陀螺的测试一般应包括三轴电动转台,雷达的测试一般包括微波暗箱、目标模拟器等专用测试设备。

阵列接口是接口连接器组件(ICA),它汇集了测试系统内的全部电子、电气信号,既为测试设备到测试对象的激励信号提供连接界面,又为测试对象的响应传送到测试设备提供连接界面。ICA 可根据系统设计要求选择标准化阵列式检测接口,如符合国际标准的 21 槽位

ARINC608A 标准 ICA 部件,VPC9025 标准接口部件等。

测试单元适配器(TUA)是测试设备与被测设备(UUT)之间的信号连接装置,可提供电子和电气的转接以及机械连接,可以包括测试资源中并不具备的专用激励源和负载。此外,测试单元适配器的阵列接口各信号通道必须与测试系统的阵列接口各信号通道严格对应,并在实际使用时根据被测设备的测试信号需求确定。

测试单元适配器与被测设备之间的接口采用电缆连接方式,电缆信号连接按被测设备的外部测试接口要求进行设计。

4. 国外标准化自动测试系统简介

国防、军事领域是自动测试系统应用最多、发展最迅速的领域,武器装备研发、使用、维护过程中对自动测试系统的众多需求是推动自动测试系统(ATS)和自动测试设备(ATE)技术发展的强大动力。从国内外 ATS/ATE 的发展过程可看出,军方的需求不仅促成了新的测试系统总线及新一代自动测试系统的诞生,并促使 ATS/ATE 的设计思想、开发策略发生重大变化。

(1) 美国标准化自动测试系统

早期的自动测试系统是针对具体武器型号和系列的,不同系统间互不兼容,不具有互操作性。随着装备的规模和种类的不断扩大,专用测试系统的维护保障费用高昂,美国仅在 20 世纪 80 年代用于军用自动测试系统的开支就超过 510 亿美元。同时,庞大、种类繁多的测试设备也无法适应现代化机动作战的需要。因此从 20 世纪 80 年代中期,美国军方就开始研制针对多种武器平台和系统,由可重用的公共测试资源组成的通用自动测试系统。目前在美国,军种内部通用的系列化自动测试系统已经形成,即:海军的综合自动支持系统(见图 1-6 所示的 CASS 混合测试系统);陆军的集成测试设备系列(IFTE);空军的电子战综合测试系统(JSECST);海军陆战队的第三梯队测试系统(TETS)。其中以洛克希德·马丁公司为主要承包商的海军 CASS 系统最为成功,现已生产装备了 15 套全配置开发型系统、185 套生产型系统,其中 145 套已装备在 38 个军工厂、基地和航空母舰上,到 2000 年已开发出相应的 TPS 2388 套。CASS 系统于 1986 年开始设计,1990 年投入生产,主要用于中间级武器系统维护。CASS 系列基本型称为混合型,能够覆盖各种武器的一般测试项目,ATE 采用主控计算机作为 DEC 工作站,由 5 个机柜组成,包括控制子系统、通用低频仪器、数字测试单元、通信接口、功率电源、开关组件等,如图 1-6 所示。在混合型基础上针对特殊用途扩展又形成射频、通信/导航/应答识别型、光电型等各类系统。美军海军陆战队委托 MANTEC 公司研制的 TETS 测试系统(见图 1-7)是用于现场武器系统维护的便携式通用自动测试系统,具有良好的机动能力,能够对各种模拟、数字和射频电路进行诊断测试。该系统包括 4 个便携式加固机箱,2 个 VXI 总线仪器机箱,1 个可编程电源机箱及 1 个固定电源机箱,主控计算机为加固型军用便携机,运行 Windows/NT 操作系统。

目前美军通用测试系统多采用模块化组合配置,根据不同的测试要求,以核心测试系统为基础进行扩展。测试仪器总线以 VXI 和 GPIB 为主。随着 PC 机性能的不断提高,以 PC 机为测控计算机,采用 Windows/NT 操作系统的测试系统逐渐普及。在 TPS 开发方面,普遍采用面向信号的测试语言 ATLAS 为测试程序设计语言,以保证测试程序的可移植性。

(2) 其他国家标准化自动测试系统

德国陆军制定的"计算机控制标准化测试与维修系统(REMUS)"系列标准,采用 ATLAS

测试语言编程,由标准化通用测试仪器设备组合而成。系统集成在方舱内部,用于德国陆军多个电子系统和空军航电系统维修测试。

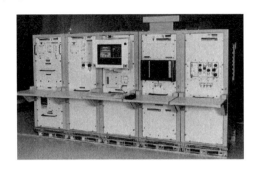

图 1-6　CASS 混合测试系统

图 1-7　TETS 测试系统

法国陆军制定的"电子装备自动测试系统与维修站(DIADEME)"系列标准,测试系统定义了 5 种测试站的配置结构。目前已经安装使用了 35 个站,实现了火控系统、反坦克导弹、电子战系统、无线通信设备等 14 种装备的维修测试任务。

法国海军制定的"自动测试维系站(TERAPLE)"系列标准,主要用于核潜艇和大型水面舰艇电子武器装备的维修测试。其于 1992 年又制定了新的测试站系列标准 DIADDEME - 11,目前已研制出可满足法军新一代武器装备维修测试的系统,在海湾战争及多次军事冲突中发挥了突出作用。

法宇航是世界著名的民用自动测试系统供应商和欧洲最大的军用自动测试设备供应商,其最具代表性的是 ATEC6 系统通用测试平台和 SESAR3000 系列通用测试平台。ATEC6 系列目前已在空中客车飞机、波音飞机、法国战斗机、欧洲战斗机等 30 多种飞机的 LRU 测试中得到应用;SESAR 3000 系列除用于战斗机检测外,还可以对武装直升机、坦克和导弹等武器系统进行检测。

英国 BAE SYSTEM 公司的 MATS 自动测试系统,它是该公司生产线上使用并可作为商品销售的自动测试设备,"MATS"是其注册商标。随着英国飞机制造业的逐渐衰落,当初红极一时、以低成本和可塑性强而著称的自动测试设备,逐渐淡出人们视野。

以色列 RADA 的 Smart™ CATS(商用自动测试系统)是一款 SMART 结构的自动测试设备,仪器控制外总线是 IEEE - 488 总线,运行于 Windows 操作系统下的 PC 机。RADA 公司按照 SMART 要求自行设计了控制平台,大部分仪器资源为 IEEE - 488 接口的台式仪器,只有少数资源采用 VXI 总线仪器,其 UUT 与 ATE 的接口采用 ARINC608A 标准,程序语言为 ARINC626 ATLAS。总体上,该系统性能较为落后,但其性价比较高,测试程序集(TPS)丰富,市场运作成功,新款 CATS 仍然被波音公司选作 BAS 服务中心 B777 的航电维护自动测试设备。

5. 新一代自动测试系统

如前所述,从 20 世纪 80 年代中期开始,美国军方研制了针对多种武器平台的模块化通用自动测试系统,在各军种形成了国防部指定的标准测试系统系列。如海军的联合自动支持系统(Consolidated Automated Support System,CASS),陆军的综合测试设备系列(Integrated Family of Tes tEquipment,IFTE),海军陆战队的第三梯队测试设备集(ThirdEchelonTest-

Set,TETS),空军的通用自动测试站(Versatile DepotAutomatic Test Station,VDATS),空海军共用的电子战设备标准测试系统(Joint Services Electronic Combat System Tester,JSECST)等。美国国防部出台自动测试系统采办政策,要求各军种在满足装备测试保障需求时,优先考虑上述国防部指定的标准测试系统系列,但多年应用以后发现这些以军种为单位的通用测试系统存在以下问题:

① 生命周期内使用、维护费用较高;

② 应用范围有限,适应能力不足;

③ 故障诊断的效率和准确性不足;

④ 升级换代困难,难以引进先进技术等缺点。

针对上述缺点,美国国防部于 1994 年授权海军成立自动测试系统执行局,统一领导各军种与工业界联合开发名为"NxTest"的下一代(新一代)自动测试系统研究计划,提出以下 4 项总体目标:

① 降低自动测试系统开发、使用、维护的总体费用;

② 提高自动测试系统的跨军种互操作能力;

③ 减少后勤规模,测试保障设备随武器装备快速部署,要求自动测试系统在尺寸上小型;

④ 提高测试诊断能力,自动测试系统执行局领导 5 个综合产品项目组(Integrated Product Teams,IPT)来履行其职能,实现既定的国防部 ATS 总体目标。

2012 年 4 月,美国自动测试系统执行委员会公布的 2012 年自动测试系统的主计划增加了自动测试系统框架综合产品项目组,取消了联合外场级 ATS 综合产品项目组。其中下一代测试系统综合产品项目组(NxTest IPT)承担两项任务:

① 定义和开发能够实现国防部 ATS 总体目标的开放式自动测试系统体系结构和各关键元素。自动测试系统体系结构应能满足新的测试需求,在不影响现有自动测试系统组件的情况下灵活融入新的测试诊断技术,提高 TPS 可移植性。组成开放式系统体系结构的关键元素涵盖软硬件组件、组件之间的接口、信息模型以及组件、接口、信息模型之间交互的标准化描述。

② 在国防部测试维护环境中定义、开发、演示及应用新兴的测试技术,负责制定跨军种的测试技术演示验证计划。

下一代自动测试系统可描述为基于开放式软硬件体系结构、采用商业标准及新兴测试技术的新一代测试系统。其主要研究目标包括以下内容:

● 改善测试系统仪器的互换性;

● 提高测试系统配置的灵活性,满足不同测试用户需要;

● 提高自动测试系统新技术的注入能力;

● 改善测试程序集(TPS)的可移植性和互操作能力;

● 实现基于模型的测试软件开发;

● 推动测试软件开发环境的发展;

● 确定便于验证、核查的 TPS 性能指标;

● 进一步扩大商用货架产品在自动测试系统中的应用;

● 综合运用被测对象的设计和维护信息,提高测试诊断的有效性;

● 促进基于知识的测试诊断软件的开发;

● 明确定义测试系统与综合诊断框架的接口,便于实现综合测试诊断。

为此,美国国防部自动测试系统执行局与工业界联合成立了多个技术工作组,将自动测试系统分为测试系统设备(含硬件、软件和开关)、测试接口适配器、TPS(含诊断、测试程序)和被测对象 UUT 等几个主要部分,划分为影响测试系统标准化、互操作性和使用维护费用的 24 个关键元素,后续工作中不断调整及增加为 26 个,并以此为基础建立了新一代自动测试系统开放式体系结构,如图 1-8 所示。

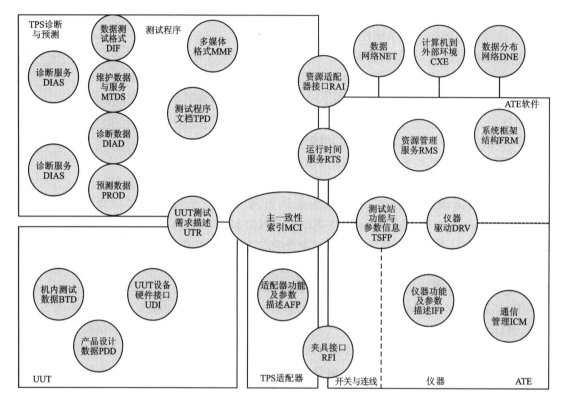

图 1-8　新一代自动测试系统体系架构

NxTest 体系结构是信息共享和交互结构能够满足测试系统内部各组件间、不同测试系统之间、测试系统与外部环境间信息的共享与无缝交互能力。该结构主要由系统接口和信息框架两部分组成,分别受两个主要的工业标准:VXIPlug&Play 和 IEEE1226(ABroad-Based Environment for Test,ABBET)广域测试环境的支持,在诊断信息系统方面遵循 IEEE1232 标准)适用于所有测试环境的人工智能信息交换与服务,AI EST ATE),在构成分布式综合测试诊断系统时则遵循 TCP/IP 网络传输协议。

6. 新一代自动测试系统的关键元素之定义

新一代自动测试系统体系结构采用开放系统方法(Open System Approach)来定义,即采用开放的工业标准来规范体系结构各元素的接口和性能,其部分关键元素简要定义如下:

① 资源管理服务(Resource Management Services,RMS):资源管理服务是一种软件组件,提供虚拟与实际资源映射、虚拟资源管理、实际资源管理和资源配置管理服务,旨在使测试程序与硬件平台无关。标准化的资源管理服务将极大地改善测试程序的可移植性和仪器的可

互换性。

② 适配器功能与参数信息(Adapter Functional and Parametric Information,AFP):AFP 定义测试夹具的性能及相关参数,传递给 TPS 应用程序开发环境,旨在避免 TPS 在不同平台间移植时重新设计 ITA。

③ 仪器功能与参数信息(Instrument Functional & Parametric Information,IFP):仪器功能与参数信息是一种用于定义测试资源测量和激励能力的数据格式,包括一套用于操作仪器资源的命令和仪器资源的量程和精度等信息。IFP 通过提供一整套测试资源集的通用描述,用于 TPS 开发环境和执行环境,可以降低 TPS 移植的开销。

④ 诊断数据(Diagnostic Data,DIAD):故障诊断数据是一种标准化描述故障诊断信息的模型,包括公共元素模型(Common Element Model)、故障树模型(Fault Tree Model)和强化故障推理模型(Enhanced Diagnostic Inference Model)三部分。公共元素模型定义测试、诊断、异常、资源等信息实体;故障树模型定义基于测试结果的决策树;强化故障推理模型定义被测系统功能实体与验证这些功能是否正确的测试之间的映射关系。故障诊断数据旨在减少 TPS 移植的开销,与机内测试数据综合使用,可有效降低测试维修活动的强度。

⑤ 诊断服务(Diagnostic Services,DIAS):故障诊断服务元素是一个提供基本故障诊断服务的软件组件。这些服务将测试执行与负责分析测试结果和给出诊断结论的软件过程连接起来。标准化的故障诊断服务对 TPS 移植非常重要。

⑥ 运行时服务(Run Time Services,RTS):运行时服务提供测试程序需要但体系结构中其他元素没有提供的服务,例如错误报告、数据日志、输入/输出等。一组标准化的运行时服务,可以有效减少 TPS 在不同测试平台之间移植时的重新开发。

⑦ 机内测试数据(Built In Test Data,BTD):机内测试数据通常在系统运行时或在不可复现的环境中获得,并将传递给后续的测试和维修活动。在测试诊断之初就将机内测试数据考虑进来,可有效地降低测试维修活动的强度,提高故障诊断的质量。

⑧ 计算机到外部环境(Computer to External Environment,CXE):计算机到外部环境定义自动测试系统与远程系统相互通信的必要的硬件组件。与数据网络(Data Networking,NET)元素一起提供标准的、可靠的、廉价的通信机制。

⑨ 数据网络(Data Networking,DataNET):数据网络元素是一组自动测试系统与外界环境的网络通信协议,与 CXE 元素一起构成信息交换环境,可以减少 TPS 开发和升级的开销,并为分布式测试及远程诊断提供条件。

⑩ 数字测试格式(Digital Test Format,DTF):数字测试格式用于将数字测试(如测试向量、故障字典)有关的信息从数字测试开发工具无缝传递到测试平台。这种数字测试格式能被测试平台直接读取,因此能够减少数字测试软件移植带来的开销。

⑪ 仪器通信管理(Instrument Communication Manager,ICM):仪器通信管理是一种负责与仪器通信软件的组件,通过它可以使仪器驱动与具体的总线通信协议(如 VXI、LXI、IEEE488.2 等)无关。

⑫ 仪器驱动(Instrument Drivers,DRV):仪器驱动是提供仪器具体操作细节的软件组件,它为测试软件的开发提供接口,对于 TPS 的可移植性和仪器的可互换性至关重要。因此,DRV 的工业标准必须保证,对最终的测试开发用户而言,来自不同开发商的仪器驱动应该在设计、封装和使用上具有良好的一致性。同时,还要提供一种标准的开发方法,实现测试软件

运行环境与具体仪器的松耦合。

⑬ 维护测试数据与服务(Maintenance Test Data and Services,MTDS):维护测试数据及服务用于定义一种标准的数据格式来加强跨维护级别和跨武器系统之间的维护信息共享及重用,这有助于提高测试诊断能力,还可以作为约束条件输入到新系统的设计开发过程当中。

⑭ 多媒体格式(Multimedia Formats,MMF):多媒体格式用于传递超文本、音频、视频及三维物理模型等信息,与测试相关的多媒体信息包括测试维修演示视频,测试站、TPS 和 UUT 文档之间的超文本链接等。MMF 提高了与测试相关的多媒体信息的共享和重用,有利于提高测试人员的操作水平,减少所有人工参与的测试维修活动的开销。

⑮ 产品设计数据(Product Design Data,PDD):产品设计数据是在产品设计过程中产生的用于直接支持测试和诊断的信息,用标准化的数据格式来描述这些信息,将有助于测试工程师理解和掌控产品,从而缩短 TPS 开发时间。当产品设计发生更改的时候,也有助于测试工程师快速获悉,从而降低重复开发的风险。

⑯ 资源适配器接口(Resource Adapter Interface,RAI):资源适配器接口元素用于标准化定义 UUT 与 ATE 之间的接口,尽量减少 UUT 与 ATE 之间的重叠部分。

⑰ 系统框架(System Framework,FRM):系统框架包括一组测试系统必需的软硬件组件,并定义了每一个组件应该具备的功能和互操作能力。通过标准化测试系统中的主要组件,可以减少培训费用,避免 TPS 移植时的软硬件重新开发,提高测试系统的可靠性。

⑱ 测试程序文档(Test Program Documentation,TPD):测试程序文档用于描述测试程序如何满足具体测试需求,包括测试什么、如何测试及期望测试结果等信息。测试程序文档对于重新开发 TPS 具有重要的参考价值,但只有在测试开发人员能够快速简便地获取测试程序文档时,才能体现出这种价值。采用基于网络的标准化格式将极大促进测试程序文档的共享和重用。

⑲ UUT 测试需求(UUT Test Requirements,UTR):UUT 测试需求是测试开发的输入条件,TPS 开发需要对 UUT 测试需求有清楚的理解。第一次开发 TPS 时可以获得产品设计人员的支持,但是在另一测试平台重新开发 TPS 时,这种支持不一定存在,从现成的 TPS 中提取测试需求几乎是一项不可能完成的任务。用标准化的数据格式描述 UUT 测试需求,可以提高 UUT 测试需求信息的共享和重用,从而有效降低 TPS 重新开发时的难度和开销。

⑳ 分布式网络环境(Distributed Network Environment,DNE):分布式网络环境元素定义一组通过网络调用远程测试资源的软硬件需求。

㉑ UUT 设备接口(UUT Device Interfaces,UDI):UUT 设备接口元素用于定义特殊类型 UUT 标准化测试的软硬件需求。

㉒ 主一致性索引(Master Conformance Index,MCI):主一致性索引提供了被测单元测试、评估以及维修过程中所需的配置信息和支持资源。MCI 定义并标准化了公用格式以描述测试程序、测试设备和被测单元的配置和项目位置。

1.1.3　未来关键技术

1. 面向信息交互层面的综合标准化技术

(1) 软件体系结构与 ABBET 标准(广域测试环境)

未来通用测试系统软件的体系结构将以 IEEE 制定的 ABBET 标准为基础实现测试诊断

信息的共享和重用。采用 ABBET 标准将实现产品设计和测试维护信息的共享和重用,实现测试仪器的可互换、TPS 的可移植与互操作,使集成诊断测试系统的开发更方便、快捷。AB-BET 标准定义了基于框架的模块化测试软件结构,支持软件资源的重用。ABBET 标准的核心思想是:将测试软件合理分层配置,实现测试软件与测试系统硬件、软件运行平台的无关性,满足测试软件可移植、重用与互操作的要求。

(2) 仪器可互换技术与 IVI(可互换虚拟仪器)系列规范

为了降低开发成本,缩短研制周期,自动测试系统中大量采用商业货架产品,而商用产品更新换代快;为了延长测试系统的使用寿命,仪器更换往往是不可避免的。随着通用测试系统应用范围的扩大,为适应被测对象测试需求的变化,也要求测试仪器能够方便地升级换代。由于仪器型号、种类和生产厂商的不同将给仪器更换带来一系列兼容性问题,仪器可互换技术就是要最大限度地屏蔽仪器间差异,为用户提供灵活的仪器互换机制。IVI 规范作为美国国防部公布的下一代自动测试系统的关键技术,是实现真正意义的仪器可互换的关键。IVI-C、IVI-COM 提供了同类仪器的互换机制,实现了同类仪器驱动器函数形式和参数的完全统一,使最终用户不再被束缚于特定厂家的特定型号的仪器设备。

(3) 测试程序集(TPS)可移植与互操作技术

TPS 可移植和互操作技术是实现测试软件可重用、扩大测试系统的应用范围、提高开发效率和降低测试开发成本的关键。实现测试软件可移植与互操作的 2 个基本条件是:

① 测试系统信号接口的标准化。

② 测试程序与具体测试资源硬件的无关。

测试软件从结构上可分为面向仪器、面向应用和面向信号 3 种形式。面向信号测试软件的开发是测试软件互操作的前提。面向信号测试软件的开发使测试需求反映为针对 UUT 端口的测量/激励信号要求,TPS 中不包含任何针对真实物理资源的控制操作。当测试资源模型也是围绕"信号"而建立时,则只要通过建立虚拟信号资源的真实信号资源的映射机制,就可以实现 TPS 在不同配置的测试系统上运行。

(4) IEEE Std 1641——面向信号和测试定义的标准

面向信号及其测试的标准化是实现 ATS 通用性、可移植性和互操作性的基础,从面向信号的角度出发寻求测试软件的通用性一直是 ATS 界坚持的技术路线,最典型的就是 ATLAS(Abbreviated Test Language for All System)语言及相关系列标准的出现,而 IEEE Std 1641 标准综合了早先 ATLAS 系列标准,如:C/ATLAS、IEEE Std. 716—1989、ARINC Specification 626 ATLAS 等。IEEE Std 1641-2006 标准不但为各种测试信号形式、特征,以及信号方法和测试过程给出了完整定义,而且强调了测试信息在设计、测试和维护各个阶段之间的互通性,为基本测试软件的标准化和可互操作性提供了更为广泛的技术基础。

(5) IEEE1232——AI-ESTATE 标准与 ATML(自动测试标注语言)

随着被测对象的日益复杂,以数据处理为基础的传统测试诊断方法已经无法适应复杂设备的维护需要,应用以知识处理为基础的人工智能技术将是自动测试系统发展的必然趋势,IEEE 制定 AI-ESTATE 标准的目的正是为了规范智能测试诊断系统的知识表达与服务,确保诊断推理系统相互兼容且独立于测试过程,测试诊断知识可移植和重用。正在制定的 AT-ML 标准是 XML(可扩展标注语言)的一个子集,采用 ATML 表达测试诊断信息,将实现分布开发环境中测试诊断信息的无缝交互。ATML 继承了 XML 适用于多种运行环境,便于与各种编程语言交互的优点,是目前最适合描述 AI－ESTATE 标准定义的各种测试诊断知识模型的语言。采用 ATML 表示测试诊断知识,将实现测试诊断知识与测试过程的分离,便于测试诊断知识的共享和可移植。而在测试执行过程中,还可以根据测试诊断知识来动态地调度测试运行步骤,实现更有效的故障定位,从而缩短诊断排故时间。

2. 基于 IEEE1505－2006 的公共测试接口 CTI(Common Test Interface)

测试系统接口的标准化和统一是 TPS 可移植和互操作的重要基础之一。1999 年接卡器与测试夹具接口(Receiver Fixture Interface,RFT)联盟制定了测试系统信号接口标准 IEEE P1505,实现了信号接口装置电气和机械连接的标准化,2006 年重新更新了该标准。该标准对各类自动测试系统都定义了严格的机械、电气标准的信号接口规范,这些信号包括数字、模拟、射频 RF、电源等,并对如接卡器与测试夹具接口等用于测试系统组建的大型部件面板,包括激励/测量信号与被测对象之间的布局和联结方式等都给出了标准定义。

3. 合成仪器技术

在以往的 ATS 设计中,存在大量的通用仪器或模块性能资源的冗余和浪费,这不仅是减小 ATS 的体积和成本的障碍,也影响了 ATS 效率、可靠性和功率成本。为此 NxTest IPT 工作组专门成立了合成仪器技术(Synthetic Instruments)工作组 SI－IPT,主要探索面向测试系统的合成仪器技术发展与相关标准的制定。

传统测试仪器往往是一些功能单一的专用仪器,随着数字信号处理技术的日臻成熟,近年来出现了以软件控制的、以功能组合方式实现的合成仪器技术,其基本方法是:以高速 A/D、D/A 和 DSP 芯片为基础组成通用的测试仪器硬件系统,而测试/测量任务的实现以及系统升级完全依靠软件来实现。目前美国海军 CASS 测试系统升级过程中已将频谱分析仪、射频功率计、波形分析仪、时间/频率测试仪和 AC/DC 电压测量等 7 种仪器的功能由一个合成仪器模块来实现,而美国陆军的 IFTE、海军陆战队的 TETS 系统也将进行相应的升级改造。合成仪器技术进一步推进了软件就是仪器的虚拟仪器技术的发展。

基于软件无线电概念的合成仪器技术不仅会改变测试系统的设计基础,更是测量测试技术的革命性进步,但是其技术的限制和瓶颈也是显而易见的,这就是该技术太依赖 A/D 和 D/A 器件的带宽和动态范围的提升。从目前情况看,完全依赖数字技术的 DSP 性能(速度和存储)每 18 个月就能增长一倍,用来模拟数字混合技术的 A/D 和 D/A 性能(分辨率和速率)增长周期大约为 24～36 个月,而微波毫米波器件性能(指标、体积和价格)周期大约为 36～96 个月。由此可见真正基于软件无线电的合成仪器还相当遥远,但在低端射频频段以及附加适当变频器件的过渡性合成仪器将会成为新一代仪器体系发展的潮流。

4. 并行测试技术

现有通用自动测试系统虽然能够覆盖多种被测对象的测试需求,但受测试接口容量和测试软件运行模式的限制,大多沿用串行测试工作模式,不能同时对多台(套)UUT 进行测试,所以测试吞吐量并不比专用测试系统高,在强调测试保障效率的场合,现有的通用自动测试系统往往无法真正替代多台专用测试系统的工作。

为提高测试吞吐量,在自动测试平台上实现并行测试非常必要,目前并行测试主要包括软/硬件实现 2 种方式:

① 硬件实现:采用多通道同时并行模拟测试技术,代表产品如 Teradyne 公司的 Ai7,在 C

尺寸单槽 VXI 模块上同时集成了 32 路并行测试通道,而每个测试通道又可根据需要独立地配置成数字万用表、函数发生器、任意波形发生器、数字化仪、逻辑电压测试和计数器等 6 种不同的仪器,这样就极大地提高测试系统的集成度和测试吞吐量,目前配置了 3 块 Ai7 模块的 CASS 升级系统已经能够满足原来专用测试系统才能实现的 F/A18 飞机的测试任务需要。

② 软件实现:在测试资源和信号接口容量满足要求的前提下,NI 公司的 TestStand,TYX 公司的 TestBase 等软件采用多线程技术来实现测试资源的动态分配与优化调度,可以满足多 UUT 并行测试需要。在现有测试系统的基础上采用大容量的信号开关系统、大容量的信号接口和足够的电源容量,改变软件开发与运行模式来实现并行测试也是今后自动测试系统发展的一个特点。

5. 无线测试技术

目前,经济长期的应用和发展,测试技术和测试设备已逐渐成熟,但随着被测产品或装备的复杂程度的增加、性能的提高,也面临一些难以解决的问题:

(1) 目前存在的问题

① 测试终端呈多样性,现有技术标准难以覆盖。测试终端具有架式、箱式的综合测试仪,还有台式仪器、手持式仪器、嵌入式 BIT 测试单元等多种形式,现有测试总结标准难以覆盖所有这些测试终端的测试系统组建需求。

② 测试系统的分布式需求的越来越明显。被测对象不集中(如大型舰船、飞机、火箭、爆轰现场等),无人值守现场测试、装备的现场原位测试等,对分布式测试系统的需求增长迅速。

③ 测试系统的无缆化连接需求越来越迫切。现有自动测试系统机柜内主控计算机与测试仪器间互联电缆纷繁复杂,如兼容的 ATS,即采用"1+N"模式,导致通用测试平台与专用测试设备互联时需要不断扩充电缆规模,致使连接电缆越来越复杂,测试设备越来越庞大。

(2) 无线测试技术对测试设备的自动测试存在的困难

随着无线网络的普及及性能的提高和 5G 技术的高速发展,利用无线网络完成装备或产品的自动测试逐渐进入测试专家的视野。目前,虽然无线通信技术已非常成熟,但采用无线测试技术对装备进行自动测试存在不少困难,主要体现在以下几点:

① 没有成熟的国际标准做参照,必须独立探索技术体系。新的标准在技术上是否合理,如现有的无线通信体制能不能满足测试特殊需求;能否覆盖已有的标准、形成新的体系,如覆盖从嵌入式 BIT 测试单元到复杂的综合测试系统的表征(过去只是仪器、信号,而如今信息表征有 IEEE1641、1671 等国际标准作为支撑,如何利用已有标准,加入新的要素,形成新的信息表征体系);能否适应不同的无线传输体制,如将 WLAN、蓝牙、ZigBee、LTE - M 等融入分布式自动测试系统中,组件异构网络系统,建立合理软件构架,提供多样化测试终端能力建模及描述、TP(测试程序)敏捷开发,分布式测试任务组建软件支撑工具,以实现软硬件测试资源能力组合与重构,提高已有测试系统的复用指数。

② 无线测试能否满足自动测试需要的精密同步触发要求?自动测试需要测试系统内各测试终端像一台仪器,按严格的时间序列完成测试任务,如精密的时间基准,可满足数十上百的测试终端按严格的时间序列工作;如触发响应时间的要求,针对某台仪器捕获事件,发出触发信号,系统内多台仪器必须在规定的响应时间内同步启动工作;如异常事件处理实时性要求,某测试终端在测试过程中出现异常时,测试控制器具备快速干预的能力。因此,不解决同

步触发问题,现在无线体系难以作为理想的测试系统总线。

③ 现在仪器总线如何向无线总线的转换。即研究现有仪器、测试单元以最小的代价实现对无线测试系统体系的支撑手段。

④ 如何实现嵌入式 BIT 模块与无线传输。即芯片化或微型化、不同无线信息传控体系、低功耗技术等。

⑤ 自动测试系统无线网络安全保密问题。主要涉及所采用的无线网络技术特征、传输的信令/数据等的特征、对信息保密等级需求、加解密处理时延及加解密速率需求、密码保密及安全防护技术等一系列问题。

(3) 未来无线测试技术的研究方向

① 无线自动测试系统技术体系与标准的研究;

② 无线网络环境测试终端时钟同步及触发方法的研究;

③ 无线自动测试系统无线网络保密安全技术的研究;

④ 现有测试仪器总线(如 GPIB、LXI、VXI 等)向无线总线转换技术的研究;

⑤ 智能机柜设计及高速无线互联管理技术的研究;

⑥ 嵌入式 BIT 模块与无线传输技术的研究。

1.2　虚拟仪器技术

1.2.1　基本概念

在对大规模、自动化、智能化电子测控系统的需求越发迫切的形式下,计算机技术、仪器技术和通信技术的结合建造了仪器仪表新的里程碑——虚拟仪器技术。

虚拟仪器技术的优势就在于可由用户自行定义、各自专用的仪器系统,且功能灵活,构建容易,所以应用面极为广泛,尤其在军事、科研、开发测量、检测、计量、测控领域更是不可多得的好工具。

随着科学技术快速发展,新技术、新产品的不断涌现,人们对仪器的功能、灵活性的要求越来越高。同时,越来越多的厂商看中虚拟仪器技术领域这一巨大的潜在市场,加入虚拟仪器技术软硬件产品开发的行列,计算机的快速发展使其使用越来越容易,虚拟仪器技术在更多更广的领域得到应用与普及。

从美国 NI 公司 1986 年提出虚拟仪器(Virtual Instruments,VI)到现在,经过十几年的发展,不仅虚拟仪器技术本身的内涵不断丰富,外延不断扩展,在军事和民用领域均得到了广泛的运用。例如 VI 原来最核心的思想是利用计算机的强大资源使本来需要硬件实现的技术软件化,以便最大限度地降低成本,增强系统的功能和灵活性。

1982 年出现了一种与 PC 机配合使用的模块式仪器,自动测试系统结构也从传统的机架层叠式结构发展成为模块式结构。与传统仪器不同的是,模块式仪器本身不带仪器面板,因此必须借助于 PC 机强大的图形环境和在线帮助功能,建立图形化的“虚拟的”仪器面板,完成对仪器的控制、数据分析与显示。这种与 PC 机结合构成的、包含实际仪器使用与操作信息软件的仪器,被称为“虚拟仪器”。

VI 通过应用程序将通用计算机与仪器硬件结合起来,用户可以通过友好的图形界面(通常叫作虚拟前面板)操作这台计算机,就像在操作自行定义、自行设计的一台单个传统仪器一样。VI 以透明的方式把计算机资源(如微处理器、内存、显示器等)和仪器硬件(如 A/D、D/A、数字 I/O、定时器、信号调理等)的测量、控制能力结合在一起,通过软件实现对数据的分析处理、表达以及图形化用户接口,如图 1-9 所示。

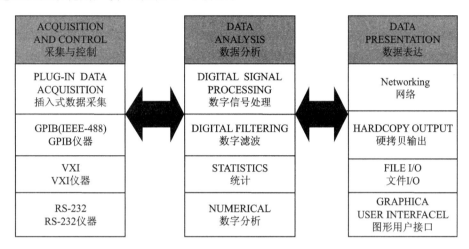

图 1-9 虚拟仪器的内部功能划分

应用程序将可选硬件(如 GPIB、VXI、PXI、RS-232、DAQ 板)和可重复用原码库函数等软件结合在一起,实现了仪器模块间的通信、定时与触发。原码库函数为用户构造自己的 VI 系统提供了基本的软件模块。由于 VI 的模块化、开放性和灵活性以及软件是关键的特点,故当用户的测试要求变化时,可以方便地由用户自己来增减硬、软件模块或重新配置现有系统,以满足新的测试要求。这样,当用户从一个项目转向另一个项目时,就能简单地构造出新的 VI 系统而不丢弃已有的硬件和软件资源。

与传统仪器相比,虚拟仪器具有以下几个性能特点:

① 虚拟仪器的硬、软件具有开放性、模块化、可重复使用及互换性等特点:为提高测试系统的性能,可以方便地加入一个通用仪器模块或更换一个仪器模块,而不用购买一个完全新的系统,有利于测试系统的扩展。

② 可由用户定义仪器功能:由于仪器的功能可在用户级上产生,故它不再完全由仪器生产厂家来确定,用户可以根据自己的需要,通过增加或修改软件,为虚拟仪器加入新的测量功能而不用购买一台新的仪器。

③ 测量输入信号特性(如电压、频率、上升时间等)只需要一个量化的数据模块,要测量的信号特性能被数据处理器计算出来,这种将多种测试集于一体的方法缩短了测试时间,从而提高了测试速度。

④ 嵌入式数据处理器的出现允许建立一些功能的数学模型(如 FFT 和数字滤波器等),使测试数据不会随时间发生变化,因此可保证测量精度和重复性,而不需要定期进行校准。并由于虚拟仪器测量值不会受电缆长度、阻抗和修正因子差异等因素的影响,从而进一步提高了测量精度和可重复性。随着软件在仪器系统中的权重越来越大的趋势,虚拟仪器的概念也进一步得到扩充。

所谓虚拟仪器,其基本思想是在一定的硬件环境(或平台)支持下,通过编制和执行不同的虚拟仪器软件来构造各种不同的仪器,实现各种用户定义的仪器或测试功能。就是在通用计算机平台上定义和设计仪器的功能,用户操作和使用计算机的同时就是在使用一台专门的电子仪器。虚拟仪器以计算机为核心,充分利用计算机强大的图形界面和数据处理能力,提供对测量数据的分析和显示功能。

　　自动测试系统中,对测试起关键作用的是两大类仪器:激励仪器和测量仪器。随着仪器工业的飞速发展,特别是 VXI,PXI 等模块化仪器总线的出现,这两类仪器硬件变得更小,速度更快,性能/价格比更优。另一方面,软件对总的仪器性能的贡献急速地增长,虚拟仪器则更是加速了这种趋向。在当今的 ATE 中,仪器硬件更多的是面向通用目的,在通用仪器硬件的基础上通过日益完善的虚拟仪器软件使得多种激励仪器和多种测量仪器可用软件来取代。也就是说,很宽范围的各式激励可用一个单台仪器来产生,多种参数的测量与分析也可以用一台仪器来完成。

1.2.2　软件是关键

　　给定计算机的运算能力和必要的仪器硬件之后,构造和使用 VI 的关键在于应用软件。这是因为应用软件为用户构造或使用 VI 提供了集成开发环境、高水平的仪器硬件接口和用户接口。基于软件在 VI 技术中的重要作用,美国国家仪器公司(NI)提出的"软件即仪器"(The Software is the Instrument)形象地概述了软件在 VI 中的重要作用。

　　应用软件最流行的趋势之一是图形化编程环境。最早编程技术开发 VI 始于 NI 公司推出的 LabVIEW 和 LabWindows/CVI 软件包。目前图形化 VI 框架有 NI 公司的 LabVIEW 和 HP 公司的 VEE。应当指出,图形化开发环境与图形化 VI 框架是不同的,其主要区别在于用其 VI 组件开发可复用原码模块的能力,后者的原码模块必须具有被其他原码模块继承性调用的能力,如图 1-10 所示。

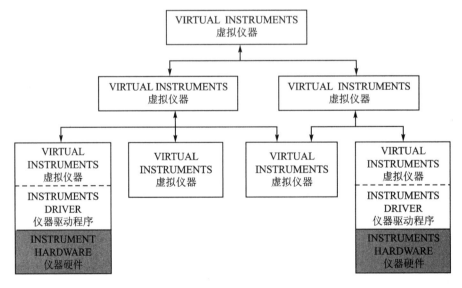

图 1-10　VI 应用软件具有可被其他可复用原码模块继承性调用的能力

　　通过应用程序提供的仪器硬件接口,用户可用透明的方式操作仪器硬件。这样,用户不必成为 GPIB、VXI、DAQ 或 RS232 方面的专家,就可以方便、有效地使用这类硬件。

控制诸如万用表、示波器、频率计等特定仪器的软件模块就是所谓的仪器驱动程序(instrument drivers),它现在已经成为应用软件包的标准组成部分。这些驱动程序可以实现对特定仪器的控制与通信,成为用户建立 VI 系统的基础软件模块。而以往用户必须通过学习各种仪器的命令集、编程选项和数据格式等才能进行仪器编程,采用标准化的仪器驱动程序从根本上消除了这种仪器编程的复杂过程,使用户能够把精力集中于仪器的使用而不是仪器的编程。正是由于仪器驱动程序的这些重要作用,使它成为应用软件供应商之间的一个主要竞争领域。这种竞争给用户带来的便利之处是几乎任何一个带标准接口的仪器都有现成的驱动程序可供利用。

除仪器硬件接口(即仪器驱动程序)是 VI 应用软件的标准模块之外,用户接口开发工具(User Interface Development Tools)不仅是通用语言的标准组成部分,而且也已成为 VI 应用软件的标准组成部分。导致对用户接口开发工具的这一广泛承诺的直接原因是因为在传统的程序开发中,用户接口的开发一直是最耗时的任务,而且如何编写从用户接口响应输入、输出的应用程序,其复杂程度无异于学习一种新的语言。而现在 VI 软件不仅包括诸如菜单、对话框、按钮和图形这样的通用用户接口属性,而且还应有像旋钮、开关、滑动控制条、表头、可编程光标、纸带记录仿真窗和数字显示窗等 VI 应用接口属性。这些属性即使应用像 Visual Basic for Windows 和 Visual C++ for Windows 这些推出不久的面向对象语言来开发 VI 的用户接口也是非常困难的。

1.2.3 发展趋势

仪器技术、计算机通信技术与网络技术是信息技术最重要的组成部分,这些被称为 21 世纪科学技术中的三大核心技术。虚拟技术蕴含的巨大潜力促使发达国家趋之若鹜,在这一领域的研究上投入了巨资,希望有朝一日能在它的带动下率先进入信息时代,而把工业时代远远地抛在后面。20 世纪 80 年代首先在美国兴起和发展起来的虚拟仪器无疑是虚拟技术领域中的重要组成部分,因此它已成为发达国家研究开发的热点技术之一。

虚拟仪器是日益发展的计算机硬件、软件和总线技术在向其他技术领域密集渗透的过程中,与测试技术、仪器技术密切结合,共同孕育出的一项美妙的新成果。自 20 世纪 80 年代以来,NI 公司已研制和推出了多种总线系统的虚拟式仪器,特别是它推出的 LabVIEW 图形编程环境和 LabWindows/CVI 编程环境已享誉世界,成为这类新型仪器开发系统的世界生产大户。在 NI 公司之后,著名的美国惠普(HP)公司紧紧跟上推出 HPVEE 编程系统可提供数十至数百种虚拟仪器的组建单元和整机,用户可用它组建或挑选自己所需的仪器。除此之外,世界上陆续有数百家公司,如 Tektronix 公司、Racal 公司等也相继推出了多种总线系统多达数百个品种的虚拟式仪器。作为仪器领域中最新兴的技术,虚拟式仪器的研究、开发在国内已经过了起步阶段。从 20 世纪 90 年代中期以来,国内的重庆大学、哈尔滨工业大学、西安交通大学、西安电子科技大学、成都电子科技大学、中科泛华电子科技公司等院校和高科技公司,在研究和开发仪器产品和虚拟式仪器设计平台以及引进消化 NI 公司、HP 公司的产品等方面做了一系列有益工作,取得了一批瞩目的成果。虚拟仪器的出现和兴起,改变了传统仪器的概念、模式和结构,改变了人们的仪器观。据《世界仪表与自动化》杂志报道,21 世纪初叶,虚拟仪器的生产厂家将超过千家,品种将达到数千种,市场占有率将达到电测仪器的 50%,这一预测对整个仪器仪表领域,不啻是一次强烈的震撼,使从事电测仪器科学技术研究与开发的科学家和工程师们都看清了虚拟式仪器对传统仪器的巨大挑战,认识到虚拟式仪器不仅将成为电测仪器的未来发展方向,而且必将逐一取代实验室中的传统硬件化仪器,使成千上万种传统的硬件化仪器都演变成计算机软件,成为一系列有序的文件融入计算机中,那时有许多种类的仪器在广义上已不完全属于仪器领域的某些分支,而可以将它们看成是信息技术的本体。

虚拟仪器的一大特点是具有集成性。如果将多种测试仪器的测试过程功能,虚拟式仪器库的形成过程功能(在传统仪器中由机内的各电子卡决定)实现软件化程序化,用一个个文件或程序来表示一台台仪器的功能,这样便将多种仪器的测试分析功能集成于计算机内,这称为"测试集成"。如果将仪器的面板控件也一一软件化后集成于机内,并使这些仪器的功能软件和控件软件在机内的"框架协议"软件平台上进行软装配、软调试,最后形成一个多品种的虚拟仪器库。这时用户便可从仪器库中调用自己需要的仪器或由若干仪器组成的实验研究所需要的虚拟仪器系统。构造虚拟式仪器的系统结构在"集成"的基础上,通过软件设计可构造虚拟仪器的功能模块(每一个功能模块包括一种功能)和控件模块(每一个控件模块包括一种控件)。

VI 技术经过十余年的发展,正沿着总线与驱动程序的标准化、硬/软件的模块化,以及编程平台的图形化和硬件模块的即插即用(Plug&Play)化等方向发展。目前 VI 技术已发展成具有 GPIB、PC‑DAQ、VXI、PXI 四种标准体系结构开放技术。1998 年 NI 又发布了虚拟硬件和可互换虚拟仪器的概念,其产品已经面市,IVI 基金会 1998 年也在美国成立,并颁布了相应的 IVI 技术规范。基于 VXI 技术开发应用完全独立于硬件,提高了程序代码的复用性,大大降低了应用系统的维护费用,必将成为测控技术的主要基础技术之一。随着测量控制过程的网络化,一个真正的虚拟化的测控时代即将到来。

军用 ATE 将继续沿着模块化、系列化、标准化、小型化、通用化发展,对设计验证,生产测试和维修诊断用 ATE 将采用一体化研制策略。应用人工智能技术的先进诊断测试方法,综合诊断支持系统和诊断测试系统的开放式结构将成为新一代军用 ATE 的研制重点所在。由于虚拟仪器的基本思想就是利用最少数量的必要硬件采用灵活的软件方法来实现多种测试功能,它本身就具有通用特征,也很容易模块化、标准化,也直接支持一体化。虚拟仪器技术对 ATE 软件研制的影响已如前述。虚拟仪器对军用 ATE 的影响还突出表现在如下方面:

① 降低军用 ATE 的生命周期成本　这是由于采用虚拟仪器技术能使 ATE 的硬件数量、备件数量、存储场地、维护人员数量、ATE 的培训需求、ATE 的能量耗量都大大降低。

② 改善 ATE 测试精度　在一些场合,采用虚拟仪器方法可得到最高的测量精度,这是由于,与分立的仪器组成的系统相比,虚拟仪器减少了信号传递和处理的级数,从而减少了误差。比如,商用台式频率/计数器能测量 10 GHz、100 ns 脉冲,拥有约 100 kHz 精度;而应用虚拟仪器办法,美国 Allied Signal Aerospace 公司实现了在该测量范围拥有 10 kHz 的测量精度。

③ 实现以前不能实现的测量　在现代飞行器或武器系统测试中,有一些波形是很难测量的,困难在于有一些波形非常复杂而且是时变的(动态的);困难还在于要测量的几个关键的波形特征是瞬间同时发生的,既快速又互相独立,有时还是多维的。用分立的台式仪器测量这类波形是困难的。若采用 VXI 总线虚拟仪器,由于 VXI 总线具有高速数据传输特性,其总线资源间能精确同步、定时及紧密协调,可实现上述复杂波形的测量。

本 章 小 结

　　本章首先介绍了自动测试的测试测量、误差处理、总线接口等基础知识,然后介绍了自动测试系统的组成、发展及未来关键技术,最后介绍了虚拟仪器技术的概念、发展趋势等内容。本章内容的重点是基本概念、误差处理、自动测试系统组成及发展、虚拟仪器技术,本章内容对理解自动测试原理,掌握自动测试系统一般构成,深入学习各种自动测试相关技术及测试系统开发实践具有较大帮助和重要意义。

思 考 题

　　1. 简述测量误差处理的基本步骤。

　　2. 自动测试系统的发展经历了哪几个阶段?

　　3. 新一代自动测试系统在体系结构上由哪些组成?

　　4. 未来自动测试技术的关键技术有哪些?

　　5. 从功能上看,虚拟仪器由哪几部分组成? 各有什么作用?

　　6. 为什么说软件是虚拟仪器技术的关键?

第2章 测试总线技术

2.1 串行总线技术

2.1.1 基本概念

串行通信接口是在测试系统中广泛采用的一种接口方式。如主控微型计算机与 CAMAC 采集系统的数据交换,主控微型计算机与显示控制计算机的交换均采用串行通信方式。在测控领域,串行通信接口主要采用 RS-232C 标准串行通信接口、RS-422 接口以及 RS-485 接口,其区别是信号在传送时的电压标准和驱动接受模式不同,但也存在许多共性的问题,如下所述。

1. 编码方式

串行通信主要采用两种信息编码方式:

① ASCII 码(American Standard Code for Information Interchange)采用 7 位二进制数,可表示 128 个字符。

② BCD 码(Extended Binary Coded Decimal Interchange Code)是一种 8 位编码,常用在同步通信中。

2. 通信方式

(1) 异步通信

异步通信(Asynchronus Data Communication)指数据发送端和接收端时钟不相同,通过发送起始位和停止位来实现同步。

起止式异步协议的特点是逐个字符传输,并且传送一个字符总是以起始位开始,以停止位结束,字符之间没有固定的时间间隔要求。其格式如图 2-1 所示。每一个字符的前面都有一位起始位(低电压),字符本身有 5~8 位数据位组成,接着字符后面是一位校验位(也可以没有校验位),最后是一位,或一位半,或二位停止位,停止位后面是不定长度的空闲位。停止位和空闲位都规定为高电压,这样就保证起始位开始处一定有一个下跳沿。

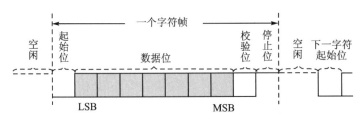

图 2-1 起止式异步串行通信协议

从图 2-1 中可以看出,这种格式是靠起始位和停止位来实现字符的界定或同步的,故称

为起始式协议。传送时，数据的低位在前，高位在后，图 2 - 2 表示了传送一个字符 E 的
ASCAII 码的波形 1010001。当把它的最低有效位写到右边时，就是 E 的 ASCII 码 1000101＝
45H。

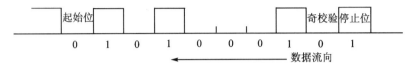

$$\text{图 2 - 2　异步串行通信时序}$$

　　起始位实际上是作为联络信号附加进来的，当它变为低电压时，告诉收方传送开始。它的
到来，表示下面接着是数据位来了，要准备接收。而停止位标志一个字符的结束，它的出现，表
示一个字符传送完毕。这样就为通信双方提供了何时开始收发，何时结束的标志。传送开始
前，发收双方把所采用的起止格式（包括字符的数据位长度、停止位位数、有无校验位以及是奇
校验还是偶校验等）和数据传输速率做出统一规定。传送开始后，接收设备不断地检测传输
线，看是否有起始位到来。在收到一系列的"1"（停止位或空闲位）之后，检测到一个下跳沿，说
明起始位出现，起始位经确认后，就开始接收所规定的数据位和奇偶校验位以及停止位。经过
处理将停止位去掉，把数据位拼装成一个并行字节，并且经校验后，无奇偶错才算正确的接收
一个字符。一个字符接收完毕，接收设备有继续测试传输线，监视"0"电压的到来和下一个字
符的开始，直到全部数据传送完毕。

　　由上述工作过程可以看到，异步通信是按字符传输的，每传输一个字符，就用起始位来通
知收方，以此来重新核对收发双方同步。若接收设备和发送设备两者的时钟频率略有偏差，则
不会因偏差的累积而导致错位，加之字符之间的空闲位也为这种偏差提供了缓冲，因此异步串
行通信的可靠性高。但由于要在每个字符的前后加上起始位和停止位这样一些附加位，使得
传输效率变低了，只有约 80%，因此，起止协议一般用在数据速率较慢的场合（小于 19.2 kb/s）。
在高速传送时，一般要采用同步协议。

　　(2) 同步通信

　　同步通信（Synchronus Data Communication）中，在数据开始传送前用同步字符来指示，
并用时钟来实现发送端和接收端的同步，即检测到规定的同步字符后，就开始连续按照顺序传
送数据，直到通信告一段落。同步传送时，字符和字符之间没有间隔，也不用为每个字符设置
起始位和结束位，故数据传输速率高于异步通信。

　　串行通信同步协议主要包括面向字符的同步协议和面向比特的同步协议，主要用于若干
个字符组成的数据块的传输，其典型代表是 IBM 公司的二进制同步通信协议（BSC）和同步数
据链路控制规程（SDLC）。

　　3. 数据传输方向

　　在串行通信中，数据通常是在两个站（如终端和微机）之间进行传送，按照数据流的方向，
可分成三种基本的传送方式：全双工、半双工和单工。

　　(1) 单工方式

　　单工方式允许数据单方向传送，如图 2 - 3 所示。

　　(2) 半双工方式

　　半双工方式使用同一根传输线既作接收又作发送，虽然数据可以在两个方向上传送，但通

信双方不能同时收/发数据,如图 2-4 所示。采用半双工方式时,通信系统每一端的发送器和接收器,通过收/发开关转接到通信线上,进行方向的切换。收/发开关实际上是由软件控制的电子开关,会产生一定的时间延迟。

(3) 全双工方式

数据可以同时进行双向传输,相当于两个方向相反的单工方式的组合,通信双方都能在同一时刻进行发送和接收操作,这样的传送方式就是全双工方式,如图 2-5 所示。在全双工方式下,通信系统的每一端都设置了发送器和接收器,因此,能控制数据同时在两个方向上传送。全双工方式无须进行方向的切换,因此,没有切换操作所产生的时间延迟。这种方式要求通信双方均有发送器和接收器;同时,需要 2 根数据线传送数据信号。

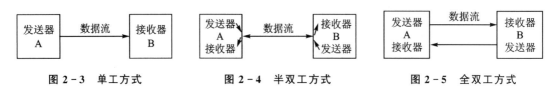

图 2-3　单工方式　　　　　图 2-4　半双工方式　　　　　图 2-5　全双工方式

4. 波特率

在串行通信中,所谓波特率就是指每秒传输多少位,用 b/s 表示。国际上规定了一个标准波特率系列,为 110、300、600、1 200、4 800、9 600 和 19 200 b/s。大多数接口的接收波特率和发送波特率可以分别设置,而且可以通过编程来指定,实际应用中应注意两个问题:

① 波特率是衡量传输通道频宽的指标,它和传送数据的速率并不一致。例如,在异步传送中,假定每帧(每一次实际传送的字符)的格式包含 10 个代码位(1 个起始位,1 个终止位,8 个数据位),此时数据传送波特率位 1 200 b/s,而实际只传送了 8 位有效位,所以数位的传送速率为 960 b/s。

② 允许的波特率误差:为分析方便,假设传递的数据一帧为 10 位,若发送和接收的波特率达到理想的一致,那么接收方应在每位数据有效时刻的中点对数据采样。如果接收一方的波特率比发送一方大或小 5%,则对 10 位一帧的串行数据,采样点相对数据有效时刻逐位偏移,当接收到第 10 位时,积累的误差达 50%,则采样的数据已是第 10 位数据有效与无效的临界状态,这时就可能发生错位,所以 5% 是最大的波特率允许误差。对于 8 位、9 位和 10 位一帧的串行传送,其最大波特率允许误差分别为 6.25%、5.56% 和 4.5%。

5. 通信协议

所谓通信协议是指通信双方的一种约定。约定包括对数据格式、同步方式、传送速度、传送步骤、检查纠错方式以及控制字符定义等问题做出统一规定,从而同步发送设备和接收设备,确保发送数据在接收端被正确读出。

串行通信协议包括同步协议和异步协议两种。异步串行协议通常要规定字符数据的传送格式和波特率。要想保证通信成功,通信双方必须还有一系列的约定,比如握手信号的确定、出错的处理等。

2.1.2　RS-232C 串行总线

RS-232C 是由美国 EIA(Electronic Industries Association)在 1969 年推出的。最初是

为公用电话的远距离数据通信制定,全称是"使用串行二进制数据进行交换的数据终端设备和数据通信设备之间的接口"。

数据终端设备 DTE(Data Terminy Eguipment)包括计算机、外设、数据终端或其他测试、控制设备。

数据通信设备 DCE(Data Communication Eguipment)完成数据通信所需的有关功能的建立、保持和终止,以及信号的转换和编码,如调制解调器(MODEM)。DTE 与 DCE 之间的关系如图 2-6 所示。

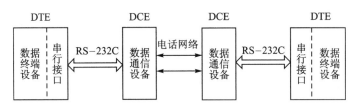

图 2-6　RS-232C 串行通信物理模型

1. 机械特性

RS-232C 标准对两个方面做了规定,即信号电压标准和控制信号线的定义,不涉及接插件、电缆或协议,未定义连接器的物理特性,因此,出现了 DB-25、DB-15 和 DB-9 几种常用类型的连接器,其引脚的定义也各不相同。RS-232C 定义了 20 根信号线,但在 IBM PC/AT 机以后,主要使用提供异步通信的 9 个信号进行通信,其他的信号线已不再使用。9 个信号线在 DB-25 和 DB-9 连接器上的定义如表 2-1 所列。

表 2-1　RS-232C 接口常用信号线定义及功能

插针序号		信号定义	名　称	说　明
DB-25	DB-9			
1		FG	Frame Ground	保护地
2	3	TXD	Transmitted Data	数据输出线
3	2	RXD	Received Data	数据输入线
4	7	RTS	Request to Send	DTE 要求发送数据
5	8	CTS	Clear to Send	DCE 回应 DTE 的 RTS 的发送许可,告诉对方可以发送
6	6	DSR	Data Set Ready	告知 DCE 处于待命状态
7	5	SG	Signal Ground	信号地
8	1	DCD	Data Carrier Detect	接收线路信号检测
20	4	DTR	Data Terminal Ready	告知 DTE 处于待命状态
22	9	RI	Ringing	振铃指示

图 2-7 所示为 DB-25、DB-9 的 RS-232C 连接器信号的定义。

2. 信号线功能描述

RS-232C 标准接口常用的只有 9 根信号线,分为三类。

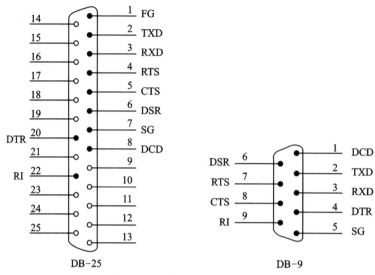

图 2 - 7   RS - 232C 连接器信号定义

（1）联络控制信号线

数据通信准备好（DSR）：有效（ON）状态，表明数据通信设备（DCE）设备处于可以使用的状态。

数据终端准备好（DTR）：有效（ON）状态，表明数据终端设备（DTE）可以使用。

这两个信号有时连到电源上，一上电就立即有效。这两个设备状态信号有效，只表示设备本身可用，并不说明通信链路可以开始进行通信了，能否开始进行通信要由下面的控制信号决定。

请求发送（RTS）：用来表示 DTE 请求向 DCE 发送数据，即当终端要发送数据时，使该信号有效（ON 状态），向 DCE 请求发送。

允许发送（CTS）：用来表示 DCE 准备好接收 DTE 发来的数据，是对请求发送信号 RTS 的响应信号。当 DCE 已准备好接收 DTE 传来的数据时，使该信号有效，通知 DTE 开始沿发送数据线 TXD 发送数据。

RTS/CTS 请求应答联络信号主要用于半双工系统中发送方式和接收方式之间的切换。在全双工系统中，因配置双向通道，故不需要 RTS/CTS 联络信号，使其保持高电压即可。

数据载波检出（DCD）：用来表示 DCE 已接通通信链路，告知 DTE 准备接收数据。当本地的 MODEM 收到由通信链路另一端（远地）的 MODEM 送来的载波信号时，使该信号有效，通知 DTE 准备接收，并且由 MODEM 将接收下来的载波信号解调成数字信号后，沿接收数据线 RXD 送到终端。

振铃指示（RI）：当 MODEM 收到交换台送来的振铃呼叫信号时，使该信号有效（ON 状态），通知 DTE 终端，已被呼叫。

（2）数据发送与接收线

发送数据（TXD）：DTE 通过 TXD 端将串行数据发送到 DCE。

接收数据（RXD）：DTE 通过 RXD 端接收从 DCE 发来的串行数据。

（3）地线

有两根线 SG、FG：信号地和保护地信号线，无方向。

上述控制信号线何时有效,何时无效的顺序表示了接口信号的传送过程。例如,只有当 DSR 和 DTR 都处于有效(ON)状态时,才能在 DTE 和 DCE 之间进行传送操作。若 DTE 要发送数据,则先将 RTS 线置成有效(ON)状态,等 CTS 线上收到有效(ON)状态的回答后,才能在 TXD 线上发送串行数据。这种顺序的规定对半双工的通信线路特别有用,因为需要确定 DCE 已由发送方向改为接收方向,这时线路才能开始发送。请求发送(RTS)、清除发送(CTS)信号和发送数据(TXD)之间的时序关系如图 2-8 所示。

上述各控制线中,数据通信准备好(DSR)、数据终端准备好(DTR)、振铃指示(RI)和数据载波检测(DCD)是利用电话网进行远距离通信时所需要的,在近距离通信时,计算机接口和终端可直接采用 RS-232C 连接,不用电话网和调制解调器,这些信号控制线一般没用。

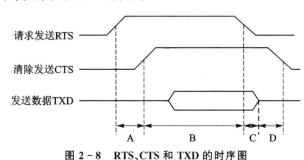

图 2-8　RTS、CTS 和 TXD 的时序图

补充说明两点:

① RS-232C 标准最初是为远程通信连接数据终端设备(DTE)与数据通信设备(DCE)而制定的,当时并未考虑计算机系统的应用要求,但目前它又被广泛地用于计算机接口与终端或外设之间的近端连接标准,因此,某些典型应用存在与 RS-232C 标准本身不兼容的地方。

② RS-232C 标准中所提到的"发送"和"接收",都是站在 DTE 立场上,而不是站在 DCE 的立场来定义的。由于在计算机系统中,往往是两个设备的接口之间传送信息,两者都是 DTE,因此双方都能发送和接收。

3. 电气特性

(1) RS-232C 信号电压

RS-232C 逻辑电压的定义如表 2-2 所列。

表 2-2　信号电压状态和功能

信　号	标记对象	电　平	
		−3 ～ −15 V	+3 ～ +15 V
数　据	二进制状态	1	0
	信号状态	标志(MARK)	间隔(SPACE)
控制定时	功　能	断开(OFF)	接通(ON)

RS-232C 的逻辑电压对地是对称的,与 TTL、CMOS 逻辑电压完全不同。信号电压小于 −3 V 为"标志"(MARK)状态,大于 3 V 为"间隔"(SPACE)状态;数据传输(RXD 和 TXD 线上)时,"标志"状态表示逻辑"1"状态,"间隔"表示逻辑"0"状态;对于定时和控制功能(RTS、CTS、DTR、DSR 和 DCD 等),信号有效,即"接通"(ON)对应正电压;信号无效,即"断开"(OFF)对应负电压。

−3～+3 V 间为信号状态的过渡区,低于 −15 V 或高于 +15 V 的电压也认为无意义,因此,实际工作时应保证电压在 ±(3～15)V 之间。

典型的 RS‐232C 信号在正负电压之间摆动。发送端驱动器输出正电压在＋5～＋15 V，负电压在－5～－15 V，接收器典型的工作电压在＋3～＋12 V 与－3～－12 V，这意味着 2 V 的噪声容限，如图 2‐9 所示。

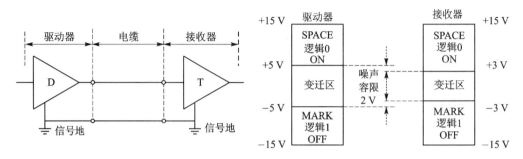

图 2‐9　RS‐232C 电气特性

RS‐232C 是为点对点（即只用一对收、发设备）通信而设计的，其驱动器负载电阻为 3～7 kΩ、负载电容应小于 2 500 pF。对于普通导线，其电容值约为 170 pF/m，则 DTE 和 DCE 之间最大传输距离 $L = 2\ 500\ pF/(170\ PF/m) = 15\ m$。

（2）RS‐232C 与 TTL 电压的转换

RS‐232C 是用正负电压来表示逻辑状态，与 TTL 以高低电压表示逻辑状态的规定不同。因此，为了能够同计算机接口或终端的 TTL 器件连接，必须在 RS‐232C 与 TTL 电路之间进行电压和逻辑关系的变换。实现这种变换的方法可用分立元件，也可用集成电路芯片。目前较为广泛地使用集成电路转换器件，如 MC1488、SN75150 芯片可完成 TTL 电压到 RS‐232C 电压的转换，而 MC1489、SN75154 可实现 RS‐232C 电压到 TTL 电压的转换。

微机串口数据通信的具体连接方法如图 2‐10 所示。8251A 为通用异步接收/发送器（UART），通过计算机编程，可以控制串行数据传送的格式和速度。MC1488 的引脚（2）、（4，5）、（9，10）和（12，13）接 TTL 输入。引脚 3、6、8、11 接 RS‐232C 输出。MC1489 的 1、4、10、13 脚接 RS‐232C 输入，而 3、6、8、11 脚接 TTL 输出。UART 是 TTL 器件，计算机输出或输入的 TTL 电压信号，都要分别经过 MC1488 和 MC1498 转换器，转换为 RS‐232C 电压后，才能送到连接器上去或从连接器上送进来。

MAX232 芯片是 MAXIM 公司生产的，包含两路接收器和驱动器的 IC 芯片，适用于各种 RS‐232C 的通信接口。MAX232 芯片内部有一个电源电压变换器，可以把输入的＋5V 电源电压变换成为 RS‐232C 输出电压所需的±10 V 电压。所以，采用此芯片接口的串行通信系统只需单一的＋5 V 电源就可以了，其适应性强，硬件接口简单，被广泛采用。

MAX232 典型工作原理图如图 2‐11 所示，图中虚线以上的上半部分是电源变换电路部分，虚线以下的下半部分为发送和接收部分。实际应用中，可将 MAX232 芯片中两路发送接收端分别传送 TXD/RXD 和 RTS/CTS 信号，或任选一路作为 TXD/RXD 接口，要注意其发送、接收的引脚要对应。

4．RS‐232C 的应用

用 RS‐232C 总线连接系统时，有近程通信方式和远程通信方式。近程通信是指传输距离小于 15 m，这可以用 RS‐232C 电缆直接连接，所用信号线较少。传输距离大于 15 m 的远程通信，需要采用调制解调器（MODEM），因此使用的信号线较多。

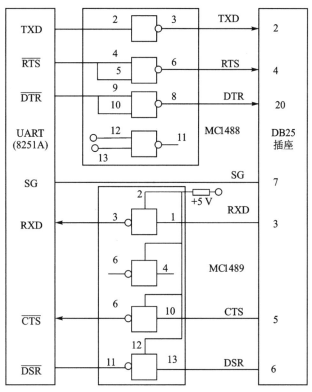

图 2 - 10 计算机的 RS - 232C 标准接口电路

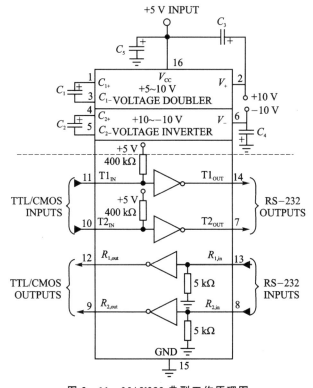

图 2 - 11 MAX232 典型工作原理图

（1）远程通信

若在双方 DCE(MODEM)之间采用普通电话交换线进行通信，需要 9 个信号线进行联络，如图 2－12 所示。

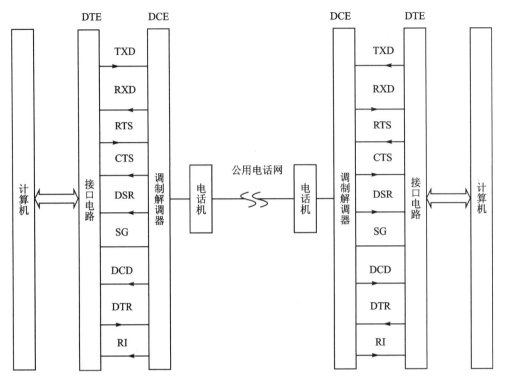

图 2－12　采用调制解调器的远程通信连接

注意： DTE 信号为 RS－232C 信号，DTE 与计算机间的电压转换电路未画出。

工作原理如下：

① 置 DSR 和 DTR 信号有效，表示 DCE 和 DTE 设备准备好，即设备本身已可用。

② 通过电话机拨号，呼叫对方，电话交换台向对方发出拨号呼叫信号，当对方 DCE 收到该信号后，使 RI 有效，通知 DTE 已被呼叫。在对方"摘机"后，双方建立了通信链路。

③ 若计算机要发送数据至对方，可通过 DTE 发出 RTS 信号，此时若 DCE 允许传送，则向 DTE 回答 CTS 信号。对全双工通信方式，一般直接将 RTS/CTS 接高电压，即只要通信链路建立，就可传送信号。RTS/CTS 可只用于半双工系统中作发送方式和接收方式的切换。

④ 当 DTE 获得 CTS 信号后，通过 TXD 线向 DCE 发出串行信号，DCE 将数字信号调制成载波信号传向对方。

⑤ 计算机向 DTE 的数据输出寄存器传送新的数据前，应检查 DCE 状态和数据输出寄存器为空。

⑥ 当对方的 DCE 收到载波信号后，向与它相连的 DTE 发出 DCD 信号，通知其 DTE 准备接收，同时将载波信号解调为数据信号，从 RXD 线上送给 DTE，DTE 通过串行接收移位寄存器对接收到的位流进行移位，在收到 1 个字符的全部位流后，把该字符的数据位送到数据输入寄存器，计算机可以从数据输入寄存器读取字符。

(2) 近距离通信

当两台计算机或设备进行近距离点对点通信时,可不需要 MODEM,将两个 DTE 直接连接,这种连接方法称为零 MODEM 连接。在这种连接中,计算机往往貌似 MODEM,从而能够使用 RS - 232C 标准。在采用零 MODEM 连接时,不能进行简单的引线互连,而应采用专门的技巧建立正常的信息交换接口,常用的零 MODEM 的 RS - 232C 连接方式有如下 3 种。

1) 零 MODEM 完整连接(7 线制)

图 2 - 13 所示为零 MODEM 完整连接的一个连接图,共用了 7 根连接线。由图可见,RS - 232C 接口标准定义的主要信号线都用到了,并且是按照 DTE 和 DCE 之间信息交换协议的要求进行连接的,只不过是把 DTE 自己发出的信号线送过来,当作对方 DCE 发来的信号。它们的"请求发送"端(RTS)与自己的"清除发送"端(CTS)相连,使得当设备向对方请求发送时,随即通知自己的"清除发送"端,表示对方已经响应。这里的"请求发送"线还往往对方的"载波检测"线,这是因为"请求发送"信号的出现类似于通信通道中的载波检出。图中的"数据设备就绪"是一个接收端,它与对方的"数据终端就绪"相连,就能得知对方是否已经准备好。"数据设备就绪"端收到对方"准备好"的信号,类似于通信中收到对方发出的"响铃指示",与"数据设备就绪"并联在一起。

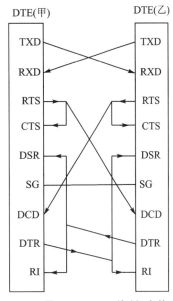

图 2 - 13 零 MODEM(7 线制)完整连接

双方的握手信号关系如下:

① 甲方的 DTE 准备好,发出 DTR 信号,该信号直接联至乙方的 RI(振铃信号)和 DSR(数传机准备好)。即只要甲方准备好,乙方立即产生呼叫(RI)有效,并同时准备好(DSR)。尽管此时乙方并不存在 DCE(数传机)。

② 甲方的 RTS 和 CTS 相连,并与乙方的 DCD 互连。即:一旦甲方请求发送(RTS),便立即得到允许(CTS);同时,使乙方的 DCD 有效,即检测到载波信号。

③ 甲方的 TXD 与乙方的 RXD 相连,一发一收。

2) 零 MODEM 标准连接(5 线制)

图 2 - 14 所示为计算机与终端之间利用 RS - 232C 连接的最常用的交叉连线图,图中"发

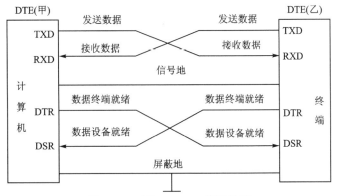

图 2 - 14 零 MODEM 标准连接

送数据'与"接收数据"是交叉相连的,使得两台设备都能正确的发送和接收。"数据终端就绪"
与"数据设备就绪"两根线也是交叉相连的,使得两设备都能检测出对方是否已经准备好,作为
硬件握手信号。

　　3) 零 MODEM 的最简连接(3 线制)

　　图 2-15 所示为零 MODEM 方式的最简单连接方式,即三线连接。该连接仅将"发送数
据"与"接收数据"交叉相连,通信双方都互相当作数据终端设备看待,双方都可发也可收。两
装置之间需要握手信号时,可以按软件方式进行。

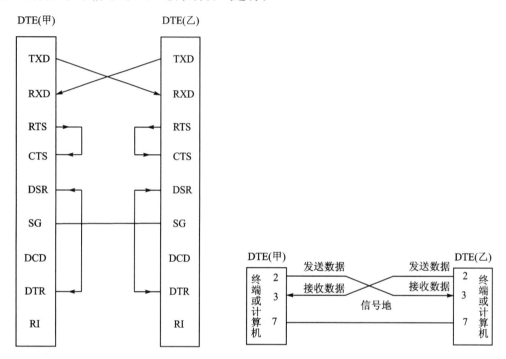

图 2-15　零 MODEM 的最简连接

2.1.3　RS-422A/RS-485 总线及应用

　　采用 RS-232C 标准时(见图 2-16),其所用的驱动器和接收器(负载侧)分别起 TTL/RS-
232C 和 RS-232C/TTL 电压转换作用,转换芯片均采用单端电路,易引入附加电压:一是来
自于干扰,用 e_n 表示;二是由于两者地(A 点和 B 点)电压不同引入的电位差 V_S,如果两者距
离较远或分别接至不同的馈电系统,则这种电压差可达数伏,从而导致接收器产生错误的数据
输出。

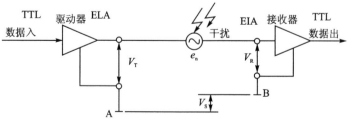

图 2-16　RS-232C 单端驱动非差分接收电路

RS-232C 是单端驱动非差分接收电路,不具有抗共模干扰特性。EIA 为了弥补 RS-232C 的不足,以获得经它传输距离更远、速率更高及机械连接器标准化的目的,20 世纪 70 年代末期又相继推出 3 个模块化新标准。

RS-499:"使用串行二进制数据交换的数据终端设备和数据电路终端设备的通用 37 芯和 9 芯接口"。

RS-423A:"不平衡电压数字接口电路的电气特性"。

RS-422A:"平衡电压数字接口电路的电气特性"。

RS-499 在与 RS-232C 兼容的基础上,改进了电气特性,增加了通信速率和通信距离,规定了采用 37 条引脚连接器的接口机械标准,新规定了 10 个信号线。

RS-423A 和 RS-422A 的主要改进是采用了差分输入电路,提高了接口电路对信号的识别能力和抗干扰能力。其中 RS-423A 采用单端发送,RS-422A 采用双端发送,实际上 RS-423A 是介于 RS-232C 和 RS-422A 之间的过渡标准。在飞行器测试发射控制系统中实际应用较多的是 RS-422A 标准。

RS-423/422A 是 RS-449 的标准子集,RS-485 则是 RS-422A 的变型。

目前在装备领域应用较多的是 RS-422A 和 RS-485 总线。

1. RS-422A 串行总线

RS-422A 定义了一种单机发送、多机接收的平衡传输规范。

(1) 电气特性

图 2-17 给出了 RS-422A 的电气特性,其接口电路采用比 RS-232C 窄的电压范围(-6~+6 V)。通常情况下,发送驱动器的正电压为+2~+6 V,是一个逻辑状态"1";负电压为-2~-6 V,是另一个逻辑状态"0"。当在收端之间有大于+200 mV 的电压时,输出正逻辑电压,小于-200 mV 时,输出负逻辑电压,RS-422A 所规定的噪声余量是 1.8 V。

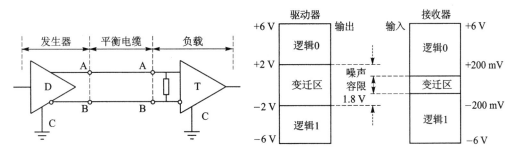

图 2-17 RS-422A 接口电气特性

RS-422A 的最大传输距离为 4 000 英尺(约 1 219 m),最大传输速率为 10 Mb/s。其平衡双绞线的长度与传输速率成反比,在 100 Kb/s 速率以下,才可能达到最大传输距离。只有在很短的距离下才能获得最高速率传输。一般 100 m 长的双绞线上所能获得的最大传输速率仅为 1 Mb/s。

RS-422A 需要一个终接电阻,要求其阻值约等于传输电缆的特性阻抗。在近距离(一般在 300 m 以下)传输时可不需终接电阻,终接电阻接在传输电缆的最远端。

(2) 典型应用

RS-422A 的数据信号采用差分传输方式,也称作平衡传输。它使用一对双绞线,将其中一线定义为 A,另一线定义为 B,另有一个信号地 C,发送器与接收器通过平衡双绞线对应相连,如图 2 - 18 所示。

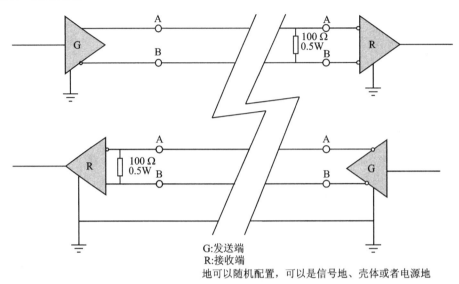

G:发送端
R:接收端
地可以随机配置,可以是信号地、壳体或者电源地

图 2 - 18　RS - 422A 平衡驱动差分接收电路

采用差分输入电路可以提高接口电路对信号的识别能力及抗干扰能力。这种输入电路的特点是通过差分电路识别两个输入线间的电位差,这样既可削弱干扰的影响,又可获得更长地传输距离。

由于接收器采用高输入阻抗和发送驱动器比 RS - 232C 更强的驱动能力,故允许在相同传输线上连接多个接收节点,最多可接 10 个节点。即一个主设备(Master),其余为从设备(Salve),从设备之间不能通信,所以 RS - 422A 支持点对多的双向通信。RS - 422A 四线接口由于采用单独的发送和接收通道,因此不必控制数据方向,各装置之间任何必需的信号交换均可以按软件方式(XON/XOFF 握手)或硬件方式(一对单独的双绞线)实现。

2. RS - 485 串行总线接口

(1) 电气特性

为扩展应用范围,EIA 在 RS - 422A 的基础上制定了 RS - 485 标准,增加了多点、双向通信能力,通常在要求通信距离为几十米至上千米时,广泛采用 RS - 485 收发器。

RS - 485 收发器采用平衡发送和差分接收,在发送端,驱动器将 TTL 电压信号转换成差分信号输出;在接收端,接收器将差分信号变成 TTL 电压,因此具有抑制共模干扰的能力,加上接收器具有高的灵敏度,能检测低达 200 mV 的电压,故数据传输可达千米以外。

RS - 485 许多电气参数规定与 RS - 422A 相仿。如都采用平衡传输方式,都需要在传输线上接终端电阻等。RS - 485 可以采用二线与四线方式,二线制可实现真正的多点双向通信,但只能是半双工模式。而采用四线连接时,与 RS - 422A 一样只能实现点对多的通信,即只能有一个主设备,其余为从设备,但它比 RS - 422A 有改进,无论四线还是二线连接方式,总线上可连接多达 32 个设备。

RS - 485 与 RS - 422A 的共模输出电压是不同的。RS - 485 共模输出电压在 -7～+12 V 范围内,RS - 422A 在 -7～+7 V 范围内,RS - 485 接收器最小输入阻抗为 12 kΩ;RS - 422

是 4 kΩ；RS-485 满足所有 RS-422A 的规范，所以 RS-485 的驱动器可以用在 RS-422 网络中应用。但 RS-422A 的驱动器并不完全适用于 RS-485 网络。

RS-485 与 RS-422A 一样，最大传输速率为 10 Mb/s。当波特率为 1 200 bps 时，最大传输距离理论上可达 15 km。平衡双绞线的长度与传输速率成反比，在 100Kb/s 速率以下，才可能使用规定最长的电缆长度。

RS-485 需要 2 个终端电阻，接在传输总线的两端，其阻值要求等于传输电缆的特性阻抗。在近距离传输时可不需要终接电阻。

（2）典型应用

图 2-19 所示为 RS-485 典型 2 线多点网络图，图 2-20 所示为 RS-485 典型 4 线多点网络图。

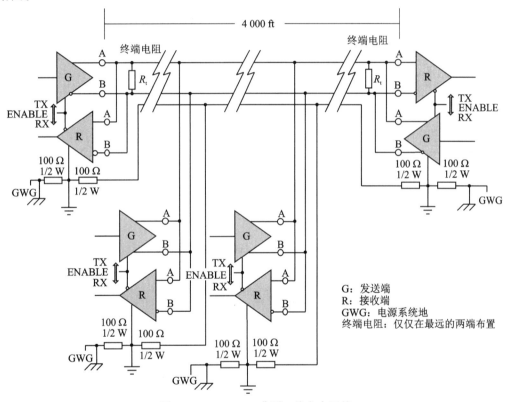

图 2-19 RS-485 典型 2 线多点网络

3. RS-232C/422A/485 接口电路性能比较

常用的三种串口的性能比较如表 2-3 所列。

选择串行接口时，还应考虑以下两个比较重要的问题：

（1）通信速度和通信距离

通常的串行接口的电气特性都有满足可靠传输时的最大通信速度和传送距离指标。但这两个指标之间具有相关性，适当地降低通信速度，可以提高通信距离，反之亦然。例如，采用 RS-232C 标准进行单向数据传输时，最大数据传输速率为 20 Kb/s，最大传送距离为 15 m。改用 RS-422 标准时，最大传输速率可达 10 Mb/s，最大传送距离为 300 m，适当降低数据传输速率，传送距离可达到 1 200 m。

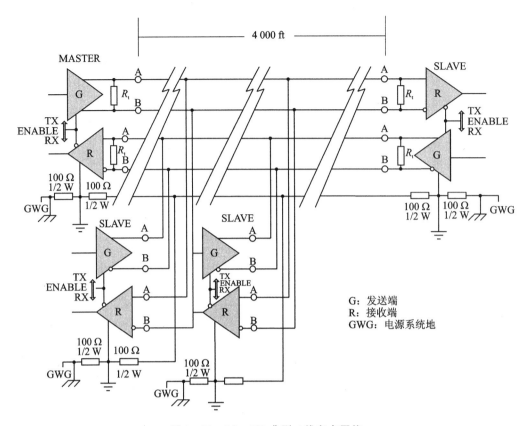

图 2 - 20 RS - 485 典型 4 线多点网络

表 2 - 3 RS - 232C/422A/485 接口电路特性比较

规　定	RS - 232C	RS - 422A	RS - 485
工作方式	单　端	差　分	差　分
节点数	1 收 1 发	1 发 10 收	1 发 32 收
最大传输电缆长度/ft	50	400	400
最大传输速率/Mb·s^{-1}	0.02	10	10
最大驱动输出电压/V	±25	−0.25～+6	−7～+12
驱动器输出信号电压(负载最小值)/V	±5～±15	±2.0	±1.5
驱动器输出信号电压(空载最大值)/V	±25	±6	±6
驱动器负载阻抗/Ω	3 000～7 000	100	54
转换速率(最大值)	30 V/μs	N/A	N/A
接收器输入电压范围/V	±15	−10～+10	−7～+12
接收器输入门限	±3 V	±200 mV	±200 mV
接收器输入电阻/kΩ	3～7	4(最小)	≥12
驱动器共模电压/V		−3～+3	−1～+3
接收器共模电压/V		−7～+7	−7～+12

(2) 抗干扰能力

通常选择的标准接口,在保证不超过其使用范围时都有一定的抗干扰能力,以保证可靠的信号传输。但在一些工业测控系统中,通信环境往往十分恶劣,因此在选择通信介质、接口标准时要充分注意其抗干扰能力,并采取必要的抗干扰措施。例如,在长距离传输时,使用 RS - 422 标准,能有效地抑制共模信号干扰;在高噪声污染环境中,通过使用光纤介质减少噪声干扰,通过光电隔离提高通信系统的安全性,都是一些行之有效的办法。

2.1.4 1553 数据总线

1553 数据总线标准,即飞机内部时分制、指令/响应式多路传输数据总线,是军用飞机和导弹普遍采用的数字式数据总线。

1553 标准可分为三个组成部分,它们是:

① 终端类型:总线控制器、总线监控器和远程终端;

② 总线规约:包括消息格式和字结构;

③ 硬件性能规范:诸如特性阻抗、工作频率、信号下降以及连接要求。

图 2 - 21 所示为一种假想的简单 1553 数据总线设计方案,该总线的工件频率为每秒 1 Mb(兆位),采用曼彻斯特 II 型(Manchester II)数据编码,属半双工工作方式。

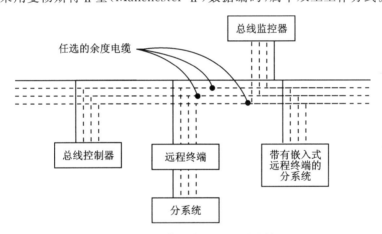

图 2 - 21 典型的 1553 总线结构

1. 硬件组成

硬件是 1553 总线设计中有形的部分。如上所述,主要的硬件部分为总线控制器、远程终端和一个任选的总线监控器。

总线控制器管理总线上所有的数据流和启动所有的信息传输。总线控制器亦对系统的工作状态进行监控。但是,总线控制器的监控功能不应和下一节阐述的总线监控器的功能相混淆。尽管 1553 标准中规定了在各终端之间可进行总线控制能力的传递,但是,应尽量避免使用这种总线控制传递的能力。总线控制器可以是独立的 LRU,或者是总线上其他部件中的一部分。

总线监控器接收总线传输信息并汲取有所选择的信息。除非特殊规定向它的地址发送传输信息,通常情况下,总线监控器对任何接收到的传输信息不作出响应。总线监控通常用于接收和汲取脱机时使用的数据,诸如飞行试验、维护或任务分析的数据。

远程终端是 1553 总线系统中数量最多的部件。事实上,在一给定的总线上最多可达 31 个远程终端。远程终端(RT)仅对它们特定寻址询问的那些有效指令,或有效广播(所有 RT 同时被寻访)指令才作出响应。如图 2 - 21 所示,远程终端可以与它所服务的分系统分开,也可嵌入于分系统内。

硬件特性是 1553 标准最简单明了的部分,相互之间的耦合方式如图 2 - 22 所示。图中, Z_0 为电缆的标称特性阻抗,在 1.0 MHz 的正弦波作用下,阻值应在 70.0～85.0 Ω 范围内。

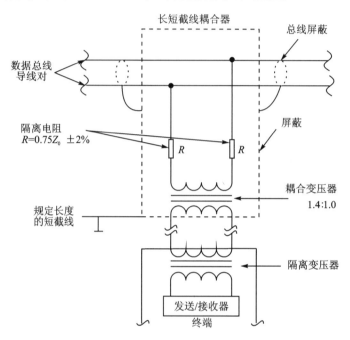

图 2 - 22   MIL - STD - 1553 标准变压器耦合短截线

2. 信息传输格式

任何通信方案都离不开信息(或消息)这一要素。1553 规定有 10 种消息格式,即"信息传输格式"。每个消息至少包含两个字,每个字有 16 个位再加上同步头和奇偶校验位,总共 20 个位时或 20 μs。但是,在讨论消息格式前,有必要对能够组成消息的三种类型的字作一了解。

所有的字都采用曼彻斯特 Ⅱ 型双向编码构成,且用奇检验。曼彻斯特码要求中间位过零。"1"由正开始,在中间位过零且变为负;而"0"则始于负,在中间位过零且变为正。之所以选择这种编码,是因为这种编码适用于变压器耦合,且它是自同步。对所有 1553 的字来说,都有一个两位的无效曼彻斯特码用作同步码,如图 2 - 23 所示,它占字的头三个位时。一个字内的任何一个未用位置为逻辑"0"。

(1) 指令字

消息中第一个字通常是指令字,且该字只能由总线控制器发送。指令字格式如图 2 - 23 (a)所示。指令字的同步码,它前一个半位时为正,后一个半位时为负,紧跟同步码后有 5 位地址段。每个远程终端必须有一个专用的地址。十进制地址 31(11111)留做广播方式时用,且每个终端必须能识别"11111"这一法定的广播地址,除此之外,还能识别其自己的专用地址。发送/接收位应该这样设置,若远程终端要接收,该位应置逻辑"0";反之,若远程终端准备发送,则该位应置逻辑"1"。

紧挨着地址后面的 5 位(第 10～14 位)用作指定远程终端的子地址,或用作总线上设备的方式命令。00000 或 11111 用作表示方式代码,对它后面再作说明。因此,有效的子地址就剩 30 个。若用了状态字中的测试标志位,则有效的子地址又将减半,减少至 15 个。

当位号 10～14 已定为 RT 的子地址时,那么第 15～19 位就用作数据字计数。在任一消息块中规定可发送的数据字最多可达 32 个。若第 10～14 位是 00000 或 11111,则第 15～19 位表示方式代码。方式代码仅用于与总线硬件的通信和管理信息流,而不用于传送数据。表 2-4 给出分配的方式代码。MIL-STD-1553 对每一个方式代码所表示的意义全面地进行了讨论。

最后,第 20 位是奇偶校验位。MIL-STD-1553 要求奇数的奇偶校验,且三种类型的字都必须满足此要求。

(2) 状态字

状态字总是由远程终端作出响应的第一个字。图 2-23(b)所示为 1553 的字格式,该字由 4 个基本部分组成,即同步头、远程终端地址、状态段和奇偶校验位。

在第 1 至第 3 的位置上有一个同步代码,它同控制字的同步代码完全一样(前一个半位时为正,后一个半位时为负)。第 4 至 8 位为发送状态字的终端地址。

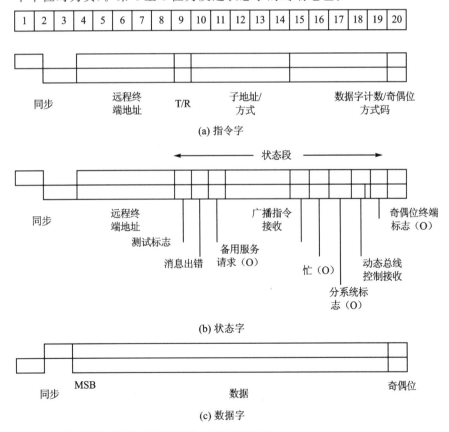

注: (O) 表示此位可任选,若不用此位,则应置逻辑零。

图 2-23 1553 的字格式

第 9 至 19 位是远程终端的状态段。除非状态段存在指定的条件，否则状态段中所有的位都应置成逻辑"0"，状态段中大多数的位其含义是清楚的，但其中有几个位的含义还应做必要的说明。若前一时刻总线控制器发送的字中有一个或多个字是无效字，则第 9 位应置成逻辑"1"。第 10 位是测试标志位，如果用它，则总被置成逻辑"0"，使其能把状态字与控制字相区别（控制字中，第 10 位总是置为逻辑"1"）。当第 10 位用作测试标准位时，则如在控制字这一段中所讨论过的那样，有可能把分系统地址数减少到只有 15 个。第 17 位是分系统的标志位，它用来表明一个分系统的故障情况。第 19 位是终端标志位，如果用它，则将表示 RT 内存在故障情况（这与第 17 位相对应，该位表示所分系统有故障）。第 20 位是奇偶校验位。

（3）数据字

数据字是三种类型的字中最为简单明了的字。数据字总是跟在指令字、状态字或其他数据字后面。它们从不在一个消息中最先发送。像指令字和状态字一样，数据字的字长也是 20 个位时；头三个位时为同步代码，最后一个位时是奇偶校验位（见图 2 - 23(c)）。但是，数据字的同步代码与指令字和状态字的同步代码相反，它前一个半位时为负，而后一半位时却为正。剩下的 16 个位时，即第 4～19 位是二进制编码的数据值. 最高有效数据位先发送。所有未用的数据位都应置成逻辑"0"。如果可能的话，设计者总应没法充分利用这 16 个位，把多个参数和字进行位的合并。

方式代码的分配摘自 MIL - STD - 1553，表 2 - 4 反映了代码的分配及功能。

表 2 - 4　方式代码的分配（摘自 MIL - STD - 1553）

T/R 位	方式代码	功　能	带数据字	允许广播指令
1	00000	动态总线规划	否	否
1	00001	同　步	否	是
1	00010	发送状态字	否	否
1	00011	启动自测试	否	是
1	00100	发送器关闭	否	是
1	00101	取消发送器关闭	否	是
1	00110	禁止终端标准位	否	是
1	00111	取消禁止终端标准位	否	是
1	01000	复位远程终端	否	是
1	01001	备　用	否	待确定
↓	↓	↓	↓	↓
1	01111	备　用	否	待确定
1	10000	发送矢量字	是	否
0	10001	同　步	是	是
1	10010	发送上一条指令	是	否
1	10011	发送自检测字	是	否
0	10100	选定的发送器关闭	是	是
0	10101	取消选定的发送器关闭	是	是
1 或 0	10110	备　用	是	待确定
	↓	↓	↓	↓
1 或 0	11111	备　用	是	待确定

(4) 消息格式

如前所述,有 10 种可允许的消息格式,如表 2-5 所列。所有的消息必须遵守其中一个格式。表 2-5 中,可允许的响应时间是 4~12 μs,而消息之间的间隔至少为 4 μs,最小无响应超时为 14 μs。一个消息最多可包含 32 个数据字。

表 2-5 MIL-STD-1553 信息传输格式

消息格式	传输格式
控制器向 RT 的传输	接收指令　数据字　数据字　…　数据字 **　状态字 *　指令字（下一条）
RT 向控制器的传输	发送指令 **　状态字　数据字　数据字　…　数据字 *　指令字（下一条）
RT 向 RT 的传输	接收指令　发送指令 **　状态字　数据字　数据字　…　数据字 ** 状态字 *　指令字
不带数据字的方式指令	方式指令 **　状态字 *　指令字（下一条）
带数据字的方式指令（发送）	方式指令 **　状态字　数据字 *　指令字（下一条）
带数据字的方式指令（接收）	方式指令　数据字 **　状态字 *　指令字（下一条）
控制器向各 RT 的传输	接收指令　数据字　数据字　…　数据字 *　指令字（下一条）
RT 向各 RT 的传输	接收指令 发送指令 **　状态字　数据字　数据字　…　数据字 *　指令字（下一条）
不带数据字的方式指令	方式指令 *　指令字（下一条）
带数据字的方式指令	方式指令　数据字 *　指令字（下一条）

注: *消息间的间隙; **响应时间。

前 6 种格式都由总线控制器直接控制下才能被执行,且这 6 种格式都要求正被访问的远程终端作出特定、唯一的响应。后 4 种是广播格式,这些广播格式在接收消息的终端不需确认其接收的情况下,允许某一终端把消息发送至总线上所有有地址的终端。这种广播方式虽未明文规定禁止使用,倘若真的要使用它,必须要有明证实据才可。

2.2　GPIB 并行总线技术

2.2.1　GPIB 总线结构

通用接口总线(General Purpose Interface Bus,GPIB)是自动测试系统中各设备之间相互通信的一种协议,是一种典型的并行通信接口总线。20 世纪 70 年代初,人们希望有一种适合于自动测试系统的统一、通用的通信协议标准。通用协议标准最终目标是:世界各国都按同一标准来设计可程控仪器的接口电路,将任何工厂生产的任何种类、任何型号的仪器用一条无源标准母线连接起来,并通过一个与计算机相适应的接口与计算机连接,以组成任意的自动测试系统。如果计算机内也装有按该标准设计的接口,那么无源标准母线可以直接与计算机连接,系统的组建就更加简单方便。

HP 公司经过大约 8 年的研究,于 1972 年发表了一种标准接口系统;经过改进,于 1974 年命名为 HP - IB 接口系统。该接口系统的主要特点是:可组成任何所需要的自动测试系统;积木式结构,可拆卸,重新组建,或者将系统中的仪器作为普通仪器,单独使用;控制器可以是复杂的计算机、微处理器,也可以是简单的程序机;数据传输正确可靠,使用灵活;价格低廉,使用方便。正因为它有一系列比较突出的优点,因此先后得到了 IEEE 和 IEC 等组织的承认,并分别定为 IEEE - 488 和 IEC625 标准。另外,美国国家标准化学会 ANSI 也将这种接口系统定为 ANSIMC1.1—1975 标准。对该接口系统一般称为 GPIB,也可以是 HP - IB、IEC - IB。在我国称为通用接口总线标准,也称为 IEEE - 488 标准。对具有这样的接口系统的总线称为通用接口总线。以后,IEEE 和 IEC 等组织对这一标准做了进一步的完善,例如:对于仪器信息的编码,IEC 组织提出了"编码和格式惯例"的补充草案。

20 世纪 80 年代初期,主要使用计算机充当自动测试系统中的控制器控制整个自动测试系统的运作,如 HP9914、MZ - 80B、HP9825、SIMENS B8010 都属于这类控制器。它们属于 8 位微机,都采用 BASIC 语言编程,具有 20 余条 GPIB 控制语句,但这种计算机价格昂贵,不利于推广应用。20 世纪 80 年代中后期由于 PC 及其兼容机的大量普及、应用,部分仪器生产厂家开始生产 IEEE - 488 卡,将该卡置于 PC 中,即可方便地构造出一台基于 PC 的控制器,因而该种 PC 式控制器为自动测试技术进一步普及、应用奠定了基础。近 5 年来,自动测试系统在软件方面发展较快,不论是在系统控制器的设计方法上还是在对控制器编程的高级语言上,都与传统的方法发生了较大的变化。并且随着大规模集成电路技术的发展和微处理器技术在电子仪器中的广泛应用,许多集成电路厂家为 GPIB 设计了专门的集成电路芯片,如仙童(Fairchild)公司的 96LS488、Intel 公司的 8291 和 8292、Motorola 公司的 MC68488,以及美国 Texas Instruments 公司的 TMS9914 等芯片。这些大规模集成电路的出现使得 GPIB 控制器以及 GPIB 接口卡的设计更加简单方便。

在测试领域,GPIB 并行总线主要用于对独立台式仪器进行控制。近年来,随着网络技术的发展,基于网络 TCP/IP 协议、LAN 总线的 LXI 总线越来越多的应用于台式仪器的控制,相对于 GPIB 总线,LXI 总线具有硬件结构简单、软件协议通用化程度较高、数据传输速率较高、价格低廉等特点,有逐渐取代 GPIB 总线的趋势,但目前 GPIB 总线在军用装备测试领域及相当一部分民用产品测试领域仍有大量应用。因此,学习掌握 GPIB 总线的知识仍是必要的。

下面主要从 GPIB 接口的基本特性、总线结构和电缆、接口功能、通信原理、消息编码与 GPIB 应用技术的发展等方面介绍相关知识。

1. GPIB 基本特性

概括起来,GPIB 接口具有下述一些基本特性。

(1)总线结构

如图 2-24 所示,测试系统所使用的全部仪器和计算机均通过一组标准总线相互连接。这种通过无源的标准电缆把各仪器连在一起,各对应引脚线是并联的,称为总线结构或母线结构。总线型连接具有十分明显的优越性。首先,在于系统的组成比较方便、灵活。少则二三台、多则十几台仪器都可以"并联"在一个系统内,仪器数量可以按需要增减而不影响其他仪器的连接。其次,采用这种连接方式使仪器之间可以直接"通话"而无须通过中介单元(一般是计算机)。因此在仪器之间相互传递数据时,计算机可以动态"脱机"操作。第三,组建和撤除测试系统十分简单。组建系统时,只需用一条条标准总线将有关仪器连接起来;反之,撤除系统时也只需要将连接仪器的总线拨出,各台仪器又能作为可编程控制单机或在其他自动测试系统中使用。

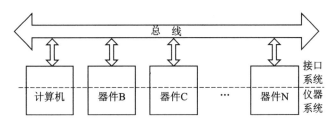

图 2-24　总线型连接

总线型连接的缺点在于发送器负载较重,系统速度不能太高等。

(2) 总线构成

在连接各台仪器的总线中,信号线的数量不宜过多,也不宜太少,而需要一个恰当的数量。通用接口系统使用的总线中包含 16 条信号线,其中 8 条数据输入/输出线、3 条挂钩线、5 条管理线,此外还有若干条地线。由 20 多根导线组成的总线是比较轻巧而实用的。

(3) 器件容量

凡经过总线单独与系统相连的设备包括计算机、各种仪器及其他测量装置统称为器件(Device)。器件容量也就是计算机和仪器的总容量。

GPIB 总线上最多可挂 15 个器件,这主要是受目前 TTL 接口收发器(驱动器)最大驱动电流 48 mA 的限制。当测试系统有必要使用多于 15 个器件时,只需在控制器(计算机)上再添置一个 GPIB 接口,即可拉一条总线,多挂 14 个器件。

(4) 地址容量

地址即器件(计算机和仪器)的代号,常用数字、符号或字母表示。一个器件收到了自己的听地址表示此器件已受命为听者,应该而且必须参与从总线上接收数据;同样若收到了讲地址则表示该器件能够通过总线向其他器件传送数据。GPIB 规定采用 5 个比特(bit)来编地址,得到 $2^5 = 32$ 个地址。其中 11111 作为"不讲"命令,故实际的听、讲地址各 31 个。若采用两字节(byte)扩大地址编码,前一个字节为主地址,后一字节为副地址,则可使听、讲地址容量扩大

到 $31^2 = 961$ 个。

地址容量(31)大于器件容量(15)是合理的。实际应用中可以对一个器件指派多个讲或听地址。例如,用一个地址输出幅度值,另一个地址输出相位值;或者一个地址输出原始测量数据,另一个地址输出经过处理的数据等。

(5) 数传方式

比特(bit)就是一个二进码,可为"0"或"1"。比特并行是指组成一个数字或符号代码的各个比特并行地放在各条数据线上同时传递。组成一个数字或符号代码的各个比特并行构成一个字节(byte),字节串行是指不同的字节按一定的顺序一个接一个地串行传递。双向是指输入数据和输出数据都经由同一组数据线传递,异步是指系统中不采用统一的时钟来控制数传速度,而是由发送的仪器之间相互直接"挂钩"来控制传递速度。

通常,GPIB 总线数传方式特点如下:比特并行、字节串行、双向异步传递。这种数传方式既不需要太多的数据线(只用 8 条),又能兼顾数传速度,而且能使接在同一系统中的高速器件和低速器件协调工作。

(6) 最大数据传输速度

GPIB 总线最大数据传输速度为 1 MB/s,这是考虑到半导体器件速度的限制而定出的指标,事实上,由 GPIB 接口构成的测试系统的数传速度一般达不到 1 MB/s。在实际应用中,若接口采用三态驱动器,在每隔 2 m 有等效标准负载的情况下,在 20 m 全长上最高可工作于 500 KB/s。

(7) 数传距离

数传距离是指数据在器件之间的传递距离,若用总线电缆将器件一个接一个按顺序连接(见图 2-25(a)),数据在第一个器件与最后一个器件之间传递距离恰好等于总线电缆总长,此长度不能超过 20 m。如果一个器件经多条总线电缆与多个器件相连(见图 2-25(b)),此时数据在器件之间传递的最大距离与总线电缆总长不同,而用器件乘以 2 m 表示。无论采用哪种连接方式都要求总线电缆总长不超过 20 m。

如果用平衡发送器和接收器,可将数传距离扩大到 500 m。

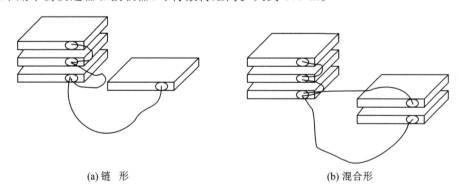

(a) 链 形   (b) 混合形

图 2-25 器件的连接

(8) 接口功能

接口系统总的目的是为通过接口互联的一组器件提供一种通信联络手段,使之能实现准确的通信。接口系统的性能在很大程度上由接口功能来决定。器件与接口系统之间每一种交互作用就称为一种接口功能。在通用接口系统中共设立了 10 种接口功能,如听者功能、讲者功能、控者功能、服务请求功能等。不同的器件可按自身需要选择若干种功能,最简单的器件也许只需要一种功能,较复杂的仪器可能需要 3～5 种乃至更多的接口功能。

(9) 控制方式

采用 GPIB 接口的测试系统中,将控制方式分成系统控制和负责控制两种方式。自动测试系统的控制器一般由计算机担任,但是也不排斥由其他具有控者功能的仪器担任。凡具有控制能力的器件统称为控者,测试过程中自始至终能对系统实行控制的器件称为系统控者,执行某些具体任务而对系统实行控制的器件称为负责控者。一个系统中,系统控者只能由一台器件担任,不能由多台器件担任,至于负责控者则可由多台器件轮流担任,其中起作用的负责控者称为作用控者,控制权由作用控者转给另一名控者称为控者转移。因此控者对通用接口系统的管理是很灵活的,可以只有一个负责控者,也可以有多个负责控者。系统控者和负责控者可由不同器件担任,也可以由同一台器件担任。

(10) 消息逻辑

GPIB 总线上采用与 TTL 电压相容的正极性、负逻辑,即以低电压≤＋0.8 V 为逻辑"1"态或"假"态;高电压≥＋2.0 V 为"0"态或"真"态。

必须注意,正电压负逻辑关系是针对总线上的状态而完成的,至于器件内部采用何种逻辑关系与此无关。

由上述各种特性可以看出,GPIB 接口系统具有简单方便、灵活适用、易于实现等特点,为可编程控制仪器提供了一种通用的接口标准。

2. GPIB 总线

总线(Bus)是各种消息的流通渠道,构成总线的信号线数量及每条信号线的作用和用途,不仅与接口功能的设立和消息的编码格式、传递方法密切相关,而且还会直接或间接影响到测试程序的编写和指令的执行。一般来说,信号线的数目过多或过少都不恰当,应以简单实用为宜。

经过多方面的分析和研究以及长时间的实践验证之后,确定了 GPIB 总线由 16 条信号线组成,这 16 条信号线分为数据输入/输出线、管理线和挂钩线。不仅每一组信号线的作用不同,而且每一条信号线的用途也不一样。

(1) 信号线

1) 管理线(共 5 条)

接口管理线用来管理通过接口的有序信息流,大部分管理线由控者使用。

①注意(Attention)线,缩写为 ATN 线,由负责控者使用。

负责控者利用此线传递"ATN"(注意)消息。通过接口系统连接的全部器件从 ATN 线的状态(即控者传出的 ATN 消息)来判断对各条数据线上所载的消息应作何种解释。

当 ATN 线为"1"(低电压)态时,表示系统处于"命令工作方式",此时诸数据线上所载的消息是控者发出的"命令"。通过接口系统互联的所有器件必须接受,并对收到的消息作出适当的响应。也就是说,在 ATN 线处于"真"态时,只有控者能在数据线上发送消息(命令),其他器件只能从数据线上接收消息。

当 ATN 线为"0"态(高电压)时,表示系统处理"数据工作方式",此时诸数据上所载的信息是由受命的"讲者"发出的"数据",受命的"听者"必须接受。未受命的器件不参与数据传递活动。

"命令"和"数据"是两类不同性质的信息。命令是控者为使自动测试系统有条不紊地运行而发出的接口管理信息,它只能在接口系统内传递,不能传到器件功能去。而数据则是由器件功能所利用和处理的信息。两者决不能混淆,更不能互串互扰。任何一台器件都必须严格区别这两类信息,电路设计人员也必须正确使用 ATN 线 ATN 信息。

② 接口清除(Interface Clear),缩写为 IFC 线,此线由系统控制使用。

系统控者用这条线传送 IFC(接口清除)信息。IFC 信息是一条接口管理的信息。

当 IFC 线为"1"(低电压)态时,表示系统控者发出的 IFC 信息为"真",测试系统各器件的有关接口功能都必须回到指定的初始状态而不管它原先处于何种状态。

当 IFC 线为"0"(高电压)态时,表示系统控者发出的 IFC 消息为"假",此时各个器件的接口功能才能够按照自己的条件运行。

在测试系统运行之前,或在测试完成后,或在系统出现某种错误时,系统控者都可以利用 IFC 线发出接口清除消息,使接口系统回到初始状态。

③ 远程控制使能(Rmnote Enable)线,缩写为 REN 线,此线由系统控者使用。

系统控者用这一条信号线传送 REN(远程控制使能)消息,接在总线上的器件根据 REN 线的状态来判断应该接受本地程控还是远地程控。如果器件的工作状态由它的面板或背板上的开关按键进行调整和控制,就称为本地程控,简称本控。反之,若仪器的工作状态由计算机或其他器件经过总线传送程控代码进行控制和调整,则称为远地程控,简称远程控制。

当 REN 线为"0"(低电压)态时,表示控者发出了 REN 真消息,此时控者要对器件实行远程控制,一切器件必须准备好接受控者的控制。器件接受远程控制时,其面板上除个别开关之外,其余的全部自动"失效"。

当 REN 线为"1"(高电压)态时,控者发出的 REN 消息为假态,表示控者对器件不实行远程控制。此时器件本身的一切开关按键都是可以操纵的。

④ 服务请求(Service Request)线,缩写为 SRQ 线,这条信号线由仪器使用。

任何一台器件凡因内部原因或外部原因不能正常工作(如器件过载、环路失锁、程序不明等),或因其他原因(如准备好送数据)需要与控者联系时,都可以通过 SRQ 线向控者发出 SRQ(服务请求)消息,希望从控者那里得到服务。

当 SRQ 线为"0"(高电压)态时,表示系统中没有任何一台器件需要从控都那里得到服务,即系统处于正常运用状态。

当 SRQ 线"1"(低电压)态时,表示系统中至少有一台器件因某种原因请求控者为它服务,控者必须对此作出响应。

控者响应器件发出服务请求时分几步进行:

第一,中断当前正在进行的测试或数传工作。

第二,对系统进行查询,找出是哪一台器件因何原因发出服务请求。

第三,由操作人员或控者以适当方式处理服务请求。

第四,恢复中断前的测试或数传工作。

⑤ 结束或识别(End or Identify)线,缩写为 EOI 线,此线由控者或作用讲者使用,并与 ATN 线配合发出 END(结束)或者 IDY(识别)信息。

当 EOI 线为"1"(低电压)态且 ATN 线为"0"态时,表示作用讲者"讲话"结束,也就是说,应传送的数据已经传送完毕。控者发现这种情况后便可以让系统进入另一种操作状态。

当 EOI 线为"1"态且 ATN 线为"1"态时,表示控者进行并行查询识别。

2)数据输入/输出线(共 8 条)

数据输入/输出线,缩写为 DIO 线,数据输入/输出线由 8 条信号线组成,分别记为 DIO8,DIO7,…,DIO1。为了减少数据线的数量,在通用接口系统中采用双向总线,即 DIO 线既可用作数据输入线,也可用作数据输出线,这 8 条信号线可由讲者或控者激励。控者可以在讲 DIO 线传送命令,包括通令、专令、地址、副令和副地址。通令是指接在系统中的全体器件都必须接收并应作出适当反应的命令;专令则是控者专为某台或几台器件发出的命令,被指定的器件必须接受并作出适当的反应,未被指定的器件对专令不予理睬。副令和副地址都必须伴随着 ATN 线="1"态,即在命令工作方式时发出,一切器件必须参与接收。在数据工作方式,即 ATN 线="0"态时,作用讲者使用诸 DIO 线传送数据,包括测量数据、程控数据、状态数据和显示数据等。

3)挂钩线(共 3 条)

采用总线型连接的自动测试系统中,在某一特定时间内只能由控者通过诸 DIO 线传送命令或由一个担任讲者的器件传送数据,而不允许一个以上的器件同时在 DIO 线上发送消息。但是在同一系统中容许多个听者同时从 DIO 线上接收消息。要保证发送消息的器件(以后称为源方)能将消息全部、完整地发送出去,接收消息的器件(以后称为受方)能够准确无误地将自己应收的消息毫无遗漏地接收下来,办法之一是源方和受方直接"挂钩"。为此,在总线中设置了 3 条"挂钩线"。源方和受方利用这 3 条线进行链锁挂钩,以保证诸 DIO 线上的命令或数据能准确无误地传送。3 条挂钩线的作用分述如下:

① 未准备好接收数据(Not Ready for Data)线,缩写为 NRED 线。

此线由受方使用。受方用此线向源方传递 RED(准备好接收数据)消息。

当 NRFD 为"1"态(低电压)时,表示受方尚未准备好接收数据,此时,源方不能在 DIO 线上传递消息。

当 NRFD 线为"0"态(高电压)是即未准备好为"假",也就是准备好为"真"。这时受方已经准备好接收数据,源方可以经由 DIO 线将数据传递给受方。

② 数据有效(Data Valid)线,缩写为 DAV 线。

此线由源方使用。在 DIO 线上发送消息的器件利用此线传送 DAV(数据有效)消息,受方根据 DAV 线的状态断定是否可以从诸 DIO 线上接收消息。

③ 未收到数据(Not Data Accepted)线,缩写为 NDAC 线。

此线由受方使用。在源方发出 DAV 消息宣布数据有效之后,受方利用 NDAC 线传送 DAC(数据已收到)的消息,向源方表明是否已经从 DIO 线上收下源方传送的消息。

当 NDAC 线为"1"态(低电压)时,表示受方尚未从 DIO 线上收下数据,源方必须保持 DIO 线上的消息字节不变,并维持数据有效线为低电压直到受方收到消息字节为止。

当 NDAC 线为"0"态(高电压)时,表示受方已经从 DIO 线上收下消息字节,源方可以从 DIO 线上撤消当前传递的消息字节,准备传送下一个消息字节。

源方和受方利用 DAV、NRFD 和 NDAC 3 条挂钩线进行挂钩,以保证诸 DIO 线上的消息字节准确传送,这种数传技术称为"三线挂钩技术"。从源方来看,只有在受方发出"准备好接收数据"之后才能从 DIO 线上撤消前一个消息字节,换上新的消息字节。从受方来看,只有源方宣布数据有效之后才能从 DIO 线上接收消息。这样可以保证凡是从 DIO 线上收下的每个消息字节都是有效的,决不会漏掉,也不会多收消息字节。因此,利用三线挂钩技术以异步方式传递多线消息,能够保证器件之间进行准确无误的通信,后面还将对三线挂钩过程作详细说明。表 2－6 和图 2－26 说明了 GPIB 总线结构。

表 2－6　GPIB 总线结构

分　类	信号线代　号	信号线名称	使用该线的接口功能	传递的消息	
				接口消息	器件消息
数据输入输出母线	DIO1 DIO2 DIO3 DIO4 DIO5 DIO6 DIO7 DIO8	数据输入/输出 DATA JNPUT OUTPUT	C L 或 LE T	1. 通令 2. 专令 3. 地址 4. 副令或副地址	程控命令数据 状态字节
挂钩母线	DAV	数据有效 DATA　VALID	SH	DAV	
	NRFD	未准备好接收数据 NOT READY FOR DATA	AH	$\overline{RFD}$	
	NDAC	未收到数据 NOT DATA ACCEPTED	AH	$\overline{DAC}$	
接口管理母线	ATN	注意 ATTENTION	C	ANT	
	EOI	结束或识别 END OR IDENTIFY	C 或 T	IDY	END
	SRQ	服务请求 SERVICE REQUEST	SR	SRQ	
	IFC	接口清除 INRERFACE CLEAR	C	IFC	
	REN	远程控制可能 REMOTE ENABKE	C	REN	

(2) 电气特性

国际标准化组织 IEEE 对通用接口总线的电气以及机械特性做了规定。其中对于机械性能只规定了总线电缆两端的接插头和仪器方面的总线插座。

① 通用接口中所规定的电气性能适用于仪器之间距离比较近、电气噪声比较低的环境,接口电路中的发送器和接收器仅限于使用 TTL 电路。

② 信号电压用负逻辑来表示,逻辑状态"1"的信号电压要求≤＋0.8 V,称为"真"态;逻辑状态"0"的信号电压要求≥＋2.0 V,称为"高态"。但要注意,负逻辑电压仅适用于控制信号,数据信号的仍采用 TTL 标准。

③ 对信号线的驱动器的要求:信息可用主动的或被动的两种方式发送。一切被动真信息

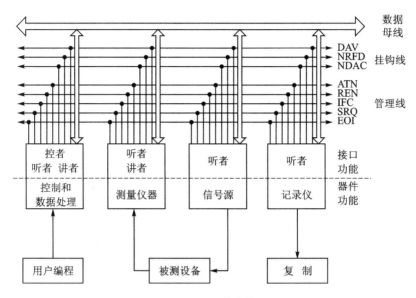

图 2 - 26 GPIB 总线结构图

的传递都出现于高态,且使用集电极开路驱动器。

④ 对接收器的要求:在噪声干扰轻微的情况下,可以用标准的接收器。

⑤ 对接地的要求:无源电缆的外屏蔽应通过接插件的一个接点接到安全"地",以使外界噪声降到最低。

⑥ 电缆特性:对导线的要求是电缆中诸导线的每米长的最大电阻应为:

● 各条信号线:　　　　　0.14 Ω
● 各条信号线的地线:　0.14 Ω
● 公共逻辑地线:　　　　0.085 Ω
● 外屏蔽层:　　　　　　0.085 Ω

⑦ 状态变迁的时间值:为了保证相互连接的各个仪器之间最大可能的兼容性,规定仪器的临界信号与输出信号之间的时间关系,如表 2 - 7 所列。

表 2 - 7 时间参数表

符　号	适用的接口功能	意　义	时间值
T1	SH	数据总线数据的建立时间	≥2 μs
T2	SH、AH、T、L	对 ATN 的响应时间	≤200 ns
T3	AII	接口命令接收时间	>0
T4	T、TE、L、LE、C	对 IFC 或 REN 无效的响应时间	<100 μs
T5	PP	对 ATN 或 EOI 的响应时间	≤200 ns
T6	C	并行查询的执行时间	≥2 μs
T7	C	控者延时,以便让讲者看到 ATN 信息	≥500 ns
T8	C	IFC 或 REN 无效的时间长度	>100 μs
T9	C	EOI 信息的延时	≥1.5 μs

(3) 机械特性

1) 接插头接点分配

IEEE 组织对于 GPIB 的接插头的规定标准为 25 线电缆接头,但是美国和日本的仪器厂商一般采用 24 线的电缆接插头,现在常用的也是 24 线的电缆接插头。其接插头接点分配分别如表 2-8 及表 2-9 所列。

表 2-8   25 线电缆接插头接点的分配

接点号	信号线	接点号	信号线	接点号	信号线	接点号	信号线
1	DIO1	8	NRFD	15	DIO6	22	地
2	DIO2	9	NDAC	16	DIO7	23	地
3	DIO3	10	IFC	17	DIO8	24	地
4	DIO4	11	SRQ	18	地	25	
5	REN	12	ATN	19	地		
6	EOI	13	屏蔽地	20	地		
7	DAV	14	DIO5	21	地		

表 2-9   24 线电缆接插头接点的分配

接点号	信号线	接点号	信号线	接点号	信号线	接点号	信号线
1	DIO1	7	NRFD	13	DIO5	19	地
2	DIO2	8	NDAC	14	DIO6	20	地
3	DIO3	9	IFC	15	DIO7	21	地
4	DIO4	10	SRQ	16	DIO8	22	地
5	EOI	11	ATN	17	REN	23	地
6	DAV	12	地	18	地	24	地

2) 基本要求和目标

接口系统标准的定义主要是简化测试系统的搭建。但是任何接口系统标准都不可能适应所有测试系统的要求,它往往只适合于一定范围之内的应用。通用接口系统所规定的目标是:

① 通用接口系统适用于小范围环境,以供研究、实验和测试使用。

② 具有最大的通用性和灵活性,保证将各种仪器有机地组织起来。

③ 允许各个仪器之间直接进行数据交换。

④ 数据传输支持双向异步,数据传输速率可以在比较大的范围内变化,既适合打印机这类的低速设备,又适合数字万用表这类的高速设备。

⑤ 接口系统的采用不能够限制和影响原有仪器的基本性能。

2.2.2   GPIB 接口功能

在 GPIB 系统中,把器件与 GPIB 总线的一种交互作用定义成一种接口功能(Interface Function)。例如,器件向总线发送数据的作用定义成讲者功能;相反,器件从总线上接收数据的作用定义为听者功能等。GPIB 标准接口共定义了 10 种接口功能,每种功能均赋予一种能力。下面简述各种接口功能及其赋予器件的能力。

1. 10 种接口功能

10 种接口分别是 5 种基本接口,5 种辅助接口。5 种基本接口的功能如下。

这是 GPIB 接口功能要素的核心,用于保证消息字节在 DIO 线上双向异步、准确无误传递,即用于管理和控制消息字节传递。

(1) 五种基本接口功能

1) 控者功能

控者(Controller)功能,简称为 C 功能。这种接口功能主要是为计算机或其他控制器而设立的。一般来说,自动测试系统都由计算机来控制和管理。在系统运行中,根据测试任务的要求,计算机经常需要向有关系统(器件)发布各种命令,比如复位系统、启动系统、寻址某台器件为讲者或听者,处理服务请求等,这些活动都可以通过控者功能来实现。

2) 讲者功能

讲者(Talker)功能,简称 T 功能;或者扩大讲者(Extended Talker)功能,简称为 TE 功能。一个器件(仪器或计算机)如果需要向别的器件传送数据必须具有讲者功能,例如一个电压表或一个频率计欲将其采集到的测量数据送往打印机或绘图仪记录,便可以通过讲者功能来实现。

3) 听者功能

听者(Listener)功能,简称为 L 功能;或扩大听者(Extended Listener)功能,简称为 LE 功能。L 功能是为一切需要从总线上接收数据的器件设立的,例如一台打印机要将其他仪器经总线传出的数据接收下来并进行打印就必须通过听者功能来实现。

4) 源方挂钩功能/受方挂钩功能

源方挂钩(Source Hand Shake)功能,简称为 SH 功能;受方挂钩(Acceptor Hand Shake)功能,简称为 AH 功能。SH 功能赋予器件保证多线消息正确传递的能力。与 SH 相反,AH 功能赋予器件保证正确地接收远地多线消息的能力。一个 SH 功能与一个或多个受方挂钩 AH 功能之间利用挂钩控制线(DAV、NRFD、NDAC)实现三线连锁挂钩序列,保证 DIO 线上每一个多线消息比特在发送和接收之间异步传递。SH 功能设置在多线消息发送源方器件内接口功能区之中,故称为“源方挂钩”;自然“受方挂钩”就必须设置在多线消息接收方器件接口区域内。显然 SH 功能、AH 功能是器件间利用 DIO 线传递多线消息不可缺少的接口功能。具有发送多线消息能力的控者和讲者器件必设 SH 功能,接收器件的听者器件自然要设 AH 功能。

发送消息上的器件的源方挂钩功能和接收消息的器件的受方挂钩功能,利用 3 条线进行链锁挂钩,保证 DIO 线上的每一次消息字节都能准确地传递,这种技术称为“三线挂钩”。

(2) 五种辅助接口功能

1) 服务请求功能

服务请求(Service Request)功能,简称为 SR 功能。前述 5 种功能为正常运行的系统内各器件之间进行通信联络提供了必要的手段。显然此 5 种功能应是接口系统必须设立的最主要和最基本的功能。但是在任何自动测试系统中,由于种种原因可能导致一台或几台器件暂不能正常工作。例如,电压表超量程,振荡器频率不稳定,锁相环失锁,打印机的打印纸用完和程序错误等。无论上述何种原因或其他原因使器件不能正常运行时,器件应主动向控者报告,使控者能及时发现系统存在的问题,并采取适当的措施处理,SR 功能便是为此目的而设立的。

SR 功能不仅可供器件出现临时故障时向控者发出 SRQ 消息,而且也为正常运行的器件与控者联系而提供了一种渠道。正常运行的器件往往也会有某些紧急事件必须与控者联系。例如,控者命令某台器件将大批数据传送给控者进行处理,该器件可能需要较长时间才能将数据准备好。在器件准备数据期间,按者可以空插其他操作,一旦器件的数据准备好之后,便可以通过 SR 功能向控者提出请示传递数据,控者得知后便可以让器件传递数据。

2) 并行查询功能

并行查询(Parallel Poll)功能,简称为 PP 功能。PP 功能赋予器件具有响应负责控者发动的并行查寻的能力。器件出现故障后可以通过 SR 功能向控者提出服务请求,在接受控者查询时再通过讲者功能将自己的工作状态传送给控者,供控者识别。所以配备 SR 功能的器件必须具有讲者功能,但是有些器件本身不需要配置讲者功能。不具有讲者功能的器件可以通过 PP 功能来接受控者的查询。这里有必要对并行查询和串行查询进一步说明。

在介绍 EOI 识别功能时,简单提过并行查询。并行查询时控者为了了解系统中各器件是否有服务请求而主动查询的一种方式。在测试软件中事先安排好的一段程序,这段程序分两段过程:组态与识别。在组态时,控者通过发指令、副令的方法,通知被查询器件在识别时占用哪条 DIO 线,以 1 或 0 来回答是否有服务请求,这样的组态可分别进行 8 次(也可以少于 8次)。组态结束后,控制进行识别 IDY=ATN·EOI=1,例如控者收到的消息为 00000100,则可判定 DIO3 信号线对应的器件有服务请求。由于判别是针对 8 台同时进行的,所以叫并行查询。

当控者退出控制(ATN=0),并且检查到 SRQ=1,说明系统中已至少有一台器件请求控者为它服务,控者应进入控制(ATN=1),中断现行讲者与听者的对话,控者要进行串行查询。

串行查询是逐台进行的。控者先任命被查询的器件为讲者,控者自任命为听者,听取被查询器件的汇报——状态数据。通常定义 DIO7 线为专用线,来回答本器件是否有服务请求,如果有服务请求,则该线为 1,否则回答为 0。其他各线可以按程控器件自行规定内容,例如第一线为 1,表示有数据输出,第二条线表示溢出,第三条线表示奇偶校验出错等。

如果经查询那台器件没有服务请求,那么控者再发下一个器件的讲地址,重复上述过程,直到找到有服务请求的那台器件为止。由于查询工作是逐台进行的,因此叫串行查询。

3) 远控和本控功能

远控和本控(Remote Local)功能,简称为 RL 功能。器件能接受远地程控的接口功能,通常器件有两种工作方式:本地操作和远控操作。本地操作是指用人操作仪器面板上的开关、旋钮、按键来改变仪器工作方式;远地操作是指仪器可通过接口接受外来的程控指令来改变工作方式。这两种操作方式对一台仪器来说不能同时进行,或者是本地或者是远控,为此设置了 RL 功能,并由控者控制 REN 接口管理线的逻辑电压。只要 RL 功能处于远控状态,器件就只接受远控,只有 RL 功能处于本控状态时,器件面板上的开关、旋钮、按键才是可以操作的。

4) 器件触发功能

器件触发(Device Trigger)功能,简称为 DT 功能。大多数器件只要接通电源便可以进行测量,但是也有不少可编程序控器件在电源接通之后并不立即开始工作,而是要由控者发出一条"启动"命令之后才开始进行测量。DT 功能就是为了让控制器能够单独地启动一台或成群地启动几台器件而设立的。器件触发功能是一个极为简单的接口功能。

5）器件清除功能

器件清除（Device Clear）功能,简称 DC 功能。DC 功能也是一种简单的功能。其作用在于能使器件功能又回到某种指定的初始状态。

在测试过程中往往需要使一台甚至全体器件功能回到某种特定的初始状态。例如,让计数器的计数值回到零态,这种现象称为器件清除,为此设立了器件清除功能。而"器件清除"命令则由本控者发出,并由 DC 功能执行。

2. 仪器内部接口功能配置

前面所述 10 种接口功能是从自动测试系统按需要而设立的。如果只就某一类器件来说,仅需要从 10 种接口功能选择一种或多种接口功能,而没有必要配置全部功能。表 2 - 10 列出几类器件应该配置的接口功能。为不同仪器选配接口功能时,既要充分考虑提高器件性能方面的各种需要,又必须兼顾仪器成本、器件使用效率等其他方面的要求,尽可能做到恰如其分。一般来说,凡需要通过总线发送数据的仪器,如数字式电压表、数字式频率计等,应该而且必须配置讲者功能和源方挂钩功能。除个别外,几乎所有的可程控仪器都需要从总线上接收数据,故绝大多数仪器都应配置听者功能和受方挂钩功能。当然只有计算机或其他担任控者的器件才需要配置控者功能。至于其他几种接口功能的选配,设计者可根据实际情况酌情处理。

表 2 - 10　常见仪器接口功能配置

器件名称	作　用	所需配置接口功能
信号发生器	听　者	AH,L
打印机	听　者	AH,L
纸带读出器	讲　者	AH,T,SH
电压表	讲者、听者	AH,L,SH,T,SR,RL,[PP,DC,DT]
功率计	讲者、听者	AH,L,SH,T,SR,RL[PP,DC,DT]
PLC 表	讲者、听者	AH,SH,T,L,SR,DT
绘图仪	讲者、听者	AH,SH,T,L,SR,DC[PP]
计算机	讲者、听者、控者	AH,L,SH,T,C

2.2.3　GPIB 通信原理

要保证消息字节通过 GPIB 接口准确无误地传递,必须建立一种物理接口的基本通信控制规程。由于 GPIB 总线通过 DAV、NRFD、NDAC 三条挂钩线来保障消息可靠的传递,即挂钩过程就是消息传递基本控制规程,所以 GPIP 的通信原理也俗称三线挂钩技术。

例如在一个自动测试系统中,总线是系统各个器件之间消息传递的必经之路。假定基本一台仪器（例如电压表）受命为讲者作为发送数据的源方,另外两台仪器（例如打印机和绘图仪）受命为听者作为接受数据的受方。当系统处于数据工作方式时,讲者可以将一些数据比特传送给听者。下面通过 3 台仪器之间消息字节传输过程说明 GPIB 三线挂钩技术。三线挂钩过程是发生在一个消息数据源方 SH 功能与多个消息数据受方 AH 功能之间,利用 3 条消息传递控制线 DAV、NRFD、NDAC 来传送 DAV、RFD、DAC 3 个消息以控制数据在 DIO 线上传递的过程,以适应系统中不同器件的数传速度,保证数据经 DIO 线在器件之间传送无误。

图 2-27 表示三线挂钩过程示意图，
图 2-28、图 2-29 表示三线挂钩流程
和三线挂钩时序图。下面对三线挂钩
过程予以说明。

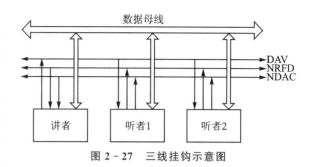

图 2-27　三线挂钩示意图

① 源方(发送端)作为当时讲者或
控者的器件,其接口中的源方挂钩功能
(SH)一开始就令 DAV 线处于高电压
状态(DAV＝0),即"假",表示数据无

效。也就是说,尚未发送数据;如果诸 DIO 线上载有信息,那是以前残留下来的信息,并不是
现在发的数据,所以这个数据是无效的,受方不应接收。

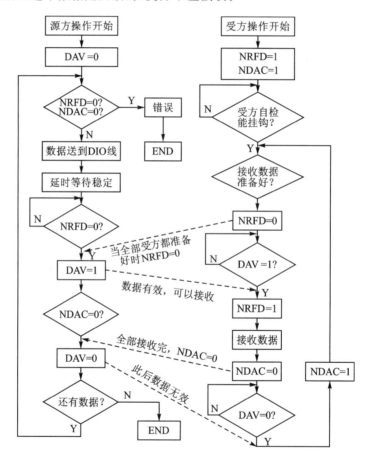

图 2-28　三线挂钩流程图

② 受方(接收端)作为当时听者的器件,其接口中的受方挂钩功能(AH)一开始就令 NR-
FD 线处于低电压状态(NRFD＝1),即 RFD＝0,表示未准备好接收数据;并令 NDAC 线亦处
于低电压状态(NDAC＝1),即 DAC＝0,表示未接收到数据。

③ 在 t_{-2} 时刻,源方检查到情况正常后,把一个数据字节送到诸 DIO 线上。

④ 源方延迟一段时间 t_1,以便让数据字节在诸 DIO 线上稳定下来。

⑤ 在 t_{-1} 时刻,一切受者都已准备好时,其 AH 功能令 NRFD 线多为高电压状态

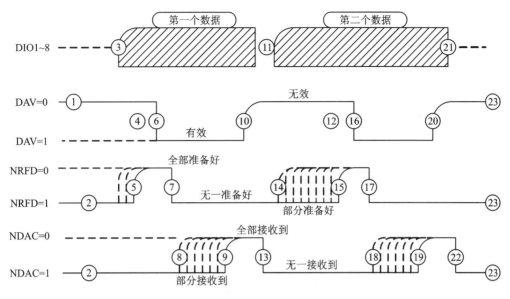

图 2 - 29　三线挂钩时序图

(NRFD＝0)即 RFD＝1,通知源方:已准备好可以接收数据。

⑥ 在 t_0 时刻,源方 SH 功能发现 NRFD 线处于高电压状态,即令 DAV 线变为低电压状态(DAV＝1),表示诸 DIO 线上的数据已建立而且有效,对方可接受。

⑦ 在 t_1 时刻,速度最快的一个受方(设有多个同时受方)的 AH 功能发现 DAV＝1,就令 NRFD 线变低,表示开始通过它的听者 L 功能接收数据,不准备接收其他数据。其他受方随之各按其自身的速度也这样做。这里着重指出,只要有一个器件的 AH 功能令 NRFD 线变低,则 NRFD 线就处于低电压状态,即使其他器件的 AH 功能想把 NRFD 线拉到高电压也是不可能的。

⑧ 在 t_2 时刻,速度最快的一个受方接收完毕,其 AH 功能即令 NDAC 变为高电压(RFD＝0),即 DAC＝1,表示已收到了数据。但由于其他受方尚未接收完毕,其 AH 功能将仍令 NDAC 线处于低电压,即使其他器件要把 NDAC 拉高也不可能。

⑨ 在 t_3 时刻,最慢的一个受方也收完了这个数据字节,其 AH 功能亦令 NDAC 变为高电压,再也没有要令 NDAC 线处于低电压的,只有在这时 NDAC 线才真正处于高电压(NDAC＝0),即 DAC＝1。这才向源方表明全部受方均已接收到数据。

⑩ 在 t_4 时刻,这时源方 SH 功能发现 NDAC 变为高电压,就令 DAV 线变为高电压(DAV＝0)。这就向受方表明:现在诸 DIO 线上的数据无效。这避免了受方误认为源方又发来一个新的数据。

⑪ 源方即可以拆除诸 DIO 线上的数据,或准备更换一个新的数据字节。传递下一个新字节时。

⑫ 开始重新进行由④开始一系列事件。

⑬ 在 t_5 时刻,各受方的 AH 功能发现由于⑩而至 DAV＝0 时,就令 NDAC 线回到低电压状态,以准备下一个字节传递的循环。当最快的一个受方使 NDAC 线变低时,NDAC 线就处于低电压状态。

⑭ 在 t_6 时刻,速度最快的一个受方已准备好接收新数据,其 AH 功能就令 NRFD 线变为高电压。但是,由于其他受方尚未准备好,它们的 AH 功能强迫使 NRFD 线为低电压,所以结果 NRFD 线不能拉高,仍处于低电压状态。

⑮ 在 t_8 时刻,最慢的一个受方也已准备好,其 AH 功能也令 NRFD 线变高。这时已没有任何受方要令 NRFD 保持在低电压,只有在这时 NRFD 线才真正变到高电压状态。

⑯ 至⑳所发生的事件与⑥至⑩相同。源方令 DAV 为高电压。

㉑ 源方令 DAV 变为高电压后,即可撤除诸 DIO 线上的数据字节。

㉒ 在 t_{14} 时刻,发生的事件也与⑫相同。

㉓ 这时条挂钩线都回到了初始状态,如①和②情况一样。

总而言之,当一切受方都已全部准备妥当时,NRFD 线才变为高电压(RFD)消息为真;源方收到 RFD 消息后,才将数据字节发到 DIO 线上并通过数据有效(DAV)。受方得知后即着手接收。一直到一切受方都确定收完后,NDAC 线才会变高(DAV 为真),这是源方才能撤除或更换 DIO 线上的消息。

由此可见,三线挂钩方式保证了适应性极强的异步传递。不管源方和受方器件各自响应速度是快是慢,也不论有多少个速度悬殊的受方,它总能保证所有受方全都准备好了才发数据,数据一直保持到最慢的受方收到了以后才撤除或更新。

2.2.4 GPIB 信息分类及编码

1. 信息分类

信息的传递主要是通过信息传递媒介进行的。通用接口系统的信息传递媒介主要由接口总线和接口电路组成。发送信息的仪器将把发送的信息转换成总线上对应的电压信号,这一过程称为信息的编码。

在通用接口系统中具有多种类型的信息。首先,根据信息的内容可分为两种:接口信息和设备信息。接口信息是用来改变系统中各个仪器的接口状态的命令集。设备信息是和仪器设备本身的功能相关的内容,主要包括程控令、测试数据和状态信息。设备信息的传递是通过设备的接口功能完成的。

其次,按照信息传递占用总线中信号线的多少,主要分为多线信息和单线信息。单线信息主要是通过一根信号线的高低电压来表示信息的逻辑值(真或者假);多线信息的传送是通过两条或者更多条信号线的高低电压的组合来完成的。

从信息的来源考虑,通用接口总线中的信息又分为远程信息和本地信息。所有通过接口系统传输的信息称为远程信息,并需要远程的仪器接收和做出反应。而本地信息往往是由仪器的设备功能部分产生的,它不会通过接口系统影响其他仪器的工作。

IEEE488.1标准主要对仪器接口信息的编码给出了明确的规定,但是对于设备信息的编码只给出了一些基本的建议。

一个具有 IEEE488.1 功能的仪器器件主要有两部分功能:一是设备器件本身所具有的特殊功能,称为器件功能(Device Function),对应的是器件消息。如信号发生器本身的功能就是提供外面所需的信号;而频率计本身的功能就是测量信号频率的大小。另一功能是接口功能(Interface Function),对应的是接口消息。此项功能是共通的,也是由 IEEE488.1 所规定的标准,用来产生或处理接口信息,以便数据能有秩序地在各仪器器件间传递无误。下面两小节分别介绍接口消息和器件消息及相应的编码规则。

2. 接口信息及编码

通用接口总线中规定了 18 条单线接口信息和 25 条多线接口信息,这些接口信息能够有效地完成对各个设备接口功能的控制。只有通过这些接口信息,控制器才能够完成对这个接口系统的协调和控制。

(1) 单线信息

在 GPIB 接口系统中共有 18 条单线信息,这些单线信息构成了接口系统的信息集合中最基础的部分。多线信息的传输是在单线信息的控制及协调下完成的。

1)ATN 信息

ATN 信息通过 ATN 信号线进行传输。当 ATN 线为高电压时,表示 ATN 信息为无效,或者表示为 ATN = "0";当 ATN 线为低电压时,表示 ATN 信息为有效,或者表示为 ATN = "1"。ATN 信息由系统中的控制器负责发送,系统中所有的设备必须给予响应。ATN 信息表示当前数据总线上可能传递的信息类型,如果 ATN = "0",表示控制器释放了总线的使用权,此时系统中被指定为讲者的设备可以向数据总线上发送设备信息;如果 ATN = "1",表示控制器正在使用数据总线进行多线接口信息的传输。所以 ATN 信息标明了当前总线的使用者或者是当前数据总线上数据的内容。

2)REN 信息

REN 信息是通过 REN 信号线发送的:REN 线为高电压时,表示 REN = "0";REN 线为低电压时,表示 REN = "1"。REN 信息由控制器负责发送,被系统中所有设备接收,表示设备接收控制器远程控制成为可能。如果控制器要向远程的设备发送接口信息或者设备信息,则必须首先令 REN 有效,这样设备才能够给予响应;如果 REN 处于无效状态,则设备将忽略控制器发出的任何信息。在系统正常工作状态下,REN 一直处于有效状态。

3)IFC 信息

IFC 信息通过 IFC 信号线发送和接收,IFC 线为高电压时,表示 IFC = "0";IFC 线为低电压时,表示 IFC = "1"。IFC 信息由控制器控制,经系统中所有设备接收。系统中任何设备接收到 IFC 有效信息后,必须在指定的时间内完成对设备的接口系统功能的复位。系统在正常运行状态时,IFC 信息无效。

4)SRQ 信息

SRQ 信息由系统中的任何一台设备发出,由控制器负责接收。SRQ 信息是通过 SRQ 线发送的,SRQ 线为高电压时,表示 SRQ = "0";SRQ 线为低电压时,表示 SRQ = "1"。在系统正常运行过程中,SRQ = "0"表示所有设备工作正常,系统中的各个设备会根据控制器的程序要求完成指定的工作。当某台设备遇到了控制器程序处理范围之外的情况,或者设备工作发生异常时,设备往往需要提请控制器给以指示或者帮助,此时这台设备需要通过发送 SRQ 信息(SRQ 线为低电压)来向控制器提出服务请求。在控制器检测到系统总线上的 SRQ 信息以后,将暂时停止总线上的数据传输,启动串行查询来查询提出服务请求的设备,并根据情况予以处理。串行查询结束后,提出服务请求的设备将撤销服务请求,即 SRQ 信息。由于 SRQ 线为系统中所有仪器共用,如果控制器检测到系统中出现 SRQ 信息,则表明系统中至少有一台设备的工作出现异常。

5）END 信息

END 信息由讲者通过 EOI 线发送,通知接收数据的各方发送数据完毕。END 信息有效时,EOI 线为低电压,ATN 线为高电压。在一台仪器通过接口系统向外界发送仪器信息时,此时控制器控制的 ATN 信息处于无效状态。当数据发送完毕以后(发送到最后一个数据),发送方令 EOI 线为低电压,即发送 END＝"1"信息,通知接收数据的仪器可以停止接收数据。

6）IDY 信息

IDY 信息是控制器发送的用来通知相关设备进行并行查询响应的信息,它通过 EOI 线发送。IDY 信息有效时,EOI 线为低电压,ATN 线为低电压。这条信息主要用来完成对控制器进行的并行查询工作。控制器进行并行查询前,首先为指定的设备分配一根相应的数据线,在各个设备检测到 IDY 有效以后,再将自身的当前工作状态信息放置在所分配的数据线上,以告知控制器自身的工作情况。

7）DAV 信息

DAV 信息通过 DAV 线进行发送,DAV 信息的发送主要由源方执行。DAV 信息有效,即 DAV 线为低电压,表示当前数据总线上的内容为有效数据;DAV 信息无效,即 DAV 线为高电压,表示当前数据总线上没有数据或者数据无效。DAV 信息从源方发出,由系统中各受方接收。

8）NRFD 信息

NRFD 信息通过 NRFD 线进行发送,由系统中当前的各受方负责发送。当一台设备作为接收数据的受方时,如果令 NRFD 信息有效,即 NRFD 线为低电压,则表示这台仪器还没有准备好接收源方发送的数据,此时源方要进行等待;如果令 NRFD 信息无效,即 NRFD 线为高电压,表示受方已经准备好接收数据。注意,NRFD 线并不是由某一台设备控制,而是由多个受方共同控制。

如图 2-30 所示,假设系统中有 A、B、C、D、E 5 台或者更多台设备,在某一时刻有 A、B、C 3 台设备作为受方接收数据。其中设备 B 首先准备好接收数据,即 B 的 RFD＝1,因此 B 的 NRFD＝0,即 B 的 NRFD 输出线为高电压。此时 A、C 两台设备的 RFD＝0(没有准备好接收数据),即 NRFD＝1,所以 A、C 两台设备的 NRFD 输出线为低电压,因此

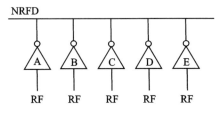

图 2-30　NRFD 母线连接图

在整个接口总线中 NRFD 表现为低电压。只有 A、C 两台仪器也准备好接收数据以后,NRFD才会表现为高电压。对于系统中的非受方设备,要求 RFD 一直处于有效状态。对于源方而言:如果 NRFD 无效,表示系统中所有准备接收数据的受方全部准备好接收数据;如果 NRFD有效,表示系统中至少存在一台设备没有准备好接收数据。

9）NDAC 信息

NDAC 信息由系统中的各受方通过 NDAC 线发送,表示各个接收数据的设备是否接收数据完毕。当一台设备从数据总线接收数据完毕以后,发送 NDAC＝"0"信息,即 NDAC 线为高电压;在没有接收完数据时,将发送 NDAC＝"1"信息,即 NDAC 为低电压。源方检测到 NDAC 信息有效时,即 NDAC 线为低电压,说明系统中至少存在一台设备没有接收数据完

毕;如果 NDAC 信息无效,即 NDAC 线为高电压,表示系统中所有受方设备已经接收数据完毕。

10) RQS 信息

RQS 信息是通过设备的 DIO7 线进行传送的,由提出服务请求信息(SRQ)的设备负责发送给控制器。当系统中某一台设备的工作发生异常以后,它会发送 SRQ 信息给控制器,提请控制器给予服务,控制器启动串行查询,对系统中的各个设备逐一询问,当询问到某一台设备时,如果是这台设备提出的服务请求,它将发送 RQS="1"信息,即 DIO7 为低电压;否则发送 RQS="0"信息,即 DIO7 为高电压。

11) PPR1~PPR8 信息

这 8 条信息分别通过数据总线上的 DIO1~DIO8 进行发送和接收,主要用来并行查询响应。在控制器启动并行查询以后,控制器要先为系统中参加并行查询的各个设备分配一个编号,编号的取值为 1~8,分别对应数据总线上的 DIO1~DIO8;控制器发送并行查询响应信息(IDY),所有分配了编号的设备将根据自身的工作状况通过 DIO1~DIO8 发送 PPR 信息,而控制器在 IDY 信息有效期间收到 PPR1~PPR8 信息,根据这些信息判断各个设备的工作状态。

单线信息接口的编码如表 2-11 所列。

表 2-11 单线信息接口编码表

助记符	消息名称	类型	类别	DIO8~DIO1	DAV NRFD NDAC	ATN EOI SRQ IFC REN
ATN	注 意	U	UC	XXXXXXXX	XXX	1XXXX
IFC	接口清除	U	UC	XXXXXXXX	XXX	XXX1X
REN	远控可能	U	UC	XXXXXXXX	XXX	XXXX1
NDAC	数据接收未完成	U	HS	XXXXXXXX	XX0	XXXXX
DAV	数据有效	U	HS	XXXXXXXX	1XX	XXXXX
END	结 束	U	ST	XXXXXXXX	XXX	01XXX
IDY	识 别	U	UC	XXXXXXXX	XXX	11XXX
PPR1	并行查询响应 1	U	ST	XXXXXXX1	XXX	11XXX
PPR2	并行查询响应 2	U	ST	XXXXXX1X	XXX	11XXX
PPR3	并行查询响应 3	U	ST	XXXXX1XX	XXX	11XXX
PPR4	并行查询响应 4	U	ST	XXXX1XXX	XXX	11XXX
PPR5	并行查询响应 5	U	ST	XXX1XXXX	XXX	11XXX
PPR6	并行查询响应 6	U	ST	XX1XXXXX	XXX	11XXX
PPR7	并行查询响应 7	U	ST	X1XXXXXX	XXX	11XXX
PPR8	并行查询响应 8	U	ST	1XXXXXXX	XXX	11XXX
NRFD	未准备好接收数据	U	HS	XXXXXXXX	X0X	XXXXX
RQS	请求服务	U	ST	X1XXXXXX	XXX	0XXXX
SRQ	服务请求	U	ST	XXXXXXXX	XXX	XX1XXX

（2）远地多线接口信息

在 GPIB 接口系统中,对远地多线接口信息的编码做了严格的规定,其中包括地址信息、串行查询信息和其他几种信息。这些远地多线接口信息采用 ISO646 编码,基于 7 bit 编码(即在 8 条信号线上,用了低 7 位信号线),并按照信息的特性进行了类型划分,如表 2 - 12 所列。

表 2 - 12　地址分配表

指　令	0	0	0	X	X	X	X
通用指令	0	0	1	X	X	X	X
听地址	0	1	X	X	X	X	X
讲地址	1	0	X	X	X	X	X
副　令	1	1	X	X	X	X	X

指令由控制器发出,由指定的设备进行接收,并做出反应,所有指令组成的集合称为指令集(ACG)。通用命令简称通令,由控制器发出,由所有接人到系统的设备进行接收,并给予响应,所有通令组成通令集(UCG)。听地址是控制器对系统中的设备进行听者寻址的命令,所有的听地址组成听地址集(LAG)。讲地址是控制器对系统中的设备进行讲者寻址的命令,所有讲地址组成讲地址集(TAG)。副令是在现有信息编码(其中包括指令、通令、地址等)基础上的扩充,它跟随在其他接口信息后,所有副令组成副令集(SCG)。其中指令集、通令集、听地址集、讲地址集组成的集合为主令集(PCG),所以有 PCG＝ACG∪UCG∪LAG∪TAG。

1) 听地址信息

听地址信息分为听地址和不听信息,如表 2 - 13 所列。

表 2 - 13　听地址分配表

助记符	信息名称	DIO 线								注　释
		8	7	6	5	4	3	2	1	
MLA	我的听地址	X	0	1	L1	L2	L3	L4	L5	除 X011 1111
UNL	不　听	X	0	1	1	1	1	1	1	

听地址信息由数据总线进行编码,其中 DIO8 不用,DIO7、DIO6 用来区别讲地址、听地址和副地址。DIO7、DIO6 为 01,表示听地址。DIO5～DIO1 用来编地址码。每条信号线都有 0 和 1 两种状态,5 条信号线可以编写 32 个地址码。但为了与早期产品兼容,不使用"11111"码作为地址码,而作为不听(UNL)。所以听地址有 31 个编码。MLA 表示当前数据总线上的听地址和设备自身所分配的听地址相同。

UNL 为不听信息,其作用是解除当前各个听者的能力,即令听者的听功能恢复到初始状态。其编码规定为 X011 1111。

2) 讲地址信息

讲地址集合分为讲地址和不讲信息,如表 2 - 14 所列。

讲地址信息同样采用数据总线编码,其中 DIO8 不用,DIO7、DIO6 为"10"表示讲地址。DIO5～DIO1 表示 32 个讲地址码,其中 x101 1111 编码保留,作为不讲命令(UNT)。所以和听地址一样,通用接口系统支持 31 个讲地址。MTA 表示数据总线上的讲地址和设备自身所分配的讲地址相同。如果数据总线上的讲地址和设备自身的讲地址不同,则表示当前数据总线上的地址为其他设备的讲地址,称为其他讲地址(OTA)。

表 2 - 14　讲地址分配表

助记符	信息名称	DIO 线								注　释
		8	7	6	5	4	3	2	1	
MTA 或 (OTA)	我的听地址 (其他讲地址)	X	1	O	T1	T2	T3	T4	T5	除 X101 1111
UNT	不讲	X	1	0	1	1	1	1	1	

UNT 为不讲信息,当控制器发送 UNT 信息以后,当前的讲者设备将取消其讲功能作用状态,恢复到一个初始状态。

3) 副　令

副令作为主令的补充部分往往和主令的信息配合使用,它跟随在主令后发送。副令主要包括副命令、副听地址、副讲地址等。副令的性质主要由其前方的主令决定。如果副令跟随在通令或者主令之后发送,作为对通令或者主令的补充,那么副令将起到副命令的作用。如果副令跟随在听地址或者讲地址之后发送,它将作为对地址的扩充。副令编码如表 2 - 15 所列。

表 2 - 15　副令编码表

助记符	信息名称	DIO 线								注　释
		8	7	6	5	4	3	2	1	
MTA (OTA)	我的讲地址 (其他讲地址)	X	0	1	T1	T2	T3	T4	T5	除 X011 1111
MLA	我的听地址	X	1	0	L1	L2	L3	L4	L5	除 X101 1111
MSA (OSA)	副地址 (OSA)	X	1	1	S1	S2	S3	S4	S5	除 X111 1111

通用接口总线通过 MSA 对设备单元的地址空间进行扩充。在没有扩充前,听地址和讲地址空间分别为 31。由于副地址的空间为 31,所以进行扩充以后,听地址和讲地址的地址空间为 961。对于扩充后的地址,称为扩充的听地址和扩充的讲地址;相应的接口功能称为扩充的听者功能和扩充的讲者功能。

4) 串行查询信息

串行查询完成通用接口系统对设备轮询检查的功能。测试系统在处于正常运行过程中,当某台设备工作出现了异常,它会发送信息给系统控制器,然后控制器通过轮询的方式来检查出现异常的设备,并进行相应的处理。串行查询所应用的多线信息编码如表 2 - 16 所列。

串行查询是个复杂的过程,它需要自动测试系统中的大部分设备参与。下面来看一次完整的串行查询的执行流程:

① 当某台设备出现了控制器预料不到的情况或者出现故障时,要向控制器报告其状态,这时,该设备将产生一个本地状态信息 rsv(请求服务),通过 SR 功能,使 SRQ 线变为低电压,

向控制器提出服务请求信息 SRQ＝"1"。

表 2－16　串行查询所应用的多线程信息编码表

助记符	信息名称	DIO 线							
		8	7	6	5	4	3	2	1
SPE	串行查询能	X	0	0	1	1	0	0	0
RQS	请求服务	X	1	X	X	X	X	X	X
STB	状态字节	S8	X	S6	S5	S4	S3	S2	S1
SPD	串行查询不能	X	0	0	1	1	0	0	1

② 当控者检测到 SRQ＝"1"的信息后，将 ATN 线置于低电压（ATN＝"1"），先发一个不听命令（UNL）信息，暂停接口系统中各个设备之间的数据传输，继而发出通令 SPE 信息，使具有讲功能的仪器准备接受查询。

③ 控制器逐个向各个设备发送讲者地址，进行讲寻址。例如，首先发送第一台设备的讲地址，令第一台仪器准备通过接口系统发送信息，而后令 ATN＝"0"。ATN＝"0"以后，第一台设备便开始向控制器发送工作状态字节（STB）。如果是第一台设备提出了服务请求，它就通过其讲功能在 DIO7 线上发送请求服务信息 RQS＝"1"，以表示它提出了服务请求。同时，在其他各 DIO 线上发送状态字节 STB；如果不是本设备提出了服务请求，将发送 RQS＝"0"以及 STB。

④ 如果第一台设备发出信息 RQS＝"0"，则控制器再次令 ATN＝"1"，接着发第二台设备的讲地址，并令 ATN＝"0"，让第二台设备发送 STB 信息和 RQS，依次类推，直到找到提出服务请求的那台设备为止。

⑤ 一旦控制器收到 RQS＝"1"的信息，即控制器找到了提出服务请求的那台设备，该设备便自动撤销 SRQ 信息。然后控制器再次令 ATN＝"1"，发出串行查询不能信息 SPD，串行查询结束。

为了让串行查询前正在工作的讲者恢复到讲者功能，使中断了的数据传输继续，控制器还必须在串行查询前记录下当前的讲者设备和各个听者设备；串行查询结束以后，控制器要重新进行相关设备的讲者寻址和听者寻址，保证原有数据传输的继续进行。

5）其他几种接口信息

① GET 信息（群执行触发信息）。由控制器发送，用以启动系统内事先指定的设备开始进入工作状态。在发 GET 信息之前，首先要对有关的一台或一组设备发送听地址，指定这些设备来接收 GET 信息，其编码为 X000 0101。例如：系统中存在听地址分别为 1、3、5、7、9 的五台设备，在某一个时刻，控制器需要听地址为 1、5、9 的三台设备同时进入到工作状态。控制器首先发送听地址 1，其次发送听地址 5，再发送听地址 9，最后发送 GET 信息。这三台设备接收到 GET 信息以后，直接进入指定的工作状态。

② GTL 信息（进入本地信息）。由事先指定的设备接收，使被指定的设备从远程控制工作状态，返回到本地工作状态，可以接受本地控制面板的操作控制。其编码为 X000 0001。从编码形式可以看到，本条信息和 GET 信息的编码前缀相同，所以该条信息为指令信息，在使用时，先对要求做出反应的设备进行听者寻址，然后发送 GTL 信息。

③ LLO 信息(本地锁定信息)。由 RL 接口功能接收和使用,并转化成相应的本地信息,用来封锁设备面板上的"返回本地"开关,或者封锁所有面板按钮,使设备不能通过面板上的开关或者按钮改变其当前的运行状态。其编码为 X001 0001。该信息为通令信息,控制器直接发送 LLO 信息,系统中所有设备将进行本地面板的锁定。

④ DCL 信息和 SDC 信息(仪器功能清除信息和有选择的仪器功能清除信息)。由设备内的清除(DC)接口功能电路接收,并形成一个相应的本地信息,使设备功能回到某一个初始状态。SDC 信息为指令信息,只能为事先指定的设备所接收和使用,其编码为 X000 0100。DCL 信息为系统内一切具有 DC 功能的设备所接收和使用,其编码为 X001 0100。

⑤ TCT 信息(取控信息),用于控制转移。其编码为 X000 1001。在通用接口总线系统中,允许有多个控制器存在,其中在某一个时刻起作用的控制器称为责任控制器,并且系统中存在一个能够随时介入系统运行的控制器,称为系统控制器。在系统运行过程中,系统的控制权将在多个控制器之间进行转移。在多控制器系统中,TCT 信息主要用来执行控制权的转移。假设在一个多控制器的通用接口总线系统中,存在 A、B 两个控制器,当前的控制器为 A,如果 A 需要将控制权转移给 B,那么 A 首先发送控制器 B 的讲地址,然后发送 TCT 信息;发送完 TCT 信息以后,控制器 A 令 ATN=0,放弃控制权,同时控制器 B 获得系统的控制权。

多线信息地址编码汇总如表 2 - 17 所列。

表 2 - 17 多线信息地址编码汇总表

类 别	名 称	代 号	编 码
通 令	本地封锁 Local Lockout	LLO	* 001 0001
	器件清除 Device Clear	DCL	* 001 0100
	串行查询使能 Serial Poll Enable	SPE	* 001 1000
	串行查询不能 Serial Poll Disable	SPD	* 001 1001
	并行查询不组态 Parallel Poll Unconfigure	PPU	* 001 0101
指 令(专 令)	群执行触发 Group Execute Trigger	GET	* 000 1000
	进入本地 Go To Local	GTL	* 000 0001
	并行查询组态 Parallel Poll Configure	PPL	* 000 0101
	有选择器件清除 Selected Device Clear	SDC	* 000 0100
	取得控制 Take Control	TCT	* 000 1001
地 址	听地址 Listen Address/My Listen Address	LAD/MLA	* 01 L1L2L3L4L5
	不听 Unlisten	UNL	* 01 11111
	讲地址 Talk Address/My Talk Address	TAD/MTA	* 10 T1T2T3T4T5
	不讲 Untalk	UNT	* 10 11111
副地址或副令	副地址 Secondary Address	SAD	* 01 S1S2S3S4S5
	并行查询不能 Parallel Poll Disable	PPD	* 111 D1D2D3D4
	并行查询使能 Parallel Poll Enable	PPE	* 110 S P1P2P3

3. 设备信息及编码

IEEE488.1 标准虽然对接口信息做了明确的定义,但是没有对设备信息的编码做出定义。这主要是由设备的多样性所决定的。不同的设备支持的测试目标、测试结果及测量方法千差万别,所以设备信息编码往往由仪器厂商自己定义。标准化组织,如 IEC,给出了一个推荐性的编码,信息的传输通过 DIO1～DIO7 来进行,并且这种编码被很多仪器设备厂商所采用。多线的设备消息包括 3 类:状态数据、程控数据、测量数据。

(1) 状态数据的编码

文本规定若收到的 STB 中对应 DIO7＝"1",则表示本器件有服务请求(消息表中记为 RQS),如 DIO7＝"0",则表示无服务请求。

DIO6＝"1",表示本器件遇到异常情况,例如程序不明,命令错误、非法操作、数据溢出等。DIO6＝"0",表示工作正常。

DIO5＝"1",表示本器件处于"忙"的状态。

DIO5＝"0",表示本器件准备好、不忙。

DIO4～DIO1 各位的定义可由设计者定义,并在程控器件使用说明书上写明,以便使用者使用前查阅。如 DIO1＝"1"表示本器件有数据要求输出,DIO2＝"1"表示挂钩出错,无受者,DIO3＝"1"表示零点漂移过大,DIO4＝"1"表示奇偶校验出错误等。如果还有一些服务请求原因需要表示,则在 STB 的第一个字中 DIO8＝"1"表示后面还有扩展的字节,在第二个字中必须使 DIO1＝"1",DIO8＝"0",其他字位可根据用户需要定义。

(2) 程控数据的编码

推荐的格式是题头部分用 1～2 个大写英文字母表示,数字段可用十进制数字表示;例如 HP5342 A 频率计接收的程控码为 AUSR8TlST2,具体解释如下:

AU——表示自动量程;

SR8——测频分辨率为 100 kHz;

Tl——GET 触发后进行采样;

ST2——测量上次、保留数据、任命讲者后发出测量数据。

又如日本横河 2502A 数字电压表的程控码为 DCV;RS4;HRO;SR2;IM1,其中

DCV——测量直流电压;

RS4——10 V 量程;

HRO——4 位显示方式;

SR2——GET 触发采样,保持测量结果。

IMl——规定 STB 的内容,当 A/D 转换结束时提出 SRQ,在 STB 中 b1 表示数据准备好。

对于仪器接受程控码来说,目前在母线上传送的码制绝大多数还是用 ASCII 字符形式传送的。例如发 DCV,分三个字节,第一个字节是 D(44H),第二个字节是 C(43H),第三个字节是 V(56H);(3 BH)为分隔符,也按一个字节发送。

发送程控码的结束符,除了伴随以 EOI 方式以外,现在多用 CR(ODH),LF(OAH)作为结束符。

发送程控码程序形式初看起来彼此很不一样,差别很大,这是因为不同的计算机采用的 GPIB 卡不同,使用的语言也不同。

（3）测量数据的编码

IEC 的推荐性编码采用 7 bit 编码,主要是提出了信息单元的概念,每个信息单元表示一个明确和完整的意义。例如:"Voltage1V""Range1A"等,它们总是作为一个完整的单元来产生、传输和使用的,并且表明了明确的意义。

每个信息单元都由 5 个基本部分组成,如表 2-18 所列。

① T 段:用来描述信息单元的性质和单位。对于测试数据来说,像交流电压、直流电压、频率和电阻等表明了信息单元的类型和性质,如电压用 Voltage、频率用 Hz 表示等。对于程控命令,T 段表示程控的对象,F 表示功能的程控,B 表示波段的程控等。

② U 段:U 段仅限于测试数据使用,它用来表示 V 段内数据的极性(符号)。所以 U 段内的字符是"＋"号和"—"号。有时该段也可以默认,表示正值("＋"号)。

表 2-18 信息单元

简 写	描 述
T	标题段
U	符号段
V	数值段
W	指数段
X、Y、Z	结束段

③ V 段:V 段是所有段中唯一规定必须有的,它表示的信息单元中的具体数值部分,不能默认。V 段的长度是可变的,以适应不同仪器对不同数据的要求。在发送和接收 V 段时,总是自左向右,先传输高位的数,再传输低位的数。

④ W 段:是对 V 段数值表示的补充,可以不使用。主要用来表示 V 段部分的幂值部分,用于提高 V 段的数值精度。

⑤ X、Y 和 Z 段:它们分别作为单个信息和多个信息单位的定界符。X 定界符用来表示一个信息单元的结束,用于仪器发送一系列数据时分割不同的信息单元。Y 定界符用来结束一组相关的数据单元。Z 定界符主要表明一次信息传输的全部结束。

以上 5 段组成了一个完整的信息单元,根据各段的定义举出如下几个信息单元实例,以便对 IEC 的定义进一步了解:

$$\text{“Voltage}+1.2\text{E}+03,\text{”}$$
$$\text{“Voltage}+1200,\text{”}$$
$$\text{“Voltage}1200,\text{”}$$

以上三个数据单元表明仪器的测试结果:电压为 1 200 V,这三种表示方式在该推荐标准中都是合法的。其中,"Voltage"表示测量内容为电压;"＋"表示数值为正值;"1.2"表示 V 段的有效数值部分;"E＋03"为 W 段,表示 V 段的幂值为正 3;最后","表示这个数据单元的结束。

通用接口总线标准没有明确规定对于仪器信息的编码,而只是由 IEC 给出了一个建议性的草案。所以,不同仪器厂商生产的仪器之间的信息编码存在着很大的差别。随着测试技术的发展,这些编码更加地趋向于自然语言,使仪器使用者更容易理解这些编码和定义。对于设备编码的详细了解,可以参考 HP 的仪器编码手册。

2.2.5 IEEE488.2 标准

作为 GPIB 接口总线的基础标准,IEEE488.1 主要规定了 GPIB 总线的硬件接口功能及数据传送的三级挂钩方式,以保证系统中各仪器间有正确的电气操作和机械连接,并提供传送数据的可靠方法。但 IEEE488.1 对软件运行的统一标准要求,即代码格式,通信协议和公用命令方面并没有做出规定。各仪器制造商被允许在遵循 IEEE188.1 标准的条件下,自行规定数据格式及通信协议,这样使系统设计者除了必须知道各种仪器本身的测量功能外,还必须了解系统中每个仪器器件的接口功能及各仪器制造商规定的控制指令的数据格式和通信协议,否则系统将不能正确运行,这给系统用户带来很大不便。由于各仪器制造商对同类仪器的状态字节中的各比特位也赋予不同的含义,它使得测试系统在更换仪器时必须重新进行应用软件的设计。

针对以上问题,IEEE 在 1992 年颁布推出了新标准 IEEE488.2《IEEE 标准代码、格式、协议和公用命令》。

1. IEEE488.2 标准的主要目的和内容

制定 IEE488.2 标准的主要目的在于提供一套标准定义的代码、格式、协议和公用命令,使得不同厂家的 GPIB 总线仪器能在 IEEE488 总线规范规定下互相兼容使用,而不需要对特殊的代码和格式进行转换和解释,能更方便地去生成应用软件及组建系统。IEEE488.2 标准主要涉及了以下六个方面的内容:

① 以功能子集的形式规定了仪器器件在支持 IEEE488.2 必须有 IEEE488.1 讲者、听者、源挂钩、听者挂钩、器件清零和服务请求等接口功能作为最低要求的配置。

② 明确地规定了程控和响应消息语法结构。IEEE488.2 在语法方面的特点是使仪器器件在信息接收时比它发送时有更大的灵活性。

③ 规定定义了包括出错处理在内的详细信息处理规程,这种规程主要用来保证主控者发出的程控命令和仪器发生的响应信息能够被可靠地传递。

④ 定义了具有广泛用途的公用命令。IEEE488.2 定义了 39 条公用命令,包括操作命令和询问命令,其中 13 条是必需的,另外 26 条是任选的。仪器在选择了某种非必选的接口功能后才被选用。

⑤ 规定了标准的状态报告结构,IEEE488.2 使用了统一的状态报告模式,将各种状态报告内容归纳、合并、最后反映到标准的状态字节中。同时,标准还规定了若干用于服务请求和查询的公用命令,以配合状态报告。

⑥ 定义了系统地址分配和同步规程协议。IEEE488.2 增加了地址自动分配能力,规定了两条用于地址自动分配的命令和有关工作过程的说明。同时还通过使用 3 条专门用于同步的公用命令,保证程序和仪器在操作过程中同步。

2. IEEE488.2 器件功能命令集的规定

IEEE488.2 标准规定了一套代码和格式,提供给连在 IEEE488.1 总线上的仪器内的器件使用。此外,IEEE488.2 还定义了不限定于特定仪器的信息交换通信协议的统一标准和仪器使用的公用命令。

在一个有控者和若干仪器听者所组成的 GPIB 总线测试系统中,主控者和仪器之间的信息传递构成了整个系统的信息交换。在 IEEE488.2 标准中,控者发给仪器的程序信息主要由命令和查询所组成。它命令仪器产生一定的操作,而查询不仅使仪器产生一定的操作,而且要求仪器返回响应信息,把这些操作信息通称为命令。

为了保证总线中的程序命令以统一标准的编码语法和数据结构在系统中传送,IEEE488.2 规定了仪器命令集的发送与接收指令格式,并分为两个功能层:

① 功能层,它主要是为仪器命令集的设计者而设置的。

② 编码层,该层中实际传送的是编码,它是为仪器的语法分析程序设计者而设置的。

IEEE488.2 命令集是由程序信息所组成,而程序信息则由一系列程序指令构成,其中每一个指令代表一个程序命令或查询。IEEE488.2 定义了一组通用仪器系统采用的命名和查询,即常称为公用命令。仪器定义的或公用的命令或查询操作,可以按编码语法规定通过系统接口作为一串数据字节发给仪器接收。

IEEE488.2 仪器的指标可以允许在硬件方面的变化。然而,IEEE488.2 仪器更容易编程,因为它们使用一种有很好定义的标准信息交换协议和数据格式的方式去响应公用命令和查询。IEEE488.2 信息交换协议使得测试系统的编程更为容易。

IEEE488.2 定义了一台仪器必须有的 IEEE488.1 接口能力的最小集合。所有器件必须能发送和接收数据,请求服务和响应某一器件的清除消息。

IEEE488.2 精确定义发送到仪器的命令格式和响应仪器的代码和形式。所有的仪器必须执行某个在总线上通信和报告状态的操作。由于这些操作是通用于所有的仪器,IEEE488.2 定义了用于执行这些操作的编程命令和用于接收通用状态信息的查询。表 2-19 列出了这些公用命令和查询指令。

表 2-19 IEEE488.2 的公用命令

命 令	分 类	功能描述	命 令	分 类	功能描述
* IDN?	系统数据	识别查询	* ESE	状态和事件	事件状态使能
* RST	内部操作	复 位	* ESE?	状态和事件	事件状态使能查询
* TST?	内部操作	自检查询	* ESR?	状态和事件	事件状态登入查询
* OPC	同 步	操作完成	* SRE	状态和事件	服务请求使能
* OPC?	同 步	操作完成查询	* SRE?	状态和事件	服务请求使能查询
* WAI	同 步	等待完成	* STB?	状态和事件	读状态字节查询
* CLS	状态和事件	清除状态			

对于信息的接收和发送,IEEE488.2 标准规定仪器内的器件在接收消息时以所谓"体谅"(forgiving)的方式来听,即当器件在接收消息时,其语法选择可以正确接收按旧标准的仪器和控制器的信息,以保证在系统中不遵循 IEEE488.2 的器件也能正常运行。同时,器件在发送消息时被规定在用"明确"(precisely)的方式去讲,这样使各种控制器都能接收响应信息。例如,在对结束符的处理,当器件在接收时,可以允许接收三种不同形式的结束符,即最后的字节发的末端信息、带末端信息的换行或仅有换行。而当器件在发送时,则要求仅用一种结束符,即带末端信息的换行。

IEEE488.2 的公用命令按它的功能可分为如下 10 组:地址自动分配、系统数据、内部操作、同步、宏命令、并行查询、状态和事件、触发、控制者和存储设置。

由于仪器器件往往能比执行命令更快地接收命令,程序员在编程中需设定等待时间以确保仪器达到程序设计的状态。但定时循环同步是很不可靠的,尤其是在程序移向其他处理速度的控制器的情况下。IEEE488.2 提供了一套方法,并定义了三条公用命令 * WAI、* OPC?、* OPC 来实现仪器器件与控者的同步。

在组建一个 GPIB 总线的测试系统时,系统工程师必须将不同地址分配给系统中的每个仪器器件,这样控制器可使用程序对预定的仪器进行信息的发送和接收。在 IEEE488.1 系统中,这个地址信息是由仪器上的地址开关在系统运行前进行人工设置的;而 IEEE488.2 则定义了一种地址自动分配的方法,可以在系统加电后由控者将预定地址自动分配给各地址配置仪器器件(遵循 IEEE488.2 的器件),同时,还可以检查非地址配置器件的地址,以形成一张完整的系统地址表。

3. IEEE488 性能扩展

在 GPIB 总线的发展中,从 IEEE488.1 标准定义了硬件接口功能及数据传送的三级挂钩方式到 IEEE488.2 标准增加规定了 GPIB 控制和通信软件中的数据结构、语法规则和控制语句。这在很大程度上解决了使用 GPIB 控制时所遇到的软件标准问题。

SCPI 和 IEEE488.2 标准解决了原 IEEE488.1 标准的局限性和存在的问题。IEEE488.2 使测试系统的设计更兼容和可靠。SCPI 定义了一套为任何类型或制造商都可用的程控仪器的标准化命令集,使得编程任务更简化了。IEEE488.1、IEEE488.2 和 SCPI 标准的发展过程和其性能范围如图 5-8 所示。

从图 2-31 中看到,IEEE488.2 只涉及用语法和数据结构连接的信息通信功能层和用公用命令及查询连接的公用系统层。也就是说,IEEE488.2 主要涉及仪器的内部管理功能而并不涉及仪器信息本身。由于仪器信息未能做到标准化,每个仪器的程控命令集都由仪器制造商自行设定,迫使测试系统开发者去学习许多不同的命令集和使用在一个应用中各种仪器的特定参数,导致编程的复杂性和不可预知的时间延误以及开发费用高的问题。针对这种情况,1990 年 4 月,由 HP、Tek 等 9 家知名的仪器制造商组成的联合体,一致同意发表建立在 IEEE488.2 基础上的可程控仪器的标准程控命令,英文简称为 SCPI(Standard Commands for Programmable Instruments),并在同年公布了它的第一个标准文本 SCPI Rev. 1990.0。

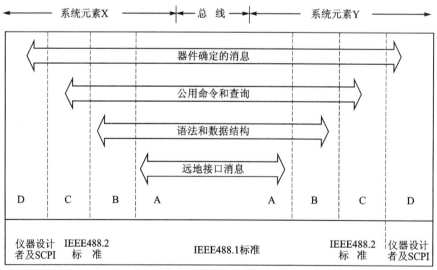

图 2-31　GPIB 通用接口总线仪器标准性能的演进

SCPI 定义的一套标准程控命令集能够减少开发时间,增加测试程序的可读性,以及仪器替换的能力。SCPI 是一个系统性的和可扩充的程控仪器的软件编程命令标准。目前,SCPI联盟继续将新的命令和功能加到 SCPI 标准中。SCPI 在实际的应用中也得到广泛的好评和支持,因此,它除了在 GPIB 总线中应用外,还用于 RS‐232C 及 VXI 等总线中。

2.3 系统总线技术

2.3.1 VXI 总线技术

1. VXI 总线概述

(1) 发展历程

VXI(VME Bus Extensions for Instrumentation)总线是在 VME 总线的基础上扩展而来的,可以认为是 VME 总线在仪器领域的扩展,而采用 VXI 总线技术设计的板卡式仪器系统称为 VXI 仪器。

VME(Versa Module Eurocard)总线是一种工业微机的总线标准,其国际标准是IEEE1014。最初由 Motorola 公司于 1981 年 10 月提出,主要针对 16 位和 32 位微处理器设计的,该总线是异步和多路复用的,支持 32 位数据传输和 24 位地址范围(16 MB);能通过总线仲裁,支持多达 4 个处理器的真正多处理器运行方式;从而成为电子计算机工业应用最广泛的计算机底板总线,作为嵌入式计算机最常用的总线结构,已经有了数千种总线产品,并吸引了数百家电路板、硬件、软件和总线接口制造商。

由于 VME 总线不是面向仪器的总线标准,没有考虑仪器的特点。例如,VME 总线的模块尺寸比较小,对一些仪器不适用或不便于屏蔽,也没有考虑仪器需要的多种电源、触发和产生模拟信号等问题。于是,Colorado DataSystem、Hewlett Packard、Racal Dana、Tektronix 和Wavetek 等五家著名仪器公司的技术代表于 1987 年 6 月宣布成立一个技术委员会,组成电气、机械、电磁兼容/电源和软件四个技术工作小组,拟在 VME 总线、Eurocard 标准和其他诸如 IEEE488.1/488.2 这些仪器标准的基础上共同制定一个具有开放体系结构的仪器总线标准。

1987 年 7 月,该委员会(即后来的 VXI 总线联合体)发布了 VXI 总线规范的第一个版本,经多次修改、完善,于 1992 年 9 月 17 日被 IEEE 标准局批准为 IEEE1155 1992 标准,1993 年2 月 23 日经美国国家标准研究院批准,并于 1993 年 9 月 20 日出版发行。

国际上现有两个 VXI 总线组织,即 VXI 总线联合体和 VPP 系统联盟,前者主要负责VXI 总线硬件(即仪器级)标准规范的制定;而后者的宗旨是通过制定一系列的 VXI 总线软件(即系统级)标准来提供一个开放的系统结构,使其更容易集成和使用。所谓 VXI 总线标准体系就由这两套标准构成。VXI 总线仪器级和系统级规范文件分别由 10 个标准组成,如表 2‐20和表 2‐21 所列。

(2) 主要特点

与传统的测试应用执行系统的方法相比,VXI 总线具有以下 4 个方面的特点。

① 与标准的框架及层叠式仪器相比,具有较好的系统性能:它相对于传统的框架及层叠式仪器,VXI 总线系统尺寸小,节省空间,其模块在机架内彼此靠得很近,使时间延迟的影响

大大缩小。这就是说，VXI 总线系统与通常的框架及层叠式 ATS 相比，有较高的系统性能。

表 2 - 20　VXI 总线仪器级标准规范文件

标准代号	标准名称
VXI - 1	VXI 总线系统规范(IEEE1155 - 1992)
VXI - 2	VXI 总线扩展的寄存器基器件和扩展的存储器器件
VXI - 3	VXI 总线器件识别的字符串命令
VXI - 4	VXI 总线通用助记符
VXI - 5	VXI 总线通用 ASCII 系统命令
VXI - 6	VXI 总线多机箱扩展系统
VXI - 7	VXI 总线共享存储器数据格式规范
VXI - 8	VXI 总线冷却测量方法
VXI - 9	VXI 总线标准测试程序规范
VXI - 10	VXI 总线高速数据通道

表 2 - 21　VXI 总线系统级标准规范文件

标准代号		标准名称
VPP - 1		VPP 系统联盟章程
VPP - 2		VPP 系统框架技术规范
VPP - 3 仪器驱动程序技术规范	VPP - 3.1	VPP 仪器驱动程序结构和设计技术规范
	VPP - 3.2	VPP 仪器驱动程序开发工具技术规范
	VPP - 3.3	VPP 仪器驱动程序功能面板技术规范
	VPP - 3.4	VPP 仪器驱动程序编程接口技术规范
VPP - 4 标准的软件输入/输出接口规范	VPP - 4.1	VISA - 1 虚拟仪器软件体系结构主要技术规范
	VPP - 4.2	VISA - 2VISA 转换库(VTL)技术规范
	VPP - 4.2.2	VISA - 2.2 视窗框架的 VTL 实施技术规范
VPP - 5		VXI 组件知识库技术规范
VPP - 6		包装和安装技术规范
VPP - 7		软面板技术规范
VPP - 8		VXI 模块/主机机械技术规范
VPP - 9		仪器制造商缩写规则
VPP - 10		VXI P&P LOGO 技术规范和组件注册

　　② 与现有其他系统兼容：能与现有的 IEEE488、VME、RS - 232C 等标准充分兼用，可以对一个 VXI 底板进行访问，就像它是一个现有总线系统中单独存在的仪器一样。

　　③ 不同制造商所生产的模块可以互换：使用标准 VXI 总线仪器的 ATS 的一个主要特点是，不管该仪器由哪一家制造商生产，都使用相同的机架。过去，一块插件板上的仪器系统须

由同一货源提供的仪器来构成,因此如果某个制造商要对某一插件系统进行重新设计,必须考虑老用户的要求。对于使用 VXI 模块的系统来说,不管哪个货源的插件都能插入机架中,来替代已经过时的插件,而仅需对软件作最小的变动。

④ 编程方便:虽然在 VXI 总线的标准中没有专门的地址编程版本,但一个内部控制器会执行子程序,以克服老的 GPIB(IEEE488.1)系统所带来的问题,受菜单控制的软件系统也能用来开发小型且简明的编码。

2. VXI 总线机械规范

一般说来,VXI 总线系统或者其子系统是由一个 VXI 机箱和若干 VXI 总线模块组成。

VXI 总线模块有 A、B、C 和 D 四种尺寸,且带有"欧卡"标准定义的 DIN 连接器,其中 A尺寸的模块有一个 DIN 连接器,称为 P1;B 和 C 尺寸的模块有两个 DIN 连接器,分别称为 P1和 P2;D 尺寸的模块有三个 DIN 连接器,分别称为 P1、P2 和 P3。每一个 DIN 连接器有 96芯,分为 A、B、C 三列。各种规格的 VXI 总线模块尺寸如表 2-22 所列。

对应于四种规格尺寸的 VXI 总线模块,有四种规格尺寸的 VXI 总线机箱。VXI 总线机箱核心是一块带有可插槽位的底板(或模块机架),使用 IEEE1014 的 VME 总线作为一个基础架构。

表 2-22 VXI 总线模块尺寸

名　称	长度/cm	宽度/cm	高度/cm	连接器
A	16	2	10	P1
B	16	2	23.4	P1、P2
C	34	3	23.4	P1、P2
D	34	3	36.7	P1、P2、P3

目前市场上最常见的是 C 尺寸的 VXI 总线系统,这是因为 C 尺寸的 VXI 总线系统体积较小,成本相对较低,又能够发挥 VXI 总线作为高性能测试平台的优势。除特殊注明外,本书以 C 尺寸的 VXI 总线系统为例进行讲述。

另外,除了以上介绍的尺寸特性外,各种型号的 VXI 板卡还应满足以下规则:

① A 型和 B 型尺寸板及组件板应符合 VME 总线规范。

② C 型和 D 型尺寸板为插槽间距为 30.48 mm 的主机箱而设计。

③ 模块的边缘厚度应为(1.6±0.2)mm。

④ P1、P2、P3 连接器的最小机械插拔寿命为 400 次。

⑤ VXI 总线板上的焊盘、印制线、屏蔽罩及元件等距板的上、下边缘不应小于 2.5 mm,以确保与板导向槽间的间隙。

⑥ 如果模板中含有对方向敏感的元件,则应在该模块的说明书和标牌上清楚地说明其限制条件。

⑦ 对方向敏感的模块应设计成:当垂直安放时,元件面向右;当水平安放时,元件面向上。

⑧ 需要大于标准间距的 C 型或者 D 型模块可以设计成占用一个以上的插槽,增加的模块宽度为 30.88 mm 的整数倍。

⑨ 所有模块都应有一个与其所用主机箱尺寸相配套的前面板。

⑩ 如果模块有外部连接线,那么这些连接线应通过前面板引出。

⑪ 连接器、电缆等外部连接线将信号传送到模块所在的主机箱的外面。

⑫ 连接器和前面板的接口不应在前面板上留下明显的间隙,或破坏系统内的正常气流。

⑬ 冷却空气的流动方向为从 P3 到 P1 连接器。

VXI 总线以完整的 32 位 VME 总线架构为基础,根据现代测试仪器的应用需要,在同步、触发、电磁兼容和电源等方面扩展了 VME 总线功能,其 B 尺寸使用了由 VME 标准严格地定义的 P1 连接器和 P2 连接器的中央一列信号引脚功能,C 尺寸增加了 P2 连接器外面两列的 VXI 附加总线引脚信号,D 尺寸增加了 P3 连接器的定义。

一个典型的 VXI 系统或子系统受零槽控制器(Slot 0 Controller)控制,用作定时和设备管理,最多能携带 12 个仪器模块,在一个 19 in(英寸)的机箱中相连和运作。

3. VXI 总线构成

从逻辑功能来说,VXI 总线可以被分为 8 个功能组,如表 2 – 23 所列。

表 2 – 23 VXI 总线构成

序 号	子总线	形 式	序 号	子总线	形 式
1	VME 总线	全局总线	5	时钟及同步总线	单总线
2	触发总线	全局总线	6	星型总线	单总线
3	模拟相加总线	全局总线	7	模块识别总线	单总线
4	电源分配总线	全局总线	8	本地总线	局部总线

这 8 组子总线都在底板上,每一组总线都为 VXI 总线仪器添加了新的功能。全局总线是为所有模块所共用的;单总线用于 0 号槽中的模块同其他插槽进行点对点连线;局部总线则连接相邻的模块。电气结构如图 2 – 32 所示。

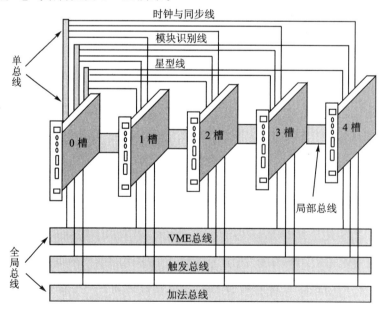

图 2 – 32 VXI 总线电气结构图

（1）VXI 触发总线

VXI 触发总线由 8 条 TTL 触发线（TTLTRG *）和 6 条 ECL 触发线（ECLTRG）构成。8 条 TTL 触发线和 2 条 ECL 触发线在 P2 插座上，其余 4 条 ECL 触发线在 P3 上。VXI 触发线通常用在模块内部的通信中，每一个模块包括零槽的操作都可驱动触发线或从触发线上接收信号。触发总线可用作触发、握手、定时或发数据。

图 2-33 所示为 VXI 触发总线背板图。

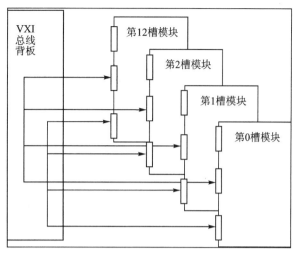

图 2-33　VXI 触发总线背板图

（2）VXI 模拟相加总线

相加总线（SUMBUS）能将模拟信号相加到一根单线上。这组子总线存在于整个 VXI 子系统的背板上。它是将机架的底板上各段汇总后形成的一条模拟相加分支，并与数字信号和其他有源信号分开。它能将来自三个独立的波形发生器的输出信号进行相加，得到一个复合的合成信号，用来作为另一模块的激励源。相加总线在 P2 连接器上，如图 2-34 所示。

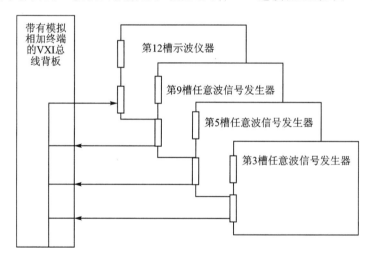

图 2-34　VXI 模拟相加总线

（3）VXI 电源分配总线

VXI 机箱电源向背板上的总线提供 8 种稳定的电压，以满足大多数仪器的需要。+5 V、+12 V 和-12 V 是 VME 总线中已有的 3 组电源，此外，还提供一组+5 V 作后备（Standby）。VXI 总线在 P2 连接器上增加了+24 V 和-24 V 电源供模拟电路用，-5.2 V 和-2 V 电源供高速 ECL 电路用。

（4）VXI 时钟和同步总线

时钟总线提供两个时钟和一个时钟的同步信号，这三个信号都是差分信号。其中的两个时钟，一个是位于 P2 板上的 10 MHz 时钟（CLK10），另一个是位于 P3 板上的 100 MHz 的时钟(CLK100)和一个位于 P3 板上的同步信号(SYN100)。两个时钟和一个同步信号都是从零槽模块上点对点、经背板缓冲后分别单独送往每一块模块,并在背板上被单独缓冲以提供模块间高水平的隔离。

图 2-35 所示为 VXI 时钟信号背板图。

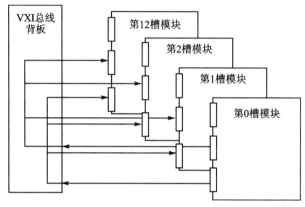

图 2-35 VXI 时钟信号背板图

(5) VXI 星型总线

VXI 星型总线仅存在于 P3 连接器上,它由 STARX 和 STARY 两条线构成,两线在每一模块槽和零槽之间相连。零槽可以看作是有 12 只脚的一个星型结构的中心,每一模块位于每一等长脚的末端。

(6) VXI 模块识别总线

在 VXI 总线中,每个 VXI 设备都有一个唯一逻辑地址(Unique Logical Address,ULA),编号为 0～255,即一个 VXI 系统最多有 256 个设备。VXI 规范允许多个器件驻留在一个插槽中以提高系统的集成度和便携性,降低系统成本,也允许一个复杂设备占用多个插槽,VXI 通过 ULA 进行设备寻址,而不是通过器件的物理位置。

为了让系统资源管理器识别 VXI 模块在 VXI 机箱中的位置,总线中设有 12 条模块识别线 MODIDn(n=1～12)。这些识别线源于 0 号槽模块,并分配到 1 号插槽或其他插槽中的模块去。

在每一模块上都有一根识别线,位于 P2 连接器的 A30 引脚。在一个分配完整的 VXI 系统里,0 号槽模块通过 12 根模块识别线相连。除了这 12 根线以外,0 号槽还有自己的识别线,识别线的连接如图 2-36 所示。具体来讲,这些识别线有如下 3 种用途:

① 检测槽中的模块是否存在,即使被检测的模块有故障也不例外。

② 识别特定模块的物理位置或槽号。

③ 用指示器或其他方法指示模块的实际物理位置。

每个模块上都有一个与模块识别线相连的固定接地电阻,0 号槽模块通过检测 MODIDn 电压是否被该电阻下拉成低电压来判断插槽中是否有模块,这种方法适用于所有的被检测模块,而不论该模块是否损坏或是否上电。特定的 MODID 线对应特定的槽号,0 号槽保持特定的 MODID 线,并查询位于各模块 A16 配置空间内的 MODID 位,如果该位为 1,则所检测的模块在 MODID 线对应的槽内,否则所检测的模块不在该槽内,使用另外一条 MODID 线,用同样的方法检测。

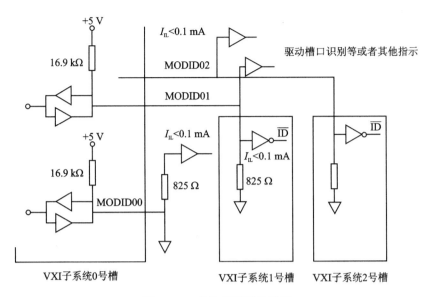

图 2 - 36　模块识别线连接图

在插槽旁边或模块上安装了指示灯,指示灯的驱动信号来自 MODID 线,它可以指明何时驱动了特定的 MODID 线,可以快速识别出包括故障模块在内的任何模块的位置,以方便用户的查错。

(7) VXI 本地总线

本地总线位于 P2 连接器上,它是一条专用的相邻模块间的通信总线,本地总线的连接方式是一侧连向相邻模块的另一侧。除了 0 号模块和 12 号模块之外,其余所有的模块都是把一侧连到相邻模块的左侧,而另一侧连到另一个相邻模块的右侧,所以大多数模块都有两条分开的本地总线。标准的插槽有 72 条本地总线,每一侧各有 36 条,其中 12 条线在 P2 连接器上,24 条线在 P3 连接器上。本地总线上的信号幅度范围为 +42～-42 V,最大电流为 500 mA。

本地总线的目的是减少模块间在面板或内部使用带状电缆连接器或跨接线,使 2 个或多个模块之间可进行通信而不占用全局总线。

4. VXI 器件

(1) 组成与分类

1) 器件模型

VXI 模块的功能和电路千差万别,但从 VXI 系统的组建和管理角度看,它们都是 VXI 系统最基本和最底层的逻辑单元,通称 VXI 器件(Device)。通常,一个器件占用一个模块,但也允许多模块器件或多器件模块存在。图 2 - 37 描述了一个 VXI 器件的功能和逻辑组成。

2) 器件分类

器件之间的基本操作是信息传输。根据通信能力,VXI 总线器件分为寄存器器件、存储器器件、消息型器件和扩展器件四类。

① 消息基器件:消息基器件支持 VXI 总线配置和通信协议,该类设备内含命令者与受令者组件的器件。消息基器件是任何带有通信能力的局部智能设备,如数字万用表、频谱分析仪、显示控制器、IEEE488 VXI 总线接口设备、开关控制器等。

消息基器件在高层次上用 ASCII 字符进行通信,非常容易组装成 VXI 总线系统,它用一种意义明确的"字串行协议"规则进行通信,这种异步协议定义了在仪器之间传送命令和数据所需要的挂钩要求。由于实施串行协议所需要的通信接口比较复杂,这就意味着它比其他类型的器件通信接口要占用更多的位置,因此,消息基器件总比其他类型的器件要贵得多,占用的控件相对较大,一般安装在 C 尺寸或尺寸较大的模块上。

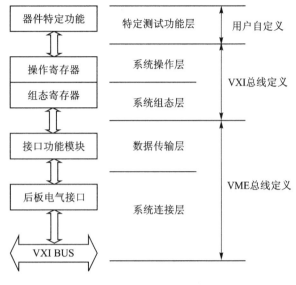

图 2 - 37　VXI 器件模型

② 寄存器基器件:寄存器基器件是只有基本配置寄存器的 VXI 总线器件,通信情况与 VME 总线相似,是在低层次上用二进制信息编制程序的。如果不想使用这种低级二进制命令来编制程序,VXI 总线可以以一种命令者和受令者来解决,即包含智能仪器可以用来操作寄存器基器件,它被配置成寄存器基器件的命令者,向命令者发送高级 ASCII 命令,它会自动对这些命令进行解释,然后将必要的二进制信息发送给寄存器基受令者。

寄存器基器件最明显的优点是速度快,它是在直接硬件控制层次上进行通信。这种高速通信可以使测试系统吞吐量大大提高,但不要认为寄存器基器件是非常简单的仪器,如模数/转换器,可以用低级二进制命令与其他仪器进行通信,也可能拥有一个内部微处理器,用于进行复杂的测量控制或字诊断。此外,寄存器基器件还具有接口非常简单、体积小、成本低等优点。

③ 存储器器件:存储器器件含有配置寄存器组,有一定的存储设备的特征,如存储类型和存取时间等,但不含 VXI 总线定义的其他寄存器或者通信协议。磁盘存储器、RAM 和 ROM 插卡就是这种类型的设备。

④ 扩展器件:扩展器件是一种专用的 VXI 总线设备,它内含配置寄存器组供系统识别。这类器件允许定义更新种类的器件,以支持更高的兼容性。

3）器件寻址

测控软件之所以能够与 VXI 模块通信从而控制它进行测试工作,是因为它们提供了许多可以读/写寄存器。VXI 模块的每一项功能或属性均有相关的寄存器,按照 VXI 模块的要求读/写这些寄存器就能够控制它工作。另外某些 VXI 模块提供了一组通信寄存器,与这类 VXI 模块通信是向这组通信寄存器写它支持的命令,接收到不同的命令执行不同的操作。

VXI 模块寄存器的地址位于 VXI 总线提供的地址空间,因此需要在一定的地址空间内访问它们。

VXI 总线有三个独立的地址空间:A16、A24 和 A32。A16 地址空间只使用了 VXI 总线的低 16 条,空间大小为 64 KB;A24 地址空间只使用了地址线的低 24 条,空间大小为 16 MB;A32 地址空间使用了全部的 32 条地址线,空间大小为 4 GB。A16 空间的高 16 KB 被 VXI 模块占用,低 48 KB 的空间被 VME 模块占用,每个模块的基地址由 VXI 模块唯一的 8 位逻辑地址 LA 决定,其计算公式为:基地址＝LA×64＋49152。同时,每个器件必须具有 0~255 (00H~FFH)中唯一的 8 位逻辑地址。

考虑到逻辑地址 255 只用作动态配置目的,不允许分配给任何 VXI 模块,因此一个 VXI 总线系统最多可以有 255 个模块同时工作,VXI 模块的每个存储单元如寄存器(8 B)的物理地址等于基地址加上单元的地址偏移量。当某个 VXI 模块的功能复杂,寄存器多,64 KB 的地址空间不够用时,可以将部分功能寄存器设计在 A24 或 A32 地址空间,并且将所需空间大小的信息存储在配置寄存器组中,系统的资源管理器读取该信息并根据 A24/A32 地址空间的分配情况给该设备分配一个基地址并写回 VXI 模块的基地址寄存器(OR),这些寄存器的地址等于该基地址与其地址偏移量之和。只占用 A16 地址空间的 VXI 模块称为 A16 模块,占用 A16 和 A24 空间的 VXI 模块称为 A16/A24 模块,一个 VXI 模块不能同时占用三个地址空间上的地址。

(2) 配置寄存器

VXI 总线器件的寄存器分为两大部分:配置寄存器和操作寄存器,地址分配如图 2-38 所示。

00H~07H 为配置寄存器区,VXI 共定义了六个配置寄存器,这些寄存器都是 16 位的,所有 VXI 总线器件都必须配备,其功能定义如下:

① 识别(ID)寄存器:识别寄存器为只读型:存放"器件类别"(消息型、寄存器型、存储器型、扩展型)、"寻址空间"(A16、A16/A24、A16/A32)、"生产厂家识别码"(0~4095)等配置信息。

② 逻辑地址寄存器:逻辑地址寄存器为只写

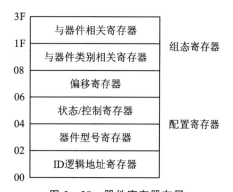

图 2-38 器件寄存器布局

型:用于在动态配置期间写入器件新的逻辑地址,高 8 位没有定义。

③ 器件类型寄存器:器件类型寄存器为只读型:"模块识别码"由生产厂家指定,对于仅有 A16 空间的器件,这个段占据该寄存器的整个 16 位。

④ 状态寄存器:状态寄存器为只读型:"A24/A32 有效"位用于指示器件是否在 A24 或 A32 寻址空间有附加的操作寄存器,该位为 1 表示有 A24/A32 附加空间;"MODID＊"位反映该器件的 MODID 信号线的状态。

⑤ 控制寄存器:控制寄存器只写型:"A24/A32 使能"位为 1 时,允许访问器件的 A24 或 A32 操作寄存器,为 0 时,则相反。

⑥ 偏移寄存器:偏移寄存器为读/写型:只用于需要附加 A24 或 A32 空间的器件,定义附加地址空间的基地址,此基地址由系统资源管理器在配置系统地址资源时写入。

(3) 器件类别相关的寄存器

器件类别相关的寄存器随器件类型不同定义不同。

1) 寄存器器件

VXI 规范没有对所有寄存器器件定义与器件类别相关的寄存器,但由于 0 号槽寄存器的特殊作用,VXI 规范定义了一个 MODID(模块识别)寄存器,用于控制和监视 MODID00~MODID12。该寄存器位于 A16 空间"基地址＋08H"处,定义如表 2-24 所列。

表 2-24　0 号槽寄存器器件的 MODID 寄存器

位	15~14	13	12~0
内　容	保留	输出使能	MODID12~MODID00

2）消息型器件

消息型器件在器件类别相关的寄存器区定义了一组标准通信寄存器（见图 2-39 中的 08~17H 单元），以支持 VXI 总线系统较高级的通信协议。

① 协议寄存器：协议寄存器是一个 16 位只读寄存器，表示器件所支持的协议及附加的通信能力，格式定义如表 2-25 所列。

② 信号寄存器：信号寄存器是一个可选的 16 位写寄存器，支持信号通信方式的器件必须配备，以便从者写入"信号信息"，作为命令者的器件必须监测对该寄存器的写操作并迅速做出反应，格式定义如表 2-26 所列。

③ 响应寄存器：响应寄存器是一个 16 位只读寄存器，反映器件的通信挂钩状态，格式定义如表 2-27 所列。

图 2-39　消息型器件的寄存器结构

表 2-25　协议寄存器格式

位	15	14	13	12	11	7	9~4	3~0
内　容	命令者*	信号寄存器*	主者*	中断器	FHS*	共享存储器*	保留	器件相关

表 2-26　信号寄存器格式

位	15	14~8	7~0
内容	0/1	响应/事件	逻辑地址

表 2-27　响应寄存器格式

位	15	14	13	12	11	10	9	8	7	6~0
内　容	0	保留	DOR	DIR	Err*	RRDY	WRDY	FHS 激活*	LOLC*	器件相关

④ 数据高、数据低、数据扩展寄存器：这些寄存器用在数据通信时暂存读/写数据（16 位/32 位/48 位）。

⑤ A24、A32 指针寄存器：A24、A32 为可选的 32 位寄存器，由共享存储器协议定义。

3）存储器器件

存储器器件在与器件类别相关的寄存器区定义了一个特征寄存器，该寄存器是只读寄存器，用来存放存储器器件的一些重要特征，如存储类型、访问速度等信息。该寄存器位于其 A16 空间的"基地址+08H"处，格式定义如表 2-28 所列。

表2-28 存储器器件特征寄存器格式

位	15~14	13	12	11	10~8	7	6~4	3~0
内 容	存储类型	N/S	BT *	N_P *	访问速度	D32 *	保留	器件相关

4）扩展器件

扩展器件将"器件类别相关的寄存器"区连同"器件相关的寄存器"一起定义为"子类和子类相关寄存器",以便适应新一类的VXI总线器件。

5．VXI总线通信协议

VXI总线通信采用分层设计方法,整体功能分为多个功能层,同层同协议,在层与层之间传递接口消息,如图2-40所示。

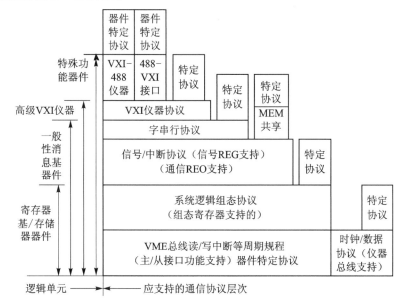

图2-40 VXI总线通信协议

（1）字串行协议

字串行协议是串行地从一个固定地址向另一个固定地址传送数据的通信协议,它是基于全双工UART的一种通用方式,每个操作都用双向数据寄存器和一个响应寄存器来实现。

字串行协议的数据传送过程由命令者控制进行,并由响应寄存器中的状态位来协调;只有当响应寄存器中WRDY位为1时,数据才能被写入到数据寄存器中;当数据已放在写数据寄存器中时,WRDY位清0,直至数据被从这接收;只有当响应寄存器中的RRDY位置为1时,有效数据才能从读数据寄存器中读出;当数据已从读数据寄存器中读出时,RRDY位清0,直至从者将另一个数据放入读数据寄存器中。

字串行通信方式有字串行、长字串行和扩展长字串行三种,其数据宽度分别为16位、32位和64位。

（2）传送方式

字串行协议可以使用两种握手方式来传送数据,即正常传送方式和快速握手方式。正常传送方式是用从者响应寄存器的RRDY位和WRDY位来使数据同步传送,而快速握手方式则是用从者的 DTACK(数据传送认可)和 BERR(总线错误)信号线来保证适当的同步。

(3) 字节传送协议

字节传送协议是命令者和从者之间进行 8 位数据传输的协议,借助"字节有效"和"字节请求"两个字串行命令完成。

① 字节有效命令:命令者利用"字节有效"命令向从者发送一个字节数据,格式如表 2 - 29 所列。

表 2 - 29 "字节有效"命令格式

D15	D14	D13	D12	D11	D10	D9	D8	D7～D0
1	0	1	1	1	1	0	END	数据字节

D15～D9 为命令标识,内容固定;D7～D0 是命令者向从者发送的数据字节,D8 用来传送 END 消息,为 1 时表示这次发送的字节是字节串的最后一个字节,为 0 时说明还有字节要发送。

② 字节请求命令:命令者可用"字节请求"命令从从者处取回一个字节数据,"字节请求"命令是一个固定的 16 位命令,其编码为 DEEFH;从者在其数据低寄存器返回一个数据字节,格式如表 2 - 30 所列。

表 2 - 30 "字节请求"命令格式

D15	D14	D13	D12	D11	D10	D9	D8	D7～D0
1	1	1	1	1	1	1	END	数据字节

6. VXI 总线控制方案

(1) 零槽与资源管理器

VXI 机箱最左边的插槽包括背板时钟(Backplane Clock)、配置信号(Configuration Signals)、同步与触发信号(Synchronizationand Trigger Signals)等系统资源,因而只能在该槽中插入具有 VXI"零槽"功能的设备,即所谓的零槽模块,通常简称为零槽。VXI 资源管理器(RM)是一个软件模块,它可以装在 VXI 模块或者外部计算机上。RM 与零槽模块一起进行系统中每个模块的识别、逻辑地址的分配、内存配置、并用字符串协议建立命令者/从者之间的层次体制。

零槽模块规定用来沟通 CLK10 脚(如果系统中配置有 P3 插座时,还能沟通 CLK100 和 SYN100)。零槽资源控制器能满足所有选用的仪器模块的各项要求,是一种公共资源系统模块,它包括了 VME 总线资源管理器和 VME 总线系统控制器。在零槽的许多模块中还包含其他功能,例如,可以用于 GPIB 接口、IEEE1394 接口、MXI 接口和系统智能功能等系统控制部件上。

如果用一台外部的主计算机来控制 VXI 总线的仪器,则需将计算机与 VXI 总线系统的零槽连接起来。在初期,最常用的连接线是 IEEE488,然而其他连接线如 LAN、EIA232、IEEE1394、MXI 或 VME 都可选用。

(2) 系统控制方案

VXI 总线系统的配置方案是影响系统整体性能的最大因素之一。目前常见的系统配置方式有 MXI 和 IEEE1394 两种控制方案。

1)MXI 接口总线控制方式

MXI 总线是一种多功能、高速度的通信链路,并且使用一种灵活的电缆连接方式与设备进行互联及互相通信,提供一种由广泛使用的桌面计算机和工作站去控制 VXI 系统的方法。

通过高速的 MXI 总线电缆直接把一台外部的计算机与 VXI 机箱相连,控制的距离可达 20 m。使用 MXI 总线可以很容易地在系统中增加更多的 VXI 机箱去组建一个大的测试系统,而外部计算机中提供的插卡槽还可用作 GPIB 总线控制、DAQ 插卡或其他的外设适配卡的配用。

8 个 MXI 设备能使用菊花链型方法相互连接在一根 MXI 电缆线长度上,如果多个 MXI 设备一起由菊花链型方式连接,MXI 电缆线的总长度必须不超过 20 m。图 2 - 41 和图 2 - 42 显示 2 个基本的 MXI 总线的应用配置。

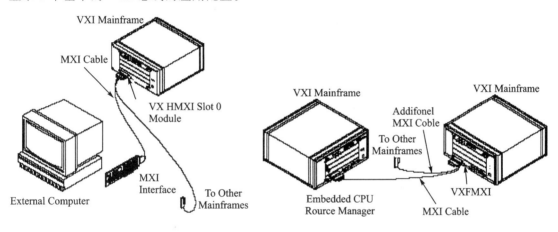

图 2 - 41　使用 PC 机通过 MAX　　　　图 2 - 42　应用 MAX 控制多个机箱
去控制一个 VXI 系统

2) IEEE1394 接口控制方式

IEEE1394 是一种高速串行总线,是面向高速外设的一种串行接口标准,是 IEEE 在 AP-PLE 公司的高速串行总线火线(Firewire)基础上重新制定的串行接口标准。该标准定义了数据的传输协议及连接系统,可用较低的成本达到较高的性能,以增强 PC 与不断增长外设的连接能力。IEEE1394 主要性能特点如下。

① 采用"级联"方式连接各个外设、IEEE1394 不需要集线器(Hub)就可在一个端口上连接 63 个设备。在设备之间采用了树形或菊花链的结构,其电缆的最大长度是 4.5 m。电缆不需要终端器(Terminator)。

② 能够向被连接的设备提供电源:IEEE1394 使用 6 芯电缆,其中两条线为电源线,其他 4 条线被包装成两对双绞线,用来传输信号。电源的电压范围是 8～40 V 直流电压,最大电流为 1.5 A。

③ 具有高速数据传输能力:IEEE1394 的数据传输率有三挡:100 Mb/s、200 Mb/s、400 Mb/s,特别适合于高速硬盘以及多媒体数据的传输。

④ 可以实时地进行数据传输:IEEE1394 除了异步传送外,也提供了一种等时同步(Isochronous)传送方式,数据以一系列固定长度的包,等时间间隔地连续发送,端到端既有最

大延时的限制又有最小延时的限制;另外,它的总线仲裁除了优先权仲裁方式之外,还有均等仲裁和紧急仲裁两种方式,保证了多媒体数据的实时传送。

⑤ 采用点对点(Peer to Peer)结构:任何两个支持 IEEE1394 的设备可直接连接,不需要通过主机控制。

⑥ 快捷方便的设备连接:IEEE1394 也支持热即插即用的方式做设备连接,当增加或拆除外设时,IEEE1394 会自动调整拓扑结构,并重设整个外设的网络状态。

利用 IEEE1394 对 VXI 系统进行控制比较典型的板卡为 E8491B,利用该模块,可实现多机箱 VXI 系统的控制,如图 2-43 所示。

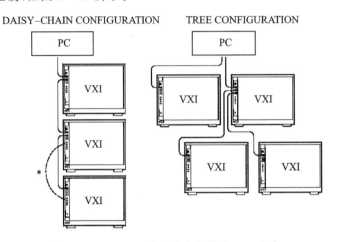

图 2-43　E8491B 应用于多机箱的 VXI 系统

2.3.2　PXI 总线技术

1. PXI 总线概述

面向仪器系统的 PCI 扩展(PCI extensions for Instrumentation,PXI)总线是一种由 PXI 联盟(PXI Systems Alliance,PXISA)发布的坚固的基于 PC 的测量和自动化平台的总线。PXI 结合了 PCI(Peripheral Component Interconnection -外围组件互连)的电气总线特性与 CompactPCI(紧凑 PCI)的坚固性、模块化及 Eurocard 机械封装的特性发展成适合于试验、测量与数据采集场合应用的机械、电气和软件规范。制定 PXI 规范的目的是为了将台式 PC 的性能价格比优势与 PCI 总线面向仪器领域的必要扩展完美地结合起来,形成一种主流的虚拟仪器测试平台。

(1) PCI 总线

PCI 总线由 Intel 公司最先提出定义,并于 1992 年发布了第一个技术规范 1.0 版本。随后,PCI GIS 通过了 PCI 总线的 64 位/66 Mb/s 的技术规范,极大提高了总线传输速率。PCI 总线规范不断发展,已有多个版本予以规范。由于 PCI 总线取得的巨大成功,越来越多的厂商都开始支持并投入开发符合 PCI 总线规范的产品,因而进一步推动了 PCI 技术的发展。该总线的优点是结合了微软(Microsoft)公司的 Windows 操作系统和英特尔(Intel)公司微处理器的先进硬件技术,成为目前微型计算机的世界工业标准。

(2) CPCI 总线概述

由于 PCI 总线具有众多的优点,工业界也把它引入到仪器测量和工业自动化控制的应用领域内,从而产生了 Compact PCI 总线规范。CompactPCI 是由 PCI 计算机总线加上欧式插卡连接标准所构成的一种面向测试控制应用的自动测试总线。它的最大总线带宽可达每秒 132 兆字节(32 位)和每秒 264 兆字节(64 位)。

美国 PCIMC(PCI 工业计算机制造商协会)把 CompactPCI 标准扩展到工业系统,使 CompactPCI 规范成为工业化标准。PCIMC 相继公布了 CompactPCI 1.0 和 2.0 版本技术规范。

设计 CompactPCI 的目的在于把 PCI 的优点结合传统的测量控制功能,并增强系统的 I/O 和其他功能。原有的 PCI 规范只允许容纳 4 块插卡,不能满足测量控制的应用,因此 CompactPCI 规范采用了无源底板,其主系统可容纳 8 块插卡。CompactPCI 在芯片、软件和开发工具方面,充分利用现已大量流行运用的 PC 机资源,从而大幅度地降低了成本。

另外,CompactPCI 采用 VME 总线经实践验证是非常可靠和成熟的欧式卡的组装技术。其主要优点是:

① 插卡垂直而平行地插入机箱,有利于通风散热。

② 每块插卡都有金属前面板,便于安装连接和指示灯指示。

③ 每块插卡用螺钉锁住,有较强的抗震、防颤能力。

④ 采用插入式电源模块,便于维修保养;适合安装在标准化工业机架上。

CompactPCI 系统由机箱、总线底板、电路插卡,以及电源部分所组成。各插卡通过总线底板彼此相连,系统底板提供 +5 V、+3.3 V、±12 V 电源给各模块。

CompactPCI 的主系统最多允许有 8 块插卡,垂直而平行地插入机箱,插卡中心间距为 20.32 mm。总线底板上的连接器标以 P1~P8 编号,插槽标以 S1~S8 编号,从左到右排列。其中第 1 个插槽被系统插卡占用,称为系统槽,其余供外围插卡使用,包括 I/O、智能 I/O,以及设备插卡等。规定最左边或最右边的槽为系统槽。系统插卡上装有总线仲裁、时钟分配、全系统中断处理和复位等电路功能,用来管理各外围插卡。

(3) PXI 总线概述

1997 年 9 月 1 日,美国国家仪器公司(National Instrument,NI)发布了一种全新的开放性、模块化仪器总线规范 PXI(PCI Extensions for Instrumentation),PXI 的总线规范是 CompactPCI 总线规范的进一步扩展,其目的是将台式 PC 的性能价格比优势与 PCI 总线面向仪器领域的必要扩展完美地结合起来,形成一种主流的虚拟仪器测试平台。PXI 综合了 PCI 与 VME 计算机总线、CompactPCI 的插卡结构和 VXI 与 GPIB 测试总线的特点,并采用了 Windows 和即插即用的软件工具作为这个自动测试平台的硬件与软件基础,成为一种专为工业数据采集与仪器仪表测量应用领域而设计的模块化仪器自动测试平台。

PXI 总线的核心部分是来自于 PCI 和 CompactPCI 总线,经扩展在仪器应用上,并结合高性能的 VXI 总线中的仪器功能,如触发和本地总线。PXI 的机械结构采用了与 CompactPCI 相同形式的欧式卡组装技术。PXI 也定义了 VXIPnP 即插即用系统联盟所规定的软件框架,以确保用户能快速地安装和运行系统。软件操作方式包括运行在 Windows 环境下的程序集和使用所有 PC 的应用软件技术。

PXI 总线规范从机械、电气和软件三个方面定义了系统的总体结构,机械、电气和软件三个方面的技术规范结构如图 2-44 所示。

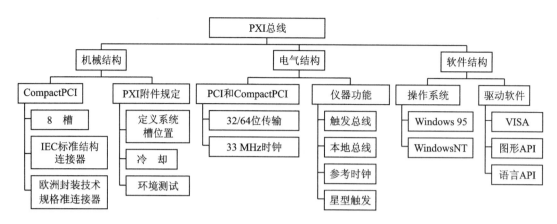

图 2 - 44　PXI 总线技术规范结构图

2. PXI 总线机械规范

PXI 总线采用 Eurocard(欧卡)坚固封装形式和高性能的 IEC 连接器,使 PXI 系统更适于在工业环境下使用,而且也更易于进行系统集成。

(1) PXI 使用与 CompactPCI 相同的接插件系统

这种类型的模块支架,使模块能被上下两侧的导轨和"针-孔"式插座连接并牢牢地固定。这种有 IEC 1076 标准定义的高密度阻抗匹配器可以在各种条件下均有良好的电气性能,使 PCI 系统可以在一个单一的总线板上提供比 PCI 更多的插槽,这些接插件广泛应用于高性能领域,尤其是在电信领域。

PXI 总线支持 3U 和 6U 两种尺寸的模块(见图 2 - 45),模块的机械尺寸由欧洲插卡规范(ANSI 310 - C,IEC - 297 和 IEEE1101.1)规定。3U 模块尺寸为 100 mm×160 mm,具有两个连接器 J1 和 J2。J1 连接器具有 32 位 PCI 总线需要的所有信号,J2 连接器具有 64 位 PCI 数据传输信号线和实现 PXI 电气特性的信号线;所有 3U 尺寸的模块通过附件可安装在 6U 尺寸的系统中。6U 模块尺寸为 233.35 mm×160 mm,除具有 J1 和 J2 连接器外,还增加了可以在未来对 PXI 进行特性扩展的 J3、J4 和 J5 连接器。

(2) 冷却环境额定值的附加机械特性

图 2 - 46 所示为典型的 PXI 系统机械配置图,PXI 系统由一个带底板的机箱、系统控制器模块和其他外设模块组成。PXI 规定系统槽(相当于 VXI 的零槽)位于机箱的最左端,而 CompactPCI 系统槽则可位于背板总线的任何地方。PXI 规范定义唯一确定的系统槽位置是为了简化系统集成,并增加来自不同厂商的机箱与主控机之间的互操作性。PXI 规定主控机只能向左扩展其自身的扩展槽,不能向右扩展而占用仪器模块插槽。PXI 规定模块所要求的强制冷却气流流向必须由模块底部向顶部流动。

PXI 规范要求对所有 PXI 产品进行包括温度、湿度、振动和冲击等完整的环境测试,并要求提供测试结果文件。它需要提供所有 PXI 产品的工作和储存温度额定值。

(3) 与 CompactPCI 的互操作性

PXI 的重要特性之一是维护了与标准 CompactPCI 产品的互操作性。但许多 PXI 兼容系统所需要的组件也许并不需要完整的 PXI 总线特征。例如,用户或许要在 PXI 机箱中使用一个标准 CompactPCI 网络接口模块,或者要在标准 CompactPCI 机箱中使用 PXI 兼容模块。

在这些情况下,用户所需要的是模块的基本功能而不是完整的 PXI 特性。即,在 PXI 机箱中可以插入 CPCI 模块,在 CPCI 机箱中,也可以插入 PXI 模块,但是混装混用模式下,模块仅仅能够使用模块的基本功能。

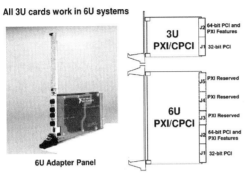

图 2-45　PXI 模块机械结构示意图

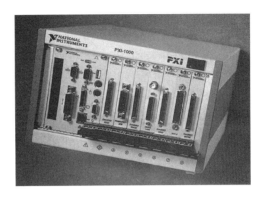

图 2-46　PXI 测试系统实物图

3. PXI 总线电气规范

PXI 采用标准 PCI 总线并增加了仪器专用信号,并在机箱的背板提供了一些专为测试和测量工程而设计的独到特性,包括专用的系统时钟用于模块间的同步操作,8 根独立的触发线可以精确同步两个或多个模块,插槽与插槽之间的局部总线可以节省 PCI 总线的带宽,还有可选的星型触发特性用于极高精度的触发。这些特性都是其他 PC 工业计算机和 CompactP-CI 机箱中所不能提供的,典型 PXI 总线机箱的仪器模块插槽总数为 7 个。图 2-47 所示为完整 PXI 系统电气总线的示意图。图中,PXI 总线在 PCI 总线的基础上增加专门的系统参考时钟、触发总线、星型触发线和模块间的局部总线来满足高精度定时、同步与数据通信要求。

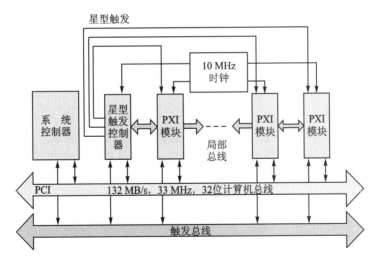

图 2-47　PXI 总线示意图

PXI 总线与台式 PCI 规范具有完全相同的 PCI 性能,而且,利用 PCI - PCI 桥接技术扩展多台 PXI 系统,可以使扩展槽的数量理论上最多能扩展到 256 个。其主要的 PCI 性能如下:

① 33 MHz 性能;

② 32 bit 和 64 bit 数据宽度；

③ 132 Mb/s(32 bit)和 264 Mb/s(64 bit)的峰值数据吞吐率；

④ PCI－PCI 桥接技术进行系统扩展；

⑤ 即插即用功能。

下面重点对 PXI 总线在 CPCI 总线基础上增加的信号进行描述。

(1) 系统参考时钟

PXI 规定把 10 MHz 系统时钟分配给系统中的所有外设模块。这个公用的参考时钟被用于测量和控制系统中多个模块的同步操作。PXI 在背板中定义了该参考时钟,使用低的时延(<1 ns)独立地分配到每一个外设槽中,并采用触发总线协议来规范各个时钟边沿,做到高精度的多模块同步定时运作。但是如果工业计算机或其他任何系统上的板卡要实现类似的同步,就必须将板卡上各自用于定时和触发的时钟信号源和触发总线连接起来。

(2) 触发总线

PXI 不仅将 ECL 参考时钟改为 TTL 参考时钟,而且只定义了 8 根 TTL 触发线,不再定义 ECL 逻辑信号。这是因为保留 ECL 逻辑电压需要机箱提供额外的电源种类,从而显著增加 PXI 的整体成本,有悖于 PXI 作为 21 世纪主流测试平台的初衷。使用触发总线的方式可以是多种多样的。例如,通过触发线可以同步几个不同 PXI 模块上的同一种操作,或者通过一个 PXI 模块可以控制同一系统中其他模块上一系列动作的时间顺序。为了准确地响应正在被监控的外部异步事件,可以将触发从一个模块传给另一个模块。

一个特定应用所需要传递的触发数量是随事件的数量与复杂程度而变化的。PXI 规范定义了一个高度灵活的触发和同步方式。用户可使用 8 条按不同方法使用的 TTL 触发线去传送触发、握手和时钟信号或逻辑状态的切换给每一个外设槽位。利用这个特性,触发器能够使多个不同 PXI 外设卡同步运行。用一个模块触发另一个,触发信号能从一块卡传输到另一块卡,以便对所监控的异步外部事件做出确定性响应。同时一个模块还能精确地控制系统中其他模块操作的定时序列。

(3) 本地总线

PXI 总线允许相邻槽位上的模块通过专用的连线相互通信,而不占用真正的总线。这些连线构成的 PXI 本地总线是菊花链式的互联总线,每个外设槽与它左右两边相邻的外设插槽连接。因此,给定外设槽的右面本地总线连接相邻槽左面的本地总线,并以此规律延伸。每条本地总线是 13 条线宽,可用于在插卡之间传输模拟信号或提供不影响 PXI 带宽的高速边带数字通信通路,而不影响 PCI 的带宽,这一特性对于涉及模拟信号的数据采集卡和仪器模块是相当有用的。

本地总线信号的范围可以从高速的 TTL 信号到高达 42 V 的模拟信号。对于相邻模块间的匹配是由初始化软件来实现的,并禁止使用不兼容的模块。各模块的本地总线引脚要在高阻抗状态中实施初始化,并且只有在配置软件确定邻近卡兼容的情况后才能启动本地总线功能。这种方法提供了一种在不受硬件配合限制的前提下定义本地总线功能的灵活手段。

PXI 背板最左边外设插槽的本地总线信号可用于星型触发。

(4) 星型触发器

作为 PXI 总线 TTL 触发器的一个扩充功能,在每个槽口上 PXI 定义了一个独立的星型结构的触发器。规范规定了 PXI 机箱中第 2 槽是一个星型触发器控制槽,但没有规定的星型触发控制器功能。PXI 星型触发总线为 PXI 用户提供了只有 VXI D 尺寸系统才具有的超高性能(Ultra High Performance)的同步能力。星型触发总线是在紧邻系统槽的第一个仪器模块槽与其他六个仪器槽之间各配置了一根唯一确定的触发线形成的。在星型触发专用槽中插入一块星型触发控制模块,就可以给其他仪器模块提供非常精确的触发信号。不同插槽间星型触发信号的传输延迟不大于 1 ns;星型触发槽至各外围 PXI 模块间星型触发信号的传输延迟不大于 5 ns。当然,如果系统不需要这种超高精度的触发,也可以在该槽中安装别的仪器模块。

应当提出,当需要向触发控制器报告其他槽的状态或报告其他槽对触发控制信号的响应情况时,就得使用星型触发方式。PXI 系统的星型触发体系具有两个独特的优点:

① 保证系统中的每个模块有一根唯一确定的触发线,这在较大的系统中,可以消除在一根触发线上组合多个模块功能这样的要求,或者人为地限制触发时间。

② 每个模块槽中的单个触发点所具有的低时延连接性能,保证了系统中每个模块间非常精确的触发关系。

(5) 局部总线

PXI 局部总线是每个仪器模块插槽与左右邻槽相连的链状总线。该局部总线具有 13 线的数据宽度,可用于在模块之间传递模拟信号,也可以进行高速边带通信而不影响 PCI 总线的带宽。局部总线信号的分布范围包括从高速 TTL 信号到高达 42 V 的模拟信号。

4. PXI 总线软件规范

PXI 的软件标准与其他总线体系结构一样,能让多厂家的产品在硬件接口层次上共同运作。但是,PXI 与其他总线规范所不同的是,除规定总线级电气要求外还规定了软件要求,从而进一步方便集成。图 2 - 48 所示为 PXI 总线软件规范架构,其主要由标准操作系统框架、仪器驱动程序、标准应用软件三部分组成。

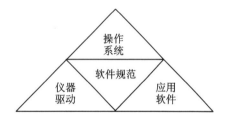

图 2 - 48 PXI 总线软件规范架构

(1) 标准操作系统

PXI 规范提出了 PXI 系统使用的软件框架,包括支持标准的 Windows 操作系统。无论在哪种框架中运作的 PXI 控制器应支持当前流行的操作系统,而且必须支持未来的升级,这种要求的好处是控制器必须支持最流行的工业标准应用程序接口,包括 Microsoft 与 Borland 的 C++、Visual Basic、LabVIEW 和 LabWindows/CVI。

(2) 仪器驱动程序

PXI 要求仪器模块和机箱制造厂商提供定义系统配置和能力的初始化文件,这种信息由操作软件用来保证系统的正确配置。

PXI 规范允许不同厂家的多种 PXI 机箱和系统控制器模块同时工作,为了方便系统集成,机箱和系统控制器模块的生产商必须提供详细文档。

文档的最小需求包含在初始化文档(.ini)中,该文档是 ASCII 码格式的文本文件。.ini 文件可以帮助系统设计者了解外设模块局部总线的使用情况。例如,最右侧外设模块的局部总线右总线部分用来和外部其他设备连接(如 SCXI),局部总线的接口电路不能使能。.ini 文件也可以帮助系统设计者了解外设模块的物理位置。例如,如果一个系统中有四个数据采集模块,设备驱动器为所有模块提供驱动,用户需要知道某个模块的物理槽位置,这可以通过.ini文件得到。通过.ini文件可以有效地获得系统中各个模块槽的编号,而不用添加新的引脚。

机箱的文档说明包含在 chassis.ini 文件中,这个文件中包含了系统控制器模块初始化的文件 pxisys.ini(PXI 系统初始化文档)。系统控制器模块生产商既可以提供为特定机箱类型使用的 pxisys.ini 文件,也可以通过读取 chassis.ini 文件产生相适应的 pxisys.ini 文件。设备驱动程序和其他软件都可以读取 pxisys.ini 文件来了解系统的信息,而不用直接读 chassis.ini 文件。

(3) 标准应用软件

PXI 系统提供 VISA 软件标准作为配置与控制 GPIB、VXI、串行与 PXI 仪器的技术方法。PXI 加入 VISA 标准内容能保护仪器用户的软件投资。VISA 提供 PXI 至 VXI 机箱与仪器或分立式 GPIB 与串行仪器的通信连接。VISA 是用户系统确立配置与控制 PXI 模块的标准方法。

2.4 LXI 总线技术

2.4.1 LXI 总线概述

LXI(LAN eXtensions for Instrumentation)的概念由 Agilent Technology 和 VXI Technology 于 2004 年联合推出,并于 2005 年 9 月 23 日发布 LXI 标准 1.0 和 LXI 同步接口规范1.0。LXI 是以太网(Ethernet)技术在仪器领域的扩展,作为一种新型仪器总线技术,它将目前非常成熟的以太网技术引入自动测试系统替代传统的仪器总线。

LXI 总线具备以下特性:

① 基于 LAN 的大吞吐量和组网优势;

② 融合了 GPIB 堆叠上架与 VXI、PXI 模块化的工作方式;

③ 引入 IEEE1588 同步时钟协议;

④ 硬件快速触发能力。

这些特性基于用户对仪器总线性能的需求而提出,可为测试和测量系统的实现提供更理想的解决方案。

1. 从 LAN 到 LXI

在测试总线技术发展并不断更替的同时,局域网(LAN)技术也在不断进步。过去 20 年中,LAN 的传输速度由 10 Mb/s 提高到 10 Gb/s,并且很好地保持了向后的兼容性。如此成功的计算机通用接口没能成为仪器标准总线,其原因有三:

① IEEE802.3 以太网规范保障了网络数据传输的可靠性,但是对于外部事件的响应时间依赖于网络的忙闲程度,无法满足测试实时性的要求。

② 仪器设备大多采用嵌入式控制器实现网络接口,在功能和性能方面必须进行折中,并且有许多技术细节需要突破。

③ 作为测试总线标准,必须在 IEEE802.3 以太网标准的基础上引入诸如多设备触发与同步、局部总线、电磁兼容性、软件体系结构以及机械电气结构等相关规范。

为了将 LAN 成功扩展到仪器领域,许多公司都做了大量的前期工作。2004 年 9 月,

Agilent 公司和 VXI 科技公司联合推出了新一代的模块化平台标准——LXI。LXI 规范融合了 GPIB 仪器的高性能、VXI/PXI 卡式仪器的小体积以及 LAN 的高速数据吞吐能力等特点，并充分考虑了定时、触发、冷却、电磁兼容等仪器要求，是基于以太网络的新一代自动测试系统模块化构架平台标准。

2. LXI 发展现状

LXI 是局域网在仪器领域的扩展，它提高了系统速度、降低了系统成本、减小了系统尺寸、缩短了系统组建时间并改进软件的通用性。它以 Ethernet(IEEE802.3)为主要通信媒介，借助于计算机领域的众多成果，充分发挥了现有的 Ethernet 标准、Internet 工具、LAN 协议、IEC 物理尺寸和 IVI 驱动程序各自的优势，使测试系统的互连平台转向更高速的 PC 标准 I/O，不需要机箱和昂贵的电缆，并可使用标准的软件。LXI 的出现使用户能够快速、经济和高效地创建和重新配置用于研发与制造领域的测试系统，在航空/国防、汽车、工业、医疗和消费类电子产品领域拥有无限的发展潜能。

2005 年 9 月 26 日，全球众多测试仪器供应商和用户组成了 LXI 联盟，正式推出了修订完成的 LXI 标准，即 LXI 1.0 规范。规范涵盖了 LXI 仪器类型、物理结构要求、LAN 规范、LAN 配置、LAN 发现、可编程接口、网络接口、模块间通信、基于 LAN 的触发、硬件触发以及安全、文档、许可及符合性等方面的内容。该联盟又在 2007 年 11 月 26 日发布了规范的 1.2.01 版本。

在 LXI 标准出现仅仅数年的时间里，已经引发了仪器总线行业的高度关注和参与。目前已经有近百个公司加入 LXI 联盟，总共推出 23 大类超过 300 种支持 LXI 的仪器产品，包括高性能数字万用表、系统电源、开关和测量系统、脉冲/码型信号发生器、功率计、信号源、上/下变频器、数字化仪、任意波形发生器等。

3. LXI 总线特点

LXI 的观念并不复杂，在不增加开发预算和技术负担的前提下，提高测试系统的性能。总的来说，LXI 具有以下特点。

(1) 易用性

硬件连接方面，LXI 基于计算机通用接口，使用网线、集线器等简单的连接设备即可方便的组成自动测试系统。软件开发方面，LXI 仪器提供从 SCPI 命令到可互换虚拟仪器(Interchangeable Virtual Instrument，IVI)的各种驱动编程方式。LXI 规范推荐的 IVI - COM 驱动程序基于广泛应用的组件技术，使用层次的 API，特别适合面向对象的测试应用程序开发。此外 LXI 仪器的 Web 接口使用户能够直接通过内置网页完成仪器的交互式控制，从而免去了复杂的虚拟仪器开发工作。

(2) 高速性

不断增长的更高带宽和高数据传输率的需求，对现有的 GPIB 和 VXI 等接口形成了挑战。LXI 的一项重要优势是能通过利用局域网技术的不断创新满足这一速度需求。在 LXI 规范推荐的 Gigabit Ethernet(IEEE802.3z)连接下，最大有效载荷数据率约为 125 Mb/s。未来 10 Gb 以太网连接下，LXI 的性能将 10 倍于 VXI 3.0(160 Mb/s)。

(3) 低成本

与 VXI 和 PXI 相比，LXI 系统不需要昂贵的机箱、0 槽控制器、专用接口和电缆，与其他体系结构不同,LXI 具有很强的包容性,这使它能容易地重复利用现有的其他总线设备和软件,以较低的成本更快地构建系统。除了这些初始购置的节省外,LXI 还通过其增强的易用性、灵活性和稳定性帮助降低支持和维护费用。

(4) 长寿性

在测试领域,特别是在航空航天和国防应用开发领域,要求测试系统易于维护和易于在未来相当长时间内更新。以太网是一项有活力和发展中的标准。它已融入许多更高层协议和增强的性能,如物理层的 Gigabit Ethernet 和网络层的 IPv6。这些增强都保持了后向兼容性,从而保护了在标准较老版本上的投资。

(5) 更完备的触发与同步机制

对比 VXI/PXI 总线通过昂贵的背板总线实现的触发与同步功能,LXI 具有更完备的触发体系。按照同步和触发的精度不同,LXI 提供了 3 种等级共 5 种触发模式。用户可以根据实际测试应用的需要灵活地进行选择。

4. LXI 仪器

LXI 联盟将 LXI 仪器分为以下三个类别或等级:

① C 类:支持 IEEE802.3 协议、具备 LAN 的编程控制能力和支持 IVICOM 仪器驱动器的为"系统就绪"仪器,这类仪器提供标准的 LAN 接口和 Web 浏览器接口。

② B 类:拥有 C 类的一切能力,并引入 IEEE1588 同步时钟协议。

③ A 类:拥有 B 类的一切能力,还具备硬件快速触发能力,触发性能与机箱式仪器的底板触发相当。

2.4.2　LXI 总线规范

LXI 物理规范定义了仪器的机械、电气和环境标准,包括上架和非上架仪器。该规范兼容现存的 IEC60297,可以支持传统的全宽上架仪器以及由各仪器厂商自定义的新型半宽上架仪器。同时,该规范还引入半宽仪器的上架规范,解决先前由于缺少规范而引起的机械互操作性问题。

LXI 物理规范包含以下四种类型仪器的界定:非上架仪器;符合 IEC60297 标准的全宽上架仪器;基于厂商自定义标准的半宽上架仪器;基于 LXI 标准的半宽上架仪器。

1. 机械标准

(1) IEC 全宽上架仪器

全宽上架仪器符合现存的 IEC60297 上架标准,在设计仪器时应该遵循当前版本标准的相关部分设计。

(2) 厂商定义的半宽仪器

在用于半宽上架仪器的官方标准尚未发布时,已经有厂商提供这种类型的仪器并且得到了广泛的应用。随着系统集成商和用户不断地把这类仪器成功应用于机架式的环境中,厂商自定义的标准得到了确立。半宽仪器应该遵循 IEC 标准中的基本尺寸规范,当加装合适的适配器组件后可以装入全宽度的机架中。

为了在机械特性上保证与基于 LXI 标准的半宽仪器的互操作性,LXI 标准鼓励有关厂商开发适配器组件以满足该类仪器与 LXI 半宽仪器集成的需要,同时也鼓励有关厂家参与互操作标准的制定。

（3）LXI 标准定义的半宽仪器

① 机械尺寸：LXI 标准定义的可上架、半宽仪器的三维尺寸如表 2 – 31 所列。

② 装配规范：仪器厂商应该提供 LXI 半宽仪器之间的适配器，还应该提供 LXI 半宽仪器与传统半宽上架仪器的适配器。

③ 冷却规范：LXI 半宽仪器具有自我冷却功能，冷空气由仪器的两侧进入，再由仪器的后面板排出，气流也可以从前部进入仪器。

表 2 – 31　LXI 半宽仪器单元最大尺寸

参　数	规　格			
	1U	2U	3U	4U
高/mm	43.69	88.14	132.59	177.04
面板宽/mm	215.9			
主体宽/mm	215.9			
总　深	IEC 标准			
面板深/mm	32.0			
上轨道凹进值/mm	1.6			
下轨道凹进值/mm	4.0			

2. 电气标准

LXI 电气标准定义了电源供电、连接器、开关、指示器和相关组件的类型及位置。

① 安全性：LXI 仪器应该遵守已有的市场安全标准（CSA、EN、UL、IEC）。

② 电磁兼容性：LXI 仪器对高频信号具有屏蔽能力，其电磁兼容性（EMC）、抗传导干扰、抗电磁干扰（EMI）符合已有的市场标准。

③ 电源输入：LXI 仪器一般采用单相交流电供电（100～240 VAC、47～66 Hz），但根据不同市场或应用场合的需要，可设计为直流供电（48 VDC）、以太网供电以及两相或三相交流供电。

④ 电源开关：电源开关可选，可安装在仪器后面板的右下角或者前面板。

⑤ LAN 配置初始化（LCI）：LCI 激活时把网络设置还原为默认的出厂状态。为了防止误操作，LCI 应该用时延或机械方式加以保护。LCI 按钮以 LANRST 或 LANRESET 标记一般位于仪器后面板，与电源开关在同一区域，在特定情况下也可位于前面板。对于工作在严酷环境下的 LXI 仪器，制造商提供 LCI 锁定机制（内部开关、跳线等形式）以防止对复位功能的随意使用。

⑥ 电源线和连接器：AC 或 DC 电源连接器位于后面板右侧，单相交流输入使用 IEC320 型连接器，多相交流输入连接器应该兼容仪器的 EMC 和安全标准。

⑦ 熔丝或过流保护：熔丝或过流保护装置可以集成到输入电源连接器中，或紧邻连接器配置。

⑧ 接地：遵循市场标准。

⑨ LAN 连接器：以太网的物理连接应兼容 IEEE802.3 标准。连接器使用 RJ 45 型接头，如果 RJ 45 连接器不合适，可选用 M12 型连接器，LAN 连接器位于仪器后面板右侧。对工作于恶劣环境下的仪器而言，应该使用屏蔽式的 CAT5 电缆。

⑩ LXI 硬件触发连接器：LXI 硬件触发连接器位于后面板右侧。连接器垂直或水平分布，垂直安装时中心到中心的最小距离为 11.05 mm。LXI 仪器还可以具备厂商自定义的触发接口。

⑪ 信号 I/O 接口：I/O 接口一般位于仪器前面板，根据特定应用场合需求，接口也可以位于后面板。

2.4.3　LXI 总线的触发

LXI 总线的触发是 LXI 标准的重要组成部分,它把以太网通信、IEEE1588 同步时钟协议和类似于 VXI 的底板触发能力很好地结合在一起,从而满足用户对实时测试的要求。

1. LXI 总线的触发等级

按照同步和触发的精度不同,LXI 总线的触发机制分 C 类、B 类和 A 类三个等级,如图 2-49 所示。

总体上,在仪器间的同步与触发方面,LXI 具有灵活的触发方式和很高的触发精度。LXI 引入了分布式仪器间定时和同步的 IEEE1588 精密时间同步协议,利用 IEEE1588 的亚微妙同步精度,可使仪器实现精确的同步。IEEE1588 是为克服以太网实时性不足而规定的一种对时机制,其主要原理是由一个精确的时间源周期性地对网络中所有节点的时钟进行校正同步。IEEE1588 可对标

图 2-49　LXI 总线触发等级示意图

准以太网等分布式总线系统中的设备时钟进行亚微秒级同步。对于需要传统硬件线触发低抖动特性的应用,LXI 总线还定义了 M-LVDS 硬件触发总线,它能提供类似于 VIX 仪器高精度、低时延的纳秒级触发。

(1) C 类 LXI 仪器的触发

C 类仪器对触发没有特殊要求,它允许仪器厂商定义的特定硬件触发或基于 LAN 消息触发,LAN 触发即在 LAN 上发送消息,可以发送到指定的一台仪器(点对点),也可以发送到所有仪器(组播)。点对点触发灵活方便,触发可由总线上任何 LXI 仪器发起,并由任何其他仪器接收;组播触发类似于 GPIB 上的群触发,但这里的 LXI 是在 LAN 上向所有其他仪器发送消息,这些仪器按照已编制的程序响应。

点对点和组播消息本身即是以太网标准的组成部分,但 LXI 实现了其在仪器触发中的应用。

(2) B 类仪器的触发

B 类仪器的触发需要基于 LAN 消息和 IEEE1588 同步时钟协议,即增加了 IEEE1588 这种新型的触发方式。每一台 B 类仪器都包含一个内部时钟和 IEEE1588 软件。在 IEEE1588 系统中,LXI 仪器把它们的时钟与一个公共意义上的时间(网络中最精确的时钟)同步。通过时钟同步,LXI 仪器为所有事件和数据加盖时间戳,从而能在规定时间开始(或停止)测试和激励,同步它们的测量和输出信号,该协议适用于以网线相连的相距甚远的仪器。

IEEE1588 与基于 LAN 消息的触发相结合后,测试信息不需要实时计算机亦可方便地同步,分布式实时系统的组建由此变得可行、易行。

（3）A 类仪器的触发

A 类仪器增加了另一种触发，即 8 通道的 M－LVDS 硬件触发线，它能以菊花链的方式连接相距很近的多台仪器，也可作星状连接或者是两者的组合。该触发总线能提供非常快的反应时间，是较 IEEE1588 时基触发更为精确的触发方式。

2. LXI 总线的触发模式

LXI 标准对 LXI 产品的同步与触发有明确的规定，相关标准包括：IE1588、M－LVDS 硬件连接线标准。LXI 有 5 种常用触发模式。

（1）基于驱动程序命令触发模式

基于驱动程序命令触发模式是利用控制计算机上驱动程序接口直接将命令传递给模块。该模式常见于现在控制测量领域，适用于仪器近距离对实时性要求不高的情况。

（2）直接 LAN 消息触发模式

直接 LAN 消息触发模式是通过 LAN 直接从一个模块向另一个模块发送包含触发信息（包括时标）的数据包。该模式用于仪器相隔较远、不能配置单独的硬件触发电缆、触发信息中需要带有时戳的数据等情况。

（3）基于时间的事件触发模式

基于时间的事件触发模式在模块内设置并执行基于 IEEE1588 时间的触发。该模式用于仪器启动动作基于时间、仪器相隔较远但需要较低延时的情况。

（4）基于 LXI 触发总线触发模式

基于 LXI 触发总线触发模式（即硬件触发）是利用 LXI 触发总线（M－LVDS）上的电压触发一个模块执行某个功能。该模式适用于仪器距离较远且需要低时延、低抖动情况。

（5）可选用的供应商特定的硬件触发模式

除非以上 4 种方式不能满足使用要求，一般不采用此种方式。

本章小结

本章主要介绍了自动测试系统中常用测试总线的相关概念、工作原理、使用等内容，包括串行总线、并行总线技术、系统总线技术以及 LXI 总线技术。测试总线技术是自动测试技术中的重点内容，通过本章学习，学生应掌握 RS－232C/422A/485、1553B、GPIB、VXI、PXI 及 LXI 总线的基础知识；通过实践练习，初步具备应用这些典型总线开发简单测试系统的能力。

思 考 题

1. 简述异步通信和同步通信的区别。
2. RS－232C 近程连接使用方式有几种？每种方式是如何工作的？
3. 简述 GPIB 总线的"三线挂钩"原理。
4. VXI 器件分哪几类？各有什么特点？
5. PXI 总线由哪几部分组成？
6. LXI 仪器分为哪几类？各有什么特点？
7. 简述 LXI 总线的触发机制。

第 3 章　软件开发技术

3.1　虚拟仪器软件结构 VISA

3.1.1　虚拟仪器软件结构简介

VISA(Virtual Instrumentation Software Architecture),即虚拟仪器软件结构,是 VPP 系统联盟制定的 I/O 接口软件标准及其相关规范的总称。虚拟仪器软件结构如图 3-1 所示。

VISA 是随着虚拟仪器系统,特别是 VXI 总线技术的发展而出现的。随着 VXI 总线技术的日益发展,当硬件实现标准化后,软件的标准化已成为 VXI 总线技术发展的热点问题。而 I/O 接口软件作为 VXI 总线系统软件结构中承上启下的一层,其标准化显得特别重要,如何解决 I/O 接口软件的统一性与兼容性,成为组建 VXI 总线系统的关键。

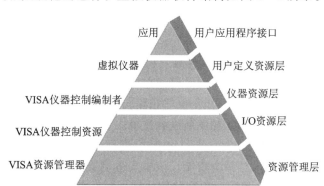

图 3-1　VISA 结构模型

在 VISA 出现之前已有过不少 I/O 接口软件,许多仪器生产厂家在推出控制器硬件的同时,也纷纷推出了不同结构的 I/O 接口软件,有的只针对某一类仪器,如 NI 公司用于控制 GPIB 仪器的 NI-488 及用于控制 VXI 仪器的 NI-VXI,有的在向统一化的方向靠扰,如 SCPI 标准仪器控制语言。这些都是行业内优秀的 I/O 接口软件,但这些 I/O 接口软件没有一个是可互换的。针对某厂家的某种控制器编写的软件无法适用于另一厂商的另一种控制器,为了使预先编写的仪器驱动程序和软面板适用于任何情况,就必须有标准的 I/O 接口软件,以实现 VXI 即插即用的仪器驱动程序和软面板在使用各个厂商控制器的 VXI 系统中正常运行,这种标准也能确保用户的测试应用程序适用于各种控制器。

作为迈向工业界软件兼容性的一步,VPP 系统联盟制定了新一代的 I/O 接口软件规范也就是 VPP 规范中的 VPP4.X 系列规范,称为虚拟仪器软件结构(VISA)规范,把图 3-1 中的标准 I/O 接口软件称为 VISA 库。

VISA 为整个工业界提供统一的软件基础。全世界的 VXI 模块生产厂家将以该接口软件作为 I/O 控制的底层函数库开发 VXI 模块的驱动程序,在通用的 I/O 接口软件的基础上不同厂商的软件可以在同一平台上协调运行。这将大大减少工业界的软件重复开发,缩短测试应用程序的开发周期,极大地推动 VXI 软件标准化进程。

对于驱动程序、应用程序开发者而言,VISA 库函数是一套可方便调用的函数,其中核心函数可控制各种类型器件,而不用考虑器件的接口类型,VISA 包含部分特定接口函数。这样,VXI 用户可以用同一套函数为 GPIB 仪器、VXI 器件等各种类型器件编写软件,学习一次 VISA 就可以处理各种情况,而不必再学习不同厂家、不同接口类型的不同厂 I/O 接口软件的各种使用方法。并且因为 VISA 可工作在各厂商的多种平台上,可以对不同接口类型的器件调用相同的 VISA 函数,用户利用 VISA 开发的软件具有更好的适应性。

但对于控制器厂商,VISA 规范仅规定了该函数库应该向用户提供的标准函数、参数形式、返回代码等,关于如何实现并没有作任何说明。VISA 与硬件是密切相关的,厂商必须根据自己的硬件设计提供相应的 VISA 库支持多种接口类型、多种网络结构,这大大增加了控制器厂商的软件开发难度。

在 VXI 总线系统中,VISA 的作用如图 3-2 所示。作为 I/O 接口软件,VISA 库一般用于编写符合 VPP 规范的仪器驱动程序,完成计算机与仪器间的命令和数据传输,以实现对仪器的程控。其中,VXI 零槽模块与其他仪器一起构成了 VXI 总线系统的硬件结构。

在这些仪器中既可以是 VXI 仪器、GPIB 仪器,也可以是异步串行通信仪器等。VISA 库作为底层 I/O 接口软件驻留

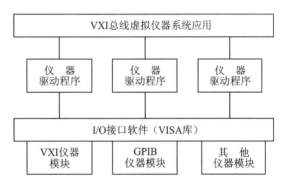

图 3-2 VXI 虚拟仪器系统结构框图

在系统管理器——计算机系统中,是实现计算机系统与仪器之间命令与数据传输的桥梁和纽带。

3.1.2 VISA 的结构

VISA 采用自底向上的结构。与自顶向下的结构不同的是,VISA 库首先定义了一个管理所有资源的资源——资源管理器。这个资源被称为 VISA 资源管理器,它用于管理、控制和分配 VISA 资源的操作功能。各种操作功能主要包括资源寻址、资源创建与删除、资源属性的读取与修改、操作激活、事件报告、并行与存取控制、默认值设置等。

在资源管理器的基础上,VISA 列出了各种仪器的各种操作功能,并实现操作功能的合并。每一个资源内部,实质是各种操作的集合,这种资源在 VISA 中就是仪器控制资源.包含各种仪器控制的资源成为通用资源,无法合并的功能则称为特定仪器资源。

另外,VISA 定义与创建了一个用应用编程接口(Application Programming Interface,API)实现的资源,为用户提供单一的控制所有 VISA 仪器控制资源的方法,在 VISA 中称为仪器控制资源组织器。

与自上向下的结构相比,VISA 的结构模型是从仪器操作本身开始的,它统一深入到操作功能中去而不是停留于仪器类型之上。在 VISA 的结构中,仪器类型的区别体现在统一格式的资源中操作的选取,对于 VISA 使用者来说,形式与用法上是单一的。正是由于这种自底向上的设计方法,VISA 为虚拟仪器系统软件结构提供了一个统一的基础,使来自不同供应厂家的不同的仪器软件可以进行于统一平台之上。

VISA 结构模型如图 3-1 所示。该结构自下往上构成一个金字塔结构,最底层为资源管

理层,其上为 I/O 资源层、仪器资源层与用户自定义资源层。其中,用户自定义资源层的定义,在 VISA 规范中并没有规定,它是 VISA 的可变层,实现了 VISA 的扩展性与灵活性。而在金字塔顶的用户应用程序,是用户利用 VISA 资源实现的应用程序,其本身并不属于 VISA 资源。

3.1.3　VISA 的特点

基于自底向上结构模型的 VISA 创造了一个统一形式的 I/O 控制函数库,它是在 I/O 接口软件的功能超集,在形式上与其他的 I/O 接口软件十分相似。一方面,对于初学者来说,VISA 提供了简单易学的控制函数集,应用形式上十分简单;另一方面,对于复杂系统组建者来说,VISA 提供了非常强大的仪器控制功能。

与现存的 I/O 接口软件相比具有以下几个特点:

① VISA 的 I/O 控制功能适用于各种类型仪器,如 VXI 仪器、GPIB 仪器、RS－232 仪器等,既可用于 VXI 消息基器件,也可用于 VXI 寄存器基器件。

② 与仪器硬件接口无关的特性,即利用 VISA 编写的模块驱动程序既可以用于嵌入式计算机 VXI 系统,也可以用于通过 MXI、GPIB－VXI 或 1394 接口控制的系统中。当更换不同厂家符合 VPP 规范的 VXI 总线器嵌入式计算机或 GPIB 卡、1394 卡时,模块驱动程序无须改动。

③ VISA 的 I/O 控制功能适用于单处理器系统结构,也适于多处理器结构或分布式网络结构。

④ VISA 的 I/O 控制功能适用于多种网络机制。

由于 VISA 考虑了多种仪器接口类型与网络机制的兼容性,以 VISA 为基础的 VXI 总线系统,不仅可以与过去已有的仪器系统(如 GPIB 仪器系统)结合,可以将仪器系统从过去的集中式结构过渡到分布结构,还保证新一代的仪器完全可以加入 VXI 总线系统中。用户在组建系统时,可以从 VPP 产品中作出最佳选择,不必再选择某家特殊的软件或硬件产品,也可以利用其他公司生产的符合 VPP 规范的模块替代系统中的同类型模块,而无须修改软件。这样就给用户带来了很大的方便,而且对于程序开发者来说,软件的编制无须针对某个具体公司的具体模块,可以避免重复性工作。系统的标准化与兼容性得到了保证。

3.1.4　VISA 的现状

VISA 规范是 VPP 规范的核心内容,其中《VPP4.3:VISA 库》规定了 VISA 库的函数名、参数定义及返回代码等。《VPP4.3.2:文本语言的 VISA 实现规范》和《VPP4.3.3:图形语言的 VISA 实现规范》分别对文本语言(C/C++和 Visual Basic)和图形语言(LabVIEW)实现 VISA 时的 VISA 数据类型与各种语言特定数据类型的对应关系、返回代码、常量等进行了定义。

1995 年 12 月颁布的 VISA 库规范中规定了 VISA 资源模板、VISA 资源管理器、VISA 仪器管理器、VISA 仪器控制资源几类函数,共 54 个。VPP 规范在 1997 年 1 月、1997 年 12 月、1998 年 12 月 VISA 规范修订版中都陆续做了新的补充、更新,如增加了一些新的 VISA 类型、错误代码、事件、格式化 I/O 修饰符等。

要全部实现 VISA 标准,对控制器厂商是一项非常复杂的工作,如 HP 公司 1996 年 5 月为用户提供的 HP VISA 库基本实现了 VISA 库函数,但也没有考虑标准中的全部参数和功能。HP、NI 等各大公司都正在逐步完善各自的 VISA 库。

3.1.5 VISA 的应用举例

本部分通过分别调用非 VISA 的 I/O 接口软件库与 VISA 库函数,对 GPIB 器件与 VXI 消息基器件进行简单的读/写操作(向器件发送查询器件标识符命令,并从器件读回响应值),进行 VISA 与其他 I/O 接口软件的异同点比较。所有例子中采用的编程语言均为 LabWindows/CVI 语言。

例1 用非 VISA 的 I/O 接口软件库(NI 公司的 NI-488)实现对 GPIB 仪器的读/写操作。

```
int main(void)
{
    /* 以下是声明区 */
    char rfResponse[RESPONSE_LENGTH];        /* 响应返回值 */
    int status;                              /* 返回状态值 */
    short id;                                /* 器件软件句柄 */
    /* 以下是开启区 */
    id = ibfind("devl");                     /* 开启 GPIB 器件 */
    status = ibpad(5);                       /* 器件主地址为 5 */
    /* 以下是器件 I/O 区 */
    status = ibwrt(id,"*IDN?",5);            /* 发送查询标识符命令 */
    /* 以下是关闭区 */
    /* 关闭语句空 */
    return 0;
}
```

程序说明:

① 声明区:声明程序中所有变量的数据类型。

② 开启区:进行 GPIB 器件初始化,确定 GPIB 器件地址,并为每个器件返回一个对应的软件句柄。在初始化过程中软件句柄作为器件的标志以输出参数形式被返回。

③ 器件 I/O 区:在本例程中,主要完成命令发送,并从 GPIB 器件中读回响应数据。由初始化得到的软件句柄在器件 I/O 操作中作为函数的输入参数被使用。程序通过对软件句柄的处理,完成对仪器的一对一操作。

④ 关闭区:GPIB 的 I/O 软件库将本身的数据结构存入内存中,当系统关闭时,所有仪器全部自动关闭,无须对 I/O 软件本身进行关闭操作。也就是说,GPIB 的 I/O 软件库(NI-488)无关闭机制。

例2 用非 VISA 的 I/O 接口软件库(NI 公司的 NI-VXI)实现对 VIX 消息基仪器的读/写操作。

```
int main(void)
{
    /* 以下是声明区 */
```

```
    char rdResponse[PESPONSE_LENGTH];        /* 响应返回值 */
    int16 status;                            /* 返回状态值 */
    uint32 retCount;                         /* 传送字节数 */
    int16 logicalAddr,mode;                  /* 器件逻辑地址和传送模式 */
    /* 以下是开启区 */
    status = InitVXILibrary();
    logicalAddr = 5;
    /* 以下是器件 I/O 区 */
    status = WSwrt(logicalAddr,"* IDN"?,5,mode,&retCount);
    /* 发送查询标识符命令 */
    status = WSrd(logicalAddr,rdResponse,RESPONSE_LENGTH,mode,&retCount);
    /* 读回响应值 */
    ......
    /* 以下是关闭区 */
    ColseVXILibrary();                       /* 关闭 VXI 器件 */
    return 0;
}
```

① 声明区:声明程序中所有变量的数据类型。

② 开启区:对 VIX 消息基器件初始化,确定 VIX 消息基器件的逻辑地址。在对 VIX 消息基器件操作中,逻辑地址取代了 GPIB 器件操作中的软件句柄,作为器件操作的标志,在初始化操作中返回唯一的值。

③ 器件 I/O 区:在本例程中,主要完成对命令的发送,并从 VIX 消息基器件中读回响应数据。由初始化得到的器件逻辑地址在器件的 I/O 操作中作为函数的输入参数被使用。程序通过对逻辑地址的处理,完成对仪器的一对一操作。在 VXI 消息基器件操作中,其中 mode 参数表示数据传输方式;retCount 参数,表示实际传送的字节数。

④ 关闭区:对于 VXI 器件,存在着一个关闭机制,要求在结束器件操作的时候,同时关闭 I/O 接口软件库。

例 3 用 VISA 的 I/O 接口软件库实现对 GPIB 仪器与 VXI 消息基仪器的读/写操作。

```
int main(void)
{
    /* 以下是声明区 */
    Vichar rdResponse[PESPONSE_LENGTH];      /* 响应返回值 */
    Viint16 status;                          /* 返回状态值 */
    Viuint32 retCount;                       /* 传送字节数 */
    ViSession vi;                            /* 仪器软件句柄 */
    /* 以下是开启区 */
    status = viOpen(viDefaultRM,"GPIB0::5",0,0,&vi);
    /* 若对 VXI 消息基仪器仪器进行操作,将 GPIB 换成 VXI 即可 */
    /* 以下是器件 I/O 区 */
    status = viWrite(vi,"* IDN?",5,&retCount);
    /* 发送查询标识符命令 */
    status = viRead(vi,rdResponse,RESPONSE_LENGTH,&retCount);
```

```
* 读回响应值 * /
……
/ * 以下是关闭区 * /
status = viColse(vi);                        / * 关闭器件 * /
return 0;
}
```

程序说明：

① 声明区：声明程序中所有变量的数据类型，与以上两例不同的是，在这声明的数据类型均为 VISA 数据类型，与编程语言无关。而 VISA 数据类型与编程语言数据类型的对应说明，均包含在特定的文件中。如 VISA 数据类型的 C 语言形式的包含头文件为 visatype. h。由于程序中还有涉及具体某种语言的数据类型，故程序本身具有好的兼容性与可移植性，各种编程语言调用 VISA 的数据类型与操作函数的格式相差甚少。

② 开启区：进行消息基器件初始化，建立器件与 VISA 库的通信关系。对所有器件进行初始化，均调用 VISA 函数 viOpen()。在此例中，我们发现对于 GPIB 器件的初始化与对于VXI 消息基器件的初始化调用 viOpen() 的形式上是完全一致的，唯一的差别是在输入参数中各输入仪器的类型与地址。在调用 viOpen() 函数时仪器硬件接口形式（计算机结构形式）是无须特别说明的，该初始化过程完全适用于各种仪器硬件接口类型。初始化过程中返回的 vi参数，类似于软件句柄，可作为器件操作的标志与数据传递的中介。

③ 器件 I/O 区：在本例程中，主要完成对消息基器件发送命令，并从消息基器件读回响应数据。对于 GPIB 器件的读/写操作与 VXI 消息基器件的读/写操作，调用的 VISA 函数是一样的（唯一不同是代入输入参数的器件描述不同），其中 vi 作为操作函数的输入参数。

④ 关闭区：在器件操作结束时，均需调用 viClose() 函数，关闭器件与 VISA 库的联系。

通过以上三个例程的分析，可以发现两个问题：

第一，VISA 库函数的调用与其他 I/O 接口软件库函数的调用形式上并无太多不同，学习功能强大的 VISA 软件库不比一般的 I/O 接口软件库任务重。而且 VISA 的函数参数意义明确，结构一致，在理解与应用仪器程序时，效率较高。

第二，VISA 库用户只需学习 VISA 函数应用格式，就可以对多种仪器实现统一控制，不必再像以前学会了用 NI - 488 对 GPIB 器件操作之后，还得学会 NI - VXI 对 VXI 器件进行操作。与其他的 I/O 接口软件相比，VISA 体现的多种结构与类型的统一性，使不同仪器软件运行在同一平台上，为虚拟仪器系统软件结构提供了坚实的基础。

3.1.6 VISA 资源描述

1. VISA 资源类与资源

在 VISA 中，最基本的软件模块是定义在资源类上的资源。

VISA 的资源类概念类似于面向对象程序设计方法中类的概念。类是一个实例外观和行为的描述，是一种抽象化的器件特点功能描述，是对资源精确描述的专用述语。

VISA 的资源概念类似于面向对象程序设计方法中对象的概念。对象实例不仅包含数据实体，而且是一个服务提供者。作为一个数据实体，一个对象很像一个记录，由一些相同或不同类型的域构成。这些域的整体被称为一个对象的状态。改变这些域的值逻辑上讲就是改变了一个对象的状态。

VISA 中的资源由三个要素组成:属性集、事件集与操作集。以读资源为例,其属性集包括结束字符串、超时值及协议等,事件集包括用户退出事件,操作集包括各种端口读取操作。

2. VISA 资源描述格式

VISA 资源是独立于编程语言与操作系统的,在 VISA 本身的资源定义与描述中并不包含任何操作系统或编程语言相关的限制。VISA I/O 接口软件的源程序可为不同的操作系统编程语言提供不同的 API 接口。VISA 的资源类共分为五大类:VISA 资源模板、VISA 资源管理器、VISA 仪器控制资源、VISA 仪器控制组织器、VISA 特定接口仪器控制资源。在每一类中定义与描述的 VISA 资源都遵循同样的格式。VISA 资源描述格式如表 3-1 所列,其中,X、Y 为各自对应的标号。

VISA 资源描述格式与编程语言无关,资源内所有元件的定义也均与编程语言无关。VISA 通过提供不同的 API 接口,适用于不同的操作系统与编程语言环境。在不同的编程语言环境之中调用 VISA 库,均需在应用程序头部引入说明文件。在 C 语言环境下,VISA 资源说明文件为 visatype. h 和 visa. h。唯一的 VISA 源程序通过不同引入接口与文件说明,实现了不同环境下的适用性。VISA 资源描述格式不仅适用于 VISA 库包含的所有资源,也为 VISA 库将来的资源扩充定义一个标准格式。所有 VISA 资源类定义如表 3-2 所列。

表 3-1　VISA 资源描述格式

标　号	描　述
X.1	资源概述
X.2	资源属性表及属性描述
X.3	资源事件集
X.4	资源操作集
X.4.Y	名字(含形参名)
X.4.Y.1	目　标
X.4.Y.2	参数表
X.4.Y.3	返回状态值
X.4.Y.4	描　述
X.4.Y.5	相关项
X.4.Y.6	实现要求

表 3-2　VISA 资源定义

资　源	缩　写	标准名
VISA 资源管理器资源	VRM	VI_RSRC_VISA_RM
VISA 仪器控制组织器资源	VICO	VI_RSRC_VISA_IC_ORG
写资源	WR	VI_RSRC_WR
读资源	RD	VI_RSRC_RD
格式化 I/O 资源	FIO	VI_RSRC_FMT_IO
触发资源	TRIG	VI_RSRC_TRLG
清除资源	CLR	VI_RSRC_CLR
状态/服务请求资源	SRQ	VI_RSRC_SRQ
高级存储资源	HILA	VI_RSRC_HL_ACC
低级存取资源	LOLA	VI_RSRC_LL_ACC
器件特定命令资源	DEVC	VI_RSRC_DEV_CMD
CPU 接口资源	CPUI	VI_RSRC_CPU_INTF
GPIB 总线控制资源	GBIC	VI_RSRC_GPIB_INFF
VXI 总线配置资源	VXDC	VI_RSRC_VXI_DEV_CONF

资　源	缩　写	标准名
VXI 总线接口控制资源	VXIC	VI_RSRC_VXI_INTF
VXI 总线零槽资源	VXS0	VI_RSRC_VXI_SLOT_0
VXI 总线系统中断资源	VXS1	VI_RSRC_SYS_INTR
VXI 总线信号处理器资源	VXSP	VI_RSRC_SIG_PROCESSOR
VXI 总线信号资源	VXS	VI_RSRC_VXI_SIG
VXI 总线中断资源	VXIN	VI_RSRC_VXI_INTR
VXI 总线扩展器接口资源	VXEI	VI_RSRC_VXI_EXTDR
异步串行总线接口控制资源	ASIC	VI_RSRC_ASRL_INTF

3.1.7　VISA 事件的处理机制

VISA 中定义了 VISA 资源事件处理机制,在设备编程过程中,通常会遇到以下这些情况:

① 硬件设备请求系统予以处理,如 GPIB 设备发出的设备服务请求 SRQ;

② 硬件设备产生的需要系统立即响应,如 VXI 设备中的 SYSFAIL;

③ 程序有时需要知道一个系统服务程序是否在线;

④ 产生非正常状态,如设备资源进入非正常状态,需要终止程序执行;

⑤ 程序执行过程中出现错误。

以上情况在 VISA 中被定义为事件模型,VISA 对这些事件的处理有标准的规定。

1. 事件模型

图 3 - 3 所示为 VPP 中定义的 VISA 事件模型,这个模型可以帮助我们理解事件的产生、接收和处理过程。

VISA 事件模型主要包含 3 个部分:捕获/通知、事件处理和确认。

捕获/通知就是设置一个 VISA 的源,使它进入能接收事件的状态,并把捕获到的事件传送到通知处理(Notification Handling)工具,对事件进行预处理。

图 3 - 3　事件模型示意图

事件处理就是对 VISA 已经捕获到的事件进行相应处理,处理方法按照 VPP 规定有两种:排队法和回调函数法,下面将详细介绍。

确认是指事件处理完成后需要返回信息,用以确认是否已成功地执行了事件处理任务。

2. 事件的处理方法

事件处理的方法有回调函数法和排队法,这两种方法分别适用于不同事件的处理,是相互独立的两种方法。用户可以在同一应用程序中同时定义这两种处理方法。

两种方法的执行都可以根据需要被挂起,程序执行过程中随时都可以调用 ViDisableEvent()来挂起或终止事件的接收。例如用排队法时,调用 ViEnableEvent(),并且定义其中参数为 VI_SUSPEND_HNDLER,事件就会被挂起,放在另外一个队列(与原队列不同)中保存,而不会丢失。当用 ViEnableEvent()重新定义参数 VI HNDLER 时,系统立即触发回调函数来处理队列中被挂起的所有事件。

① 排队法:排队法的关键就是利用 VISA 将发生的事件保存到一个 VISA 队列中,事后再对队列中的事件进行处理。每一类事件都有自己的优先级,优先级高的事件进入队列后会插入到优先级低的事件之前。同等优先级的事件按照 FIFO 顺序排列。当用户程序对事件的实时性要求不是很严格,即不需要对发生的事件做出实时响应时,通常选用这种方法。

排队法处理事件的 C 代码例程如下:

```
status = viOpen(viDefaultRm,"GPIB0::5",0,0,&vi);
status = viEnableEvent(vi,VI_EVENT_SERICE_REQ,VI_QUEUE,VI_NULL);
//设置排队事件
status = viWrite(vi,"VOLT:MEAS?",10,&retcount);
//产生事件
status = viWaitOnEvent(vi,VI_EVENT_SERVICE_REQ,timeout,&countext);
//等待事件发生,进入队列
if(status = VI_SUCESS)
viRead(vi,rdResponse,RESPONSE_LENGH,&retcount);
```

排队法处理事件是由 C 代码编写的一个具体例程,包含以下两个基本步骤:

第一步,通知 VISA 开始对某类事件进行排队,在这个例子中用 ViEnableEvent()来定义,其中参数 VI_EVENT_SERVICE_REQ 是让 VISA 对来自硬件设备的服务请求进行排队,参数 VI_QUEUE 表示设置排队法来处理该事件。

第二步,系统查询 VISA 队列中的事件,并且允许系统等待一定的时间。在等待过程中,系统将其他程序挂起,直到有事件发生进入队列或预定的等待时间结束。例程中调用 viWaitOnEvent()对队列进行查询,参数 timeout 给出了等待时间,若为 0 则表示不论队列中是否有事件都立即返回。

② 回调函数法:回调函数法的关键是事件发生时能够立即触发执行用户事先定义的操作,即用户在程序中首先定义一个回调函数,每次事件发生后,VISA 即自动执行用户定义的回调函数。当用户程序需要对发生的事件立即作出响应时,通常选用这种处理方法。

回调函数法处理事件的 C 代码例程如下:

```
stauts = viOpen(viDefaultRM,"GPIB0::5",0,0,&vi);
status = viInstallHandler(vi,VI_EVENT_SERVICE_REQ,SRQHandlerFunc,VI_NULL);
/*设置回调函数名*/
status = viEnableEvent(vi,VI_EVENT_SERVICE_REQ,VI_HNDLR,VI_NULL);
/*设置回调函数要处理的事件类型*/
VIStatus SRQHandlerFunc
{
/*用户自定义回调函数代码*/
}
```

回调函数法包含三个步骤:

第一步,需要用户为事件定义一个事件句柄,即编写一个回调函数,在回调函数中根据需要对发生的事件进行相应处理。在这个例程中,事件句柄就是函数 SRQHandlerFunc(),这个函数的写法与其他一般函数的写法相同。

一个应用程序中只能为每个事件定义一个句柄,即每个发生的事件只能触发执行一个回调函数。但在一个程序中可以同时定义多个事件,为多个事件装载句柄,并且多个事件可以定义相同的句柄,即不同的事件发生时可以触发调用同一个回调函数。

第二步,时间句柄的装载,即告知 VISA 用户定义的回调函数的名称,由 viInstallHandler() 实现。

第三步,通知 VISA 开始接收事件,当事件发生时,立即调用执行回调函数,由 viEnableEvent() 来实现。

3.2 可编程程控命令 SCPI

可编程仪器程控命令(SCPI)是为解决程控仪器编程进一步标准化而制定的标准程控语言,目前已经成为重要的程控软件标准之一。IEEE488.2 定义了使用 GPIB 总线的编码、句法格式、信息交换控制协议和公用程控命令语义,但并未定义任何仪器相关命令,使器件数据和命令的标准化存在一定困难。1990 年,由仪器制造商国际协会提出的 SCPI 语言是在 IEEE488.2 基础上扩充得到的。SCPI 的推出与 GPIB、IEEE488.2 的公布一样,都是可程控仪器领域的重要事件。

3.2.1 SCPI 仪器模型

SCPI 与过去的仪器语言的根本区别在于:SCPI 命令描述的是人们正在试图测量的信号,而不是正在用以测量信号的仪器。因此,人们可花费较多时间来研究如何解决实际应用问题,而不是花很大精力研究用以测量信号的仪器。相同的 SCPI 命令可用于不同类型的仪器,这称为 SCPI 的"横向兼容性"。SCPI 还是可扩展的,其功能可随着仪器功能的增加而升级扩展,适用于仪器产品的更新换代,这称为 SCPI 的"纵向兼容性"。标准的 SCPI 仪器程控消息、响应消息、状态报告结构和数据格式的使用只与仪器测试功能、性能及精度相关,而与具体仪器型号和厂家无关。

为了满足程控命令与仪器的前面板和硬件无关,即面向信号而不是面向具体仪器的设计要求,SCPI 提出了一个描述仪器功能的通用仪器模型,如图 3-4 所示。

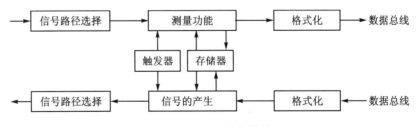

图 3-4 SCPI 程控仪器模型

程控仪器模型表示了 SCPI 仪器的功能逻辑和分类,提供了各种 SCPI 命令的构成机制和相容性。图 3-4 上部反映仪器测量功能,其中信号路径选择用来控制信号输入通道与内部功能间的路径,当输入通道本身存在不同路径时,亦可选择。测量功能是测量仪器模型的核心,它可能需要触发控制和存储管理。格式化部分用来转换数据的表达形式,当数据需要往外部接口传送时,格式化是必需的。图 3-4 描述信号源的时,信号发生功能是信号源模型的核心,它也经常需要触发控制和数据存储管理。格式化部分送给它所需形式的数据,生成的信号经过路径选择输出。一台仪器可能包含图 3-4 中的全部内容,既可以进行测试,又能产生信号,但大多数仪器只包含图 3-4 中的部分功能。图 3-4 中的"测量功能"和"信号产生"功能区还可以进一步细分为若干功能元素框,每个功能元素框是 SCPI 命令分层结构树中的主命令支干,在主干下延伸细分支构成 SCPI 命令。

3.2.2　SCPI 命令句法

　　SCPI 程控命令标准由三部分内容组成:第一部分,"语言和式样"描述 SCPI 命令的产生规则以及基本的命令结构;第二部分,"命令标记"主要给出 SCPI 要求或可供选择的命令;第三部分,"数据交换格式"描述了在仪器与应用之间,应用与应用之间或仪器与仪器之间可以使用的数据集的标准表示方法。

1. 语法和式样

　　SCPI 命令由程控题头、程控参数和注释三部分组成。SCPI 程控题头有两种形式,如图 3-5、图 3-6 所示。

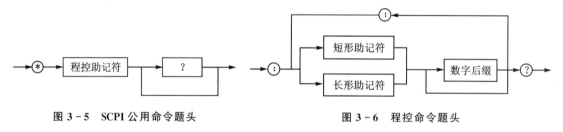

图 3-5　SCPI 公用命令题头　　　　　　　　图 3-6　程控命令题头

　　第一种形式采用 IEEE488.2 命令,也称为 SCPI 公用命令。IEEE488.2 命令前面均冠以 * 号。它可以是询问命令和非询问命令,前一种情况命令结尾处有问号,后一种情况无问号(图 3-6 中把"问号"短路)。

　　程控题头的第二种形式是采用以冒号":"分隔的一个或数个 SCPI 助记符构成。在 SCPI 的助记符形成规则中,要注意分清关键词、短形助记符和长形助记符的概念。关键词提供命令的名称,它可以是一个单词,也可以由一个词组构成。对于后一种情况,关键词由前面每个词的第一个字母加上最后一个完整单词组成。由关键词组成短形助记符的规则如下:

　　① 如果关键词不多于 4 个英语字母,则关键词就是短形助记符。

　　② 如果关键词多于 4 个英语字母,则通常保留关键词的前 4 个字母作为短形助记符。但是在这种情况下,如果第 4 个字母是元音,则把这个元音去掉,用 3 个字母作短形助记符。

　　③ 所有长形、短形助记符均允许有数字后缀,以区别类似结构的多种应用场合。例如使用不同触发源时可用不同的数字后缀区别它们。在使用数字后缀时,短形助记符仍允许使用 4 个不包括数字的字母。

　　长形助记符与关键词的字母完全相同,只不过长形助记符的书写格式有一定要求。它被分成两部分,第一部分用大写字母表示短形助记符,第二部分用小写字母表示关键词的其余部分。而关键词的书写形式要求不严,可以与长形助记符完全相同,也可只把第一个字母大写。

表 3-3 给出若干助记符形成实例。

表 3-3 关键词与助记符比较

序 号	单词或词组	关键词	短形助记符	长形助记符
1	Measure	Measure	MEAS	MEAsure
2	Period	Period	PER	PERiod
3	Free	Free	FREE	FREE
4	Alternating Current Volts	ACVolts	ACV	ACVolts
5	Four – wire resistance	Presistance	FRES	FRESistance

表 3-3 中序号 1 为由一个单词构成助记符的常见情况。序号 2 为短形助记符中第 4 个字母为元音而被舍弃的情况。舍弃元音是因为从统计上看，用 3 个字母要比用 4 个字母与原词意或相关词意的结合更常见，容易提高字的识别能力。序号 3 的第 4 个字母虽然也是元音，但因单词只有 4 个字母，根据上述形成短形助记符的第一条规则，第 4 个元音并不舍弃，这是要特别注意的。序号 4 和序号 5 均为词组形成助记符，序号 4 由 3 个单词组成，序号 5 中 Four－wire 被认为已组合成一个词，所以形成助记符时只取字母 F 而不取 w。SCPI 只承认严格遵守上述规则的长形或短形助记符，其他形式的助记符被认为是一个错误，因而保证了助记符的标准化。由于有明确规则可循，SCPI 的助记符显得简单而便于记忆。

短形助记符与长形助记符作用相同，可以任选一种；助记符可以加数字后缀，也可以不加后缀；它可以是询问命令，也可以是非询问命令；更重要的是它可以使用多个助记符，构成分层结构的程控题头。当使用多个助记符时，各助记符间用冒号隔开，即由一个助记符后可通过冒号连至下一个助记符。这是一种树状分层结构，在树的各层有一定数量的节点，由它们出发分成若干枝权，粗权上的节点又继续分出若干细权。从树的"主干（或称为"根"）出发到"树叶"，可经过若干节点，对应唯一的路径，形成确定的测试功能。例如，对仪器输出端的设置可以看成树上的一个子系统（或一个较大的粗枝），它可以设置输出衰减器、输出耦合方式、输出滤波器、输出阻抗、输出保护、TTL 触发输出、ECL 触发输出和输出使能等多个分枝，而其中许多分枝又可进一步分权。例如，输出耦合可以分为直流或交流耦合，滤波又可分为低通和高通滤波等。采用分层结构的目的是为了程控命令简捷清晰，便于理解。因为在很多情况下，若只用一个助记符表示，则形成它的词组包含的单词太多，4 个字母的短形助记符可能过载或含义不清。例如，设置输出端高通滤波器接入，采用分层结构的命令为 OUTPut:FILTer:HPASs:STATe ON，其中 STATe 用来表示接入或其他各种使用，后面常跟布尔变量 ON 或 OFF，可见用分层结构表达含义非常清楚、明确。另外，在这种结构中由于每个助记符都在树的确定位置上，它的作用可从它与前、后助记符的联系中进一步确定而不至于混淆。例如阻抗 IMPedance，当它前面的助记符分别为 INPut 和 OUTPut 时，就分别表示输入和输出阻抗，绝不会因重复使用而发生矛盾。从上面的例子还可以看出，长形助记符因与关键词字母相同，程序本身就类似于说明文件，有很强的可读性。

树状结构的某些节点是可以默认的，默认节点可被默认而不一定要发送。例如，状态使能符号 STATe 通常都可以默认。当发送输出使能命令时，既可以发送 OUTPut:STATe ON，又可以简单地发送 OUTPut ON。把最常用的节点定为默认节点既有利于程序的简化，也有

利于语言的扩展。例如,某仪器输出端只有一个低通滤波器,滤波器使能的程控命令是 OUT-
Put:FILTer。因为只有一个滤波器,加不加限定节点来说明它是"低通"并没有关系。现在想
把命令扩展,使它能控制一台既有低通滤波器,又有高通滤波器的新仪器,则可在滤波器后面
加一个默认节点[:LPASs],命令 OUTPut:FILTer:LPASs 就意味着使用低通滤波器输出,它
仍适用于老仪器。新扩展的命令 OUTPut:FILTer:HPASs 意味着使用高通滤波器,这样应
用软件就可以适用于新老两种仪器,扩展十分方便。

　　SCPI 命令的第二部分是参数。在下面数据交换格式部分,将专门介绍参数的使用规则。
至于命令的注释部分,通常是可有可无的,这里不再详述。

　　前面讲了冒号":"用来分隔命令助记符,除此之外,在 SCPI 命令构成中,常用的标点符号
还有分号";"逗号","空格和问号"?",下面分别介绍它们在 SCPI 命令中的含义和使用规则。

　　① 分号";":在 SCPI 命令中,分号用来分离同一命令字串中的两个命令,分号不会改变目
前指定的命令路径,例如以下两个命令叙述有相同的作用:

　　:TRIG:DELAY1;TRIG:COUNT 10

　　:TRIG:DELAY1;COUNT 10

　　② 逗号",":在 SCPI 命令中,逗号用于分隔命令参数。当命令中需要一个以上的参数时,
相邻参数之间必须以逗点分开。

　　③ 空格"":SCPI 命令中的空格用来分隔命令助记符和参数。在参数列表中,空格通常会
被忽略不计。

　　④ 问号"?":问号指定仪器返回响应信息,得到的返回值为测量数据或仪器内部的设定
值。如果送了两个查询命令,在没有读取完第一个命令的响应之前,便读取第二个命令的响
应,则可能会先接收一些第一个响应的数据,接着接收第二个响应的完整数据。若要避免这种
情形发生,在没有读取已发送查询命令的响应数据前,请不要再接着发送查询命令。当无法避
免这种状况时,在送第二个查询命令之前,应先送一个器件清除命令。

2. 命令标记

　　SCPI 命令标记主要给出 SCPI 要求的和可供选择的命令,概括地讲,SCPI 命令分为仪器
公用命令(或称 IEEE488.2 命令)和 SCPI 主干命令两部分,如表 3-4 和表 3-5 所列。SCPI
主干命令又可分为 4 个测量指令和 21 个子系统命令,其中测量指令部分包括一组与测量有关
的重要指令。

表 3-4　IEEE488.2 命令简表

命　令	功能描述	命　令	功能描述
*IDN?	仪器标识查询	*RST	复　位
*TST?	自测试查询	*OPC	操作完成
*OPC?	操作完成查询	*WAI	等待操作完成
*CLS?	清状态寄存	*ESE	事件状态使能
*ESE?	事件状态使能查询	*ESR?	事件状态寄存器查询
*SRE?	服务状态使能	*SRE?	服务状态使能查询
*STB?	状态字节查询	*TRG	触　发
*RCL?	恢复所存状态	*SAV	存储当前状态

表 3 - 5   SCIP 主干命令简表

关键词	基本功能
测量指令	
1. CONFigure	组态,对测量进行静态设置
2. FETch?	采集,启动数据采集
3. READ?	读,实现数据采集和后期处理
4. MEASure?	测量,设置、触发采集并后期处理
子系统命令	
5. CALCulate	计算,完成采集后数据处理
6. CALIbration	校准,完成系统校准
7. DIAGnostic	论断,为仪器维护提供诊断
8. DIAplay	显示,控制显示图文的选择和表示方法
9. FORMat	格式,为传送数据和矩阵信息设置数据格式
10. INPUt	输入,控制检测器件输入特性
11. INSTrument	仪器,提供识别和选择逻辑仪器的方法
12. MEMOry	存储器,管理仪器存储器
13. MMEMory	海量存储器,为仪器提供海量存储能力
14. OUTPut	输出,控制源输出特性
15. PROGram	程序,仪器内部程序控制与管理
16. ROUTe	路径,信号路由选择
17. SENSe	检测,控制仪器检测功能的特定设置
18. SOURce	源,控制仪器源功能的特定设置
19. STATus	状态,控制 SCPI 定义的状态报告结构
20. SYSTem	系统,实现仪器内部辅助管理和设置通用组态
21. TEST	测试,提供标准仪器自检程序
22. TRACe	跟踪记录,用于定义和管理记录数据
23. TRIGger	触发,用于同步仪器动作
24. UNIT	单位,定义测量数据的工作单位
25. VIX	VIX 总线。控制 VIX 总线操作与管理

3. 数据交换格式

SCPI 的交换格式语法与 IEEE488.2 语法是兼容的,分为标准参数格式和数据交换格式两部分。SCPI 语言定义了供程序信息和响应信息使用的不同数据格式。

(1) 标准参数格式

① 数值参数:需要有数据值参数(Numeric Parameters)的命令,都可以接收常用的十进制数,包括正负号、小数点和科学记数法,也可以接收特殊数值,如 MAximum、MINImum 和

DEFault。数值参数可以加上工程单位字尾,如 M、K 或 U。如果只接受特定位数的数值,SC-PI 仪器会自动将输入数值四舍五入。

② 离散参数:离散参数(Discrete Parameters)用来设定有限数值(如 BUS,IMMediate 和 EXTernal)。和命令关键字一样,离散参数有简要形式和完整形式两种,而且可以大小写混用。查询反应的传回值,一定都是大写的简要形式。

③ 布尔参数:布尔参数(Boolean Parameters)表示单一的二进位状态,有接通和断开两种形式,分别对应 ON 和 OFF,亦可表示为 1 和 0。但在查询布尔设定时,仪器传回值总是"1"或"0"。

④ 字符串参数:原则上字符串参数(String Parameters)可以包含任何的 ASCII 字符集。字符串的开头和结尾要有引号,引号可以是单引号或双引号。如果要将引号当作字符串的一部分,可以连续键入两个引号,中间不能插入任何字符。

除了上述参数形式外,在某些 SCPI 命令中还会用到参数的其他形式,如信号路径的选择、逻辑仪器耦合的通道数等常需用列表形式表示的参数,在下面常用 SCPI 命令简介中,将给出列表形式参数应用的例子。

(2) 数据交换格式

定义数据交换格式是为了提高数据的可互换性。SCPI 的数据交换格式是以 Tek 公司的模拟数据互换格式(ADIF)为基础修改产生的,具有灵活性和可扩展性。它采用一种块(block)结构,除了数据本身,数据交换格式还提供测量条件、结构特性和其他有关信息。复杂的数据和简单的数据均可以用这种块结构代表。

SCPI 数据交换格式不但适用于测量数据,而且对计算机通信和其他数据传输交换都有一定意义。图 3-7 所示为数据交换格式结构示例。

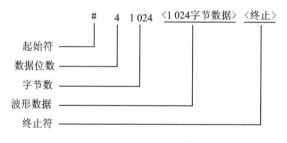

图 3-7　数据交换格式结构示例

3.2.3　常用 SCPI 命令简介

虽然每个 SCPI 命令都有明确的定义和使用规则,但由于各种仪器测量功能不同,它所适用的 SCPI 命令在范围和功能上都可能会有所差别。下面以一个典型的 VXI 仪器模块 HP1411B 数字万用表为例,介绍常用 SCPI 命令的含义与用法。

1. 常用仪器公用命令

① * IDN?　仪器标识查询命令:每台 VXI 仪器都指定了一个仪器标识代码。对 HP1411B 模块,该命令实际返回标识码 Hewlett Packard,E1411B,0,G.06.03。

② * RST　复位命令:复位仪器到初始上电状态。在仪器工作过程中,当发生程序出错

或其他死机情况时,经常需要复位仪器。一般情况下先用命令 ＊CLS "清零" 仪器,然后再复位。

③ ＊TST? 自检命令:该命令复位仪器,完成自检,返回自检代码。返回 "0" 表示仪器正常,否则仪器存在故障需维修。自检命令是确定仪器操作过程出现问题的一个有效手段。

④ ＊CLS 清除命令:中断正在执行的命令,清除在命令缓冲区等待的命令。例如当数字表正在等待外部触发信号时,此时输入的命令将在缓冲区等待,直至触发信号接收到后才执行。命令 ＊CLS 将清除在缓冲区等待的命令。

⑤ ＊ERR? 错误信息查询命令。当仪器操作过程中发生错误时,错误代码和解释信息储存在错误队列中,用命令 SYST:ERR? 可以读入错误代码和解释信息。

2. SCPI 主干命令

(1) MEASure:测量命令

该命令配置数字万用表用指定的量程范围和分辨率完成测试。当数字万用表触发后,该指令完成测试并返回读数到输出缓冲区。一般命令形式为:MEASure:VOLTage:AC? [<range>[,<resolution>]][,<channel—1ist>]。

① 参数 range 指定待测信号最大可能电压值,然后数字万用表自动选择最接近的量程。

② 参数 resolution 代表选择的测量分辨率。HP1411B 数字万用表提供三种选择:DEF(AUTO)|MIN|MAX。DEF(AUTO)选择自动选挡设定;MIN 挡则根据指定量程选择最小分辨率;MAX 挡则根据指定量程选择最大分辨率。

③ 参数<Channel—list>代表测量信号输入通道选择。HPl411B 数字万用表既可以通过输入表笔直接接入测量信号,也可以与多路开关模块连接,构成多路扫描数字表,完成多路信号的顺序测量。输入通道选择列表的一般形式是(@ccnn)或(@ccnn:ccnn),其中 cc 表示多路开关模块号,nn 代表开关模块通道号。

命令实例:MEASure:VOLTage:AC? 0.54,Max,(@103:108)。

该命令完成交流电压测量,量程 0.63 V,最大分辨率 61.035 mV,指定通道 3~通道 8,其中量程和最大分辨串是根据 HPl4llB 数字万用表性能参数自动确定的。

采用 MEASure 命令编程数字万用表,是进行测量最简单的方法,但命令灵活性不强。执行 MEASure 命令,除了功能、量程、分辨率和通道外,触发计数、采样计数和触发延迟等参数设置都沿用预设值,不能更改。因此,对一些需要进行触发或采样控制的复杂应用,必须采用更底层的测量命令 Read?、Fetch? 等。

(2) CONFigure:配置命令

该命令用指定参数设置数字万用表。CONFigure 命令在设置后并不启动测量,可以使用初始化命令 INITiate 置数字万用表在等待触发状态;或使用读 Read? 命令完成测量并将读数送入输出缓冲区。CONFigure 命令参数意义及用法与 MEASure 命令一致。执行 CONFigure 命令,测量不会立即开始,因此可以允许用户在实际测量前改变数字万用表的配置。

(3) Read?:读命令

读命令通常与 CONFigure 命令配合使用,它完成以下两个功能:

① 置数字万用表在等待触发状态(执行 INITiate 命令);

② 当触发后,直接将读数送入输出缓冲区。

对 HP1411B 数字万用表而言,输出缓冲区容量为 128 字节。当缓冲区存满后,在从缓冲区读数之前,数字万用表置"忙",测量自动停止。为了防止读数溢出,控制器从缓冲区读数的速度必须与数字万用表缓冲区容量匹配。

（4）FEtch?：取命令

该命令取出由最近的 INITiate 命令放在内存中的读数值,并将这些读数送到输出缓冲区。在送 FETch? 命令前,必须先执行 INIT 命令,否则将产生错误。

测量命令组由上面 4 条指令组成,它处于 SCPI 指令的最上层。根据实际应用,4 条指令在执行方式上各有所长。实际上读命令 Read? 就等效于执行接口清除(＊CLS)、启动(INIT)和取数(Fetch?)3 条指令;而测量指令 MEASure 就等效于执行接口清除(＊CLS)、配置(CONFigure)和读取(Read?)3 条指令,初学者尤其需要注意。以上 4 条测量指令是最常用也是最基本的 SCPI 命令,需要读者仔细理解并能灵活运用。下面概要介绍其他主要的 SCPI 子系统命令,这些命令往往是与测量指令配合使用的。

（5）CALibration：校准命令

该命令选择数字万用表的参考工作频率(50|60|MIN|MAX),指定打开/关闭自动对零方式,实际命令格式如下:

CAL：LFR 50 选择参考频率 50 Hz;

CAL：ZERO：AUTO ON 启动自动对零。

当自动对零方式打开时,数字万用表在每次测量读数后,接着测量一次零点值,然后从读数中减去零点值后再给出测量结果。自动对零方式关闭时,数字万用表只测一次零点。

（6）FORMat：格式化命令

该命令确定通过 MEASure?、READ? 和 FETch? 命令得到的测量数据格式。一般命令形式如下:

FORMat[：DATA]<type>[,<1ength>]

type 参数选择 ASCII/REAL;1ength 参数选择 32/64,默认的数据格式为 ASCII 型。命令实例:FORMAT REAL,64。

FORMat? 返回目前数据类型。

（7）SAMPle：采样命令

该命令与触发命令 TRIGger 配合使用,主要功能如下:

① 每次接到触发信号后采样次数(SAMPle：COUNt),采样次数在 1～16 777 215 范围内可选。

② 选择采样定时源(SAMPle：SOURce),定时源分为 IMM|TIMer 两种。

③ 设置采样周期(SAMPle：TIMer),TIMer 在 76 μs～65.534 ms 范围内可选。

（8）TRIGger：触发命令

该命令控制触发信号类型与参数,主要功能如下:

① 数字万用表返回闲状态前的触发次数(TRIGger：COUNt),触发次数范围为 1～16 777 215,默认值为 1。

② 触发延迟时间(TRIGger：DELay)。

③ 设置触发源(TRIGger：SOURce),可选下列触发源 Bus| EXI| HOLD| IMM|<TTL-Trg0 - TTLTrgl>。

3.3 仪器驱动程序

3.3.1 VPP 概述

在设计、组建基于总线仪器（GPIB、VXI、PXI）的虚拟仪器系统中，仪器的编程是一个系统中最费时、费力的工作。用户需要花费不少宝贵的时间学习系统中每台仪器的特定编程要求，包括所有公布在用户手册上的仪器操作命令集。由于每台仪器由各个仪器供应厂家提供，完成仪器系统集成的设计人员，需要学习所有集成到系统中的仪器用户手册，并根据自己的需要一个命令一个命令加以编程调试。所有的仪器编程既需要完成底层的仪器 I/O 操作，又需要完成高层的仪器交互能力，每个仪器的编程由于编程人员的风格与爱好不一样而可能各具特色。对于系统集成设计人员，不仅应是一个仪器专家，也应是一个编程专家，这大大地增加了系统集成人员的负担，使系统集成的效率和质量无法得到保证。由于未来系统中使用不少相同的仪器，因此仪器用户总是设法将仪器编程结构化、模块化，以使控制特定仪器的程序能重复使用。因此，一方面，对仪器编程语言提出了标准化的要求；另一方面，需要定义一层具有模块化、独立性的仪器操作程序，也即具有相对独立性的仪器驱动程序。

以 GPIB 仪器为代表的机架层叠式仪器结构，既能实现本地控制，又可实现远程控制。IEE488.1 和 IEE488.2 规范的制定，对 IEEE488 仪器用语法及数据结构连接的消息通信功能层和用公用命令及询问连接的公共系统功能层做了标准化规定。在此基础上，仪器制造商国际协会于 1990 年提出了可编程仪器标准命令（SCPI），它是一个超出 IEE488 之外的仪器命令语言，它支持同类仪器间语言的一致性。

另一方面，随着虚拟仪器的出现，软件在仪器中的地位越来越重要，将仪器的编程留给用户的传统方法也越来越与仪器的标准化、模块化趋势不相符。I/O 接口软件作为一层独立软件的出现，也使仪器编程任务划分。人们将处理与一特定仪器进行控制和通信的一层较抽象的软件定义为仪器驱动程序。仪器驱动程序是基于 I/O 接口软件之上，并与应用程序进行通信的中间纽带。

VXI 仪器的出现，为仪器驱动程序的发展带来了契机。对于 VXI 仪器来说，没有软件也就不存在仪器本身，而且，VXI 类型仪器既有与 GPIB 器件相似的消息基器件，也有需要实现底层寄存器操作的寄存器基器件。与消息基器件的类似性不同的是，每个寄存器基器件都有特定的寄存器操作，每个寄存器基器件之间的差异是很明显的，显然，用 SCPI 语言格式对 VXI 寄存器基器件进行操作是无法实现的。同样，由于 VXI 器件中特有的 FDC（高速数据通道）、共享内存、分布式结构特性，故 VXI 仪器驱动程序的编与比 GPIB 仪器显然要复杂得多。因此，VXI 即插即用系统联盟在定义虚拟仪器系统结构时，也详细规定了符合 VXI 即插即用规范的虚拟仪器系统的仪器驱动程序的结构与设计，即 VXI 即插即用规范中的 VPP3.1～VPP3.4。在这些规范中明确了仪器驱动程序的概念：仪器驱动程序是一套可被用户调用的子程序，利用它就不必了解每个仪器的编程协议和具体编程步骤，只需调用相应的一些函数就可以完成对仪器各种功能的操作，并且对仪器驱动程序的结构、功能及接口开发等作了详细规定。这样，使用仪器驱动程序就可以大大简化仪器控制及程序的开发。

3.3.2　VPP 仪器驱动程序的特点

VPP 仪器驱动程序具有以下特点：

1. 仪器驱动程序一般由仪器供应厂家提供

VXI 即插即用规范规定,虚拟仪器系统的仪器驱动程序是一个完整的软件模块,并由仪器模块供应厂家在提供仪器模块的同时提供给用户。可以提供给用户仪器模块的所有功能包括通用功能与特定功能。

2. 所有仪器驱动程序都必须提供程序源代码,而不是只提供给可调用的函数

用户可以通过阅读与理解仪器驱动程序源代码,根据自己的需要来修改与优化驱动程序。仪器功能并不由仪器供应厂家所完全限定,仪器具有功能扩展性与修正性,可以方便地将仪器集成到系统中去,也可以方便地实现虚拟仪器系统的优化。

3. 仪器驱动程序结构的模块化与层次化

仪器驱动程序并不是 I/O 级的底层操作,而是较抽象的仪器测试与控制。仪器驱动程序的功能调用是多层次的,既有简单的操作,又有仪器的复合功能。所有仪器程序的设计都遵循外部接口模型与内部设计模型的双重结构。

4. 仪器驱动程序的一致性

仪器驱动程序的设计与实现,包括其错误处理方法、帮助消息的提供、相关文档的提供以及所有修正机制都是统一的。用户在理解了一个仪器驱动程序之后,可以利用仪器驱动程序的一致性,方便而有效地理解另一个仪器驱动程序。并且也可以在一个仪器驱动程序的基础上,进行适当地修改,为新的仪器模块开发出一个符合 VPP 规范的仪器驱动程序。统一的仪器驱动程序设计方法有利于仪器驱动程序开发人员提高开发效率,并最大程度地减少了开发重复性。

5. 仪器驱动程序的兼容性与开放性

VPP 规范对于仪器驱动程序的要求,不仅适用于 VXI 仪器,也同样适用于 GPIB 仪器、串行接口仪器的驱动程序的开发。同样,VPP 规范也不仅适用于消息基器件驱动程序的开发,也适用于寄存器基器件驱动程序的开发。在虚拟仪器系统中,所有类型的虚拟仪器,具有同样结构与形式的仪器驱动程序,可以大大提高仪器系统的集成与调试效率,并有利于虚拟仪器系统的维护与发展,系统集成人员可以将精力完全集中到系统的设计与组建上,而不是像过去浪费太多的时间与精力在具体的仪器编程细节上,系统集成的效率与可靠性也大大增强。

在 VPP 系统中,一个完整的仪器定义不仅包括仪器硬件模块本身,也包括仪器驱动程序、软件面板以及相关文档。在标准化的 I/O 接口软件 VISA 基础上,对仪器驱动程序制定一个统一的标准规范,是实现标准化的虚拟仪器系统的基础与关键,也是实现虚拟仪器系统开放性与互操作性的保证。图 3-8 所示为仪器驱动程序外部接口模型图。

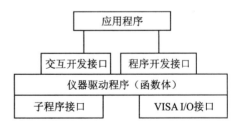

图 3-8　仪器驱动程序外部接口模型

3.3.3 仪器驱动程序的结构模型

1. 外部接口模型

"VPP 仪器驱动程序规范"规定了仪器驱动程序开发者编写驱动程序的规范与要求,它可使多个厂家仪器驱动程序的共同使用,增强了系统级的开放性、兼容性和互换性。VPP 规范提出了两个基本结构模型,VPP 仪器驱动程序都是围绕这个两模型编写的。第一个模型是仪器驱动程序的外部接口模型,它表示了仪器驱动程序如何与外部软件系统接口。外部接口模型共可分为五部分。

(1) 函数体

函数体是仪器驱动程序的主体,为仪器驱动程序的实际源代码。函数体的内部结构将在仪器驱动程序的第二个模型(内部设计模型)中详细介绍。"VPP 仪器驱动程序规范"定义了两种源代码形式,一种为语言代码形式(主要是 C 语言形式),另一种是以 G(图形)语言形式。

(2) 交互式开发接口

这一接口通常是一个图形化的功能面板,用户可以在这个图形接口上管理各种控制、改变每一个功能调用的参数值。

(3) 程序开发接口

它是应用程序调用驱动程序的软件接口,通过本接口可以方便地调用仪器驱动程序中定义的所有功能函数。不同的应用程序开发环境,将有不同的软件接口。

(4) VISA I/O 接口

仪器驱动程序通过本接口调用 VISA 这一标准的 I/O 接口程序库,从而实现了仪器驱动程序与仪器的通信问题。

(5) 子程序接口

该接口是为仪器驱动程序调用其他软件模块(如数据库、FFT 等软件)而提供的软件接口。

2. 内部设计模型

仪器驱动程序的第二个模型是内部设计模型,如图 3-9 所示。它定义了图 3-9 中仪器驱动程序函数体的内部结构并作出详尽描述。这一模型对于仪器驱动程序的开发者来说是非常重要的,因为所有 VPP 仪器驱动程序的源代码根据此设计模型而编写的。同样,它对于仪器用户来说也是非常重要的,一旦用户理解了这一模型,并知道如何使用仪器驱动程序,那么,他们就完全知道怎样使用所有的仪器驱动程序。

VPP 仪器驱动程序的函数体主要由两个部分组成,第一部分是一组部件函数,它们是一些控制仪器特定功能的软件模块,包括初始化、配置、作用/状态、数据、实用和关闭功能。第二部分是一组应用函数,它们使用一些部分函数共同实现完整的测试和测量操作。

(1) 部件函数

仪器驱动程序的部件函数包括:初始化函数、配置函数、动作/状态函数、数据函数、实用函数和关闭函数。

① 初始化函数:初始化函数是访问仪器驱动程序时调用的第一个函数,它也被用于初始化软件连接,也可执行一些必要的操作,使仪器处于默认的上电状态或其他特定状态。

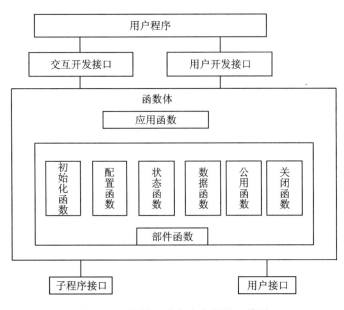

图 3 - 9　仪器驱动程序内部接口模型

② 配置函数:配置函数是一些软件程序,它对仪器进行配置,以便执行所希望的操作。

③ 作用/状态函数:该函数使仪器执行一项操作或者报告正在执行或已挂起的操作的状态。这些操作包括激活触发系统,激励输出信号或报告测量结果。

④ 数据函数:用来从仪器取回数据或向仪器发送数据。例如,具有这些函数的测量仪器将测量结果传送到计算机,波形数据传送到任意波形合成器以及数据传送到数据信号发生器等。

⑤ 实用函数:该函数包括许多标准的仪器操作,如复位、自检、错误查询、错误处理、驱动程序的版本及仪器硬件版本。实用函数也可包括开发者自己定义的仪器驱动程序函数,如校准,存储和重新设定值等。

⑥ 关闭函数:该函数是最后调用的,它只是简单地关闭仪器与软件的连接。

(2) 应用函数

应用函数是一组以源代码提供的面向测试任务的高级函数,在大部分情况下,这些例行程序通过配置、触发和从仪器读取数据来完成整个测试操作。这些函数不仅提供了如何使用部件函数的实例,而且当用户仅需要一个面向测试的函数接口而不是使用单个部件函数时,它们也是非常有用的。应用函数本身是基于部件函数之上的。

从部件函数的类型看出,初始化函数、关闭函数以及实用函数是所有 VPP 仪器驱动程序都必须包含的,属于仪器的通用函数部分。而配置函数、动作/状态函数以及数据函数是每个仪器驱动程序的不同部分,属于仪器的特定函数部分。

根据测试任务的不同,将虚拟仪器粗分为三种类型:测量仪器、源仪器以及开关仪器,分别完成测量任务、源激励任务以及开关选通任务。在 VPP 系统仪器驱动程序规范中,将配置函数、动作/状态函数以及数据函数通称为功能类别函数,对应以上的三种仪器类型,分别定义了三种功能类别函数的结构,即测量类函数、源类函数以及开关类函数。

3. 仪器驱动程序函数简介

符合 VPP 规范的仪器驱动程序的函数是标准的、统一的。VPP 规范规定了仪器驱动程序通用函数的原型结构、参数类型与返回值，下面对通用函数作以简单介绍。

（1）通用函数

① 初始化函数：建立驱动程序与仪器的通信联系。

VPP 规范对参数及返回的状态值做了规定（见 VP3.2：仪器驱动程序函数体规范），如表 3-6 和表 3-7 所列。

表 3-6　参数表

输入参数	描　述	类　型
rsrcName	仪器描述	ViRrsrc
Id query	系统确认是否执行	ViBoolean
Reset instr	复位操作是否执行	ViBoolean
输出参数	描　述	类　型
vi	仪器句柄	ViSession

表 3-7　返回状态值表

返回状态直	描　述
VI_SUCCESS	初始化完成
VI_WARN_NSUP_ID_QUERY	标识查询不支持
VI_WARN_NSUP_ID_RESET	复位不支持
VI_ERROR_FAIL_ID_RESET	仪器标识查询失败

② 复位函数将仪器置为默认状态。

③ 自检函数对仪器进行自检。

④ 错误查询函数，仪器错误的查询。

⑤ 错误消息函数将错误代码转换为错误消息。

⑥ 版本查询函数对仪器驱动程序的版本与固有版本进行查询。

⑦ 关闭函数终止软件与仪器的通信联系，并释放系统资源。

（2）特定函数

每个仪器不仅具有通用功能，也具有各自的特定功能。按功能类别函数定义的仪器类型，从其功能上划分，分为测量仪器、源类仪器以及开关类仪器等。整个仪器驱动程序的结构是树形结构，仪器作为树结构的根节点，包括的功能类别函数按类别为子节点，再向下分解所包括的子功能为孙节点，一直分解到所有子功能都能对应到一个仪器功能操作函数为止。

下面分别对三种功能类别函数的结构进行描述：

1）测量类功能类别函数

本类函数完成对一特定测量任务进行仪器配置，初始化测量过程并读取测量值。这些函数一般包含在测量类仪器模块（例如，万用表模块）的仪器驱动程序中。这些功能函数包含多个参数，且不需要与其他驱动函数操作进行交互。图 3-10 所示为测量类功能类别函数结构模型。

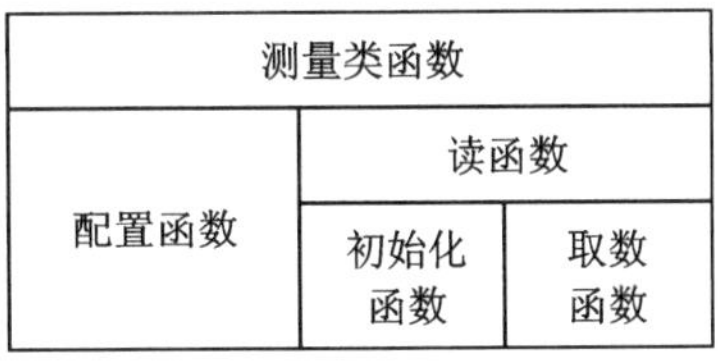

测量类函数		
配置函数	读函数	
	初始化函数	取数函数

图 3-10　测量类功能类别结构模型

① 配置函数：为测量类仪器提供一个高级抽象的功能接口。它为一个特定的测量任务配置仪器，但不进行测量初始化，一般不提供返回结果。

② 读函数：完成一个完整的测量操作，从测量的初始化到提供测量结果。

配置函数与读函数是相互独立的，但其内部有特定的顺序关系。读函数依赖于配置函数产生仪器状态，但并不能修改仪器的配置情况。

2）源类功能类别函数

该类函数在单一操作中，完成对一个特定的激励输出的仪器配置，并进行初始化。这些函数一般包含在源输出类模块(如信号发生器、任意波形发生器等模块)的仪器驱动程序中。这些功能函数包括多个参数,且不需要与其他驱动函数操作进行交互。图 3 - 11 为源类功能类别函数结构模型。

① 配置函数:本函数为源类仪器提供一个高级抽象的功能接口。它为一个特定的激励输出任务配置仪器,但不进行器件初始化,一般不提供返回结果。

② 初始化函数:本函数进行源操作登录,完成激励输出操作初始化。

配置函数与初始化函数是相互独立的,但其内部具有特定的顺序关系。配置函数只为一种特定激励输出进行仪器配置。如源操作已经初始化,器件配置可以改变输出特性。而初始化函数只输出已配置的激励,并不能修改器件的配置情况。

3) 开关类功能类别函数

在单一操作中,本函数完成对信号的开关与选通。这些功能类别函数,一般包含在各类开关模块的仪器驱动程序中。这些功能函数包括多个参数,且不需要与其他驱动函数操作进行交互。图 3 - 12 为开关类功能类别函数结构模型。

测量类函数	
配置函数	初始化函数

开关类函数	
配置函数	初始化函数

　　图 3 - 11　源类功能类别结构模型　　　　图 3 - 12　开关类功能类别结构模型

① 配置函数:本函数为开关类仪器提供一个高级抽象的功能接口。它为一个特定的开关与选通任务配置仪器,但不进行器件初始化,一般不提供返回结果。

② 初始化函数:本函数进行开关操作登录,完成开关与选通操作初始化。

配置函数与初始化函数是相互独立的,但其内部具有特定的顺序关系。配置函数只为一种特定开关进行仪器配置,而初始化函数只建立已配置的选通状态,并不能修改器件的配置情况。

在虚拟测试系统之中,将仪器分为以上三大类是相对模糊的,有的仪器本身既具有测量功能,同时具有源输出功能,因此,它必须同时符合 VPP 规范对于测量类功能类别函数与源类功能类别函数的要求。而上述所有的树结构模型的划分也是相对于模型的,仪器驱动程序的设计人员必须在以上树结构的基础上,进一步细化子节点的结构,直到所有的子节点都可以直接与一个函数操作相对应为止。也由于测试系统中的仪器类型实在太多,对所有的仪器驱动程序的设计作详细的规定与描述,既不可行也不符合扩展性要求。因此,仪器驱动程序人员必须在完全理解仪器驱动程序的外部接口模型与内部设计模型的基础上,结合本仪器的具体功能要求及一定的功能指标,并尽可能地参考现有的符合 VPP 规范的仪器驱动程序的实例,才能设计出标准化、统一化、模块化的 VPP 仪器驱动程序。

本章小结

本章详细介绍了虚拟仪器软件结构 VISA 的基本结构、特点、应用和该规范的基本原理;阐述了可编程标准命令 SCPI 的命令句法和 SCPI 的仪器模型;介绍了 VPP 仪器驱动程序的结构模型和基本函数。通过本章学习,学生应掌握自动测试系统开发必备软件的基础知识。

思 考 题

1. VISA 软件具有哪些特点？
2. VISA 应用程序由哪几部分组成？各有什么作用？
3. 简述 VXI 仪器驱动程序的结构模型。
4. 画出 SCPI 命令题头组成。

实验系统篇

第4章 实验开发软件

4.1 Microsoft Visual Studio 简介

4.1.1 发展历程

Microsoft Visual Studio(简称 VS)是美国微软公司的开发工具包系列产品,也是目前比较流行的 Windows 平台应用程序的集成开发环境。VS 是一个基本完整的开发工具集,包括了整个软件生命周期中所需要的大部分工具,如 UML 工具、代码管控工具、集成开发环境(IDE)等。所写的目标代码适用于微软支持的所有平台,包括 Microsoft Windows、Windows Mobile、Windows CE、. NET Framework、. NET Compact Framework 和 Microsoft Silverlight 及 Windows Phone。

最新版本为 Visual Studio 2019 版本,基于. NET Framework 4.8。Mac 版 Visual Studio 于 2017 年 5 月 10 日正式推出。

1997 年,微软发布了 Visual Studio 97,包含面向 Windows 开发使用的 Visual Basic 5.0、Visual C++ 5.0,面向 Java 开发的 Visual J++和面向数据库开发的 Visual FoxPro,还含有创建 DHTML (Dynamic HTML)所需要的 Visual InterDev。其中,Visual Basic 和 Visual FoxPro 使用单独的开发环境,其他的开发语言使用统一的开发环境。

1998 年,微软发布了 Visual Studio 6.0 版,所有开发语言的开发环境版本均升至 6.0。这也是 Visual Basic 最后一次发布,之后 Microsoft Basic 变为一种新的面向对象的语言:Microsoft Basic . NET 2002。由于微软公司对于 Sun 公司 Java 语言扩充导致与 Java 虚拟机不兼容被 Sun 告上法庭,微软在后续的 Visual Studio 中不再包括面向 Java 虚拟机的开发环境。

2002 年,随着. NET 口号的提出与 Windows XP/Office XP 的发布,微软发布了 Visual Studio . NET(内部版本号为 7.0)。在这个版本的 Visual Studio 中,微软将剥离的 Visual FoxPro 作为一个单独的开发环境以 Visual FoxPro 7.0 单独销售,同时取消了 Visual InterDev。与此同时,微软引入了建立在. NET 框架上(版本 1.0)的托管代码机制以及一门新的语言 C♯(读作 C Sharp)。C♯是一门建立在 C++和 Java 基础上的现代语言,是编写. NET 框架的语言。

. NET 通用语言框架机制(Common Language Runtime,CLR)的目的是在同一个项目中支持不同的语言所开发的组件,所有 CLR 支持的代码都会被解释成为 CLR 可执行的机器代码然后运行。

. NET 控件是指以输入或操作数据的对象,是. NET 平台下对数据和方法的封装,有自己的属性和方法。属性是控件数据的简单访问者,方法则是控件的一些简单而可见的功能。过去,开发人员将 C/C++与 Microsoft 基础类(MFC)或应用程序快速开发(RAD)环境(如 Microsoft ® Visual Basic™)一起使用来创建这样的应用程序,而. NET Framework 则将这些现有产品的特点合并到了单个且一致的开发环境中,该环境大大简化了客户端应用程序的开发。包含在. NET Framework 中的 Windows 窗口类旨在用于 GUI 开发,开发者可以轻松创建具有适应多变的商业需求所需的灵活性的命令窗口、按钮、菜单、工具栏和其他屏幕元素。

　　Visual Basic、Visual C++都被扩展为支持托管代码机制的开发环境,且 Visual Basic .NET 更是从 Visual Basic 脱胎换骨,彻底支持面向对象的编程机制;而 Visual J++也变为 Visual J♯,后者仅语法结构与 Java 相同,但是面向的不是 Java 虚拟机,而是. NET Framework。

　　2003 年,微软对 Visual Studio 2002 进行了部分修订,以 Visual Studio 2003 的名义发布(内部版本号为 7.1)。Visio 作为使用统一建模语言(UML)架构应用程序框架的程序被引入,同时被引入的还包括移动设备支持和企业模版,. NET 框架也升级到了 1.1 版本。

　　2005 年,微软发布了 Visual Studio 2005,. NET 字眼从各种语言的名字中被抹去,但是这个版本的 Visual Studio 仍然还是面向. NET 框架的(版本 2.0)。这个版本的 Visual Studio 包含有众多版本,分别面向不同的开发角色。同时还永久提供免费的 Visual Studio Express 版本。

　　2007 年 11 月,微软发布了 Visual Studio 2008。

　　2010 年 4 月,微软发布了 Visual Studio 2010 以及. NET Framework 4.0。

　　2012 年 9 月,微软在西雅图发布 Visual Studio 2012。

　　2013 年 11 月,微软发布 Visual Studio 2013。

　　2014 年 11 月,微软发布 Visual Studio 2015。

　　2017 年 5 月,微软 Build 开发者大会正式推出 Mac 版 Visual Studio。

　　Microsoft Visual Studio 不同时期、不同版本的部件组件如表 4 - 1 所列。

表 4 - 1　Microsoft Visual Studio 的部件组件

名　称	内部版本	C 类语言	Basic 类语言	Java 类语言	其他语言
Visual Studio	4.0	Visual C++ 4.0	Visual Basic 3.0		Visual FoxPro 4.0
Visual Studio 97	5.0	Visual C++ 5.0	Visual Basic 5.0	Visual J++ 1.1	Visual FoxPro 5.0
Visual Studio 6.0	6.0	Visual C++ 6.0	Visual Basic 6.0	Visual J++ 6.0	Visual FoxPro 6.0
Visual Studio . NET 2002	7.0	Visual C++ 2002 Visual C♯ 2002	Visual Basic 2002	Visual J♯ 1.0	—
Visual Studio . NET 2003	7.1	Visual C++ 2003 Visual C♯ 2003	Visual Basic 2003	Visual J♯ 1.1	—
Visual Studio 2005	8.0	Visual C++ 2005 Visual C♯ 2005	Visual Basic 2005	Visual J♯ 2.0	—
Visual Studio 2008	9.0	Visual C++ 2008 Visual C♯ 2008	Visual Basic 2008	—	—
Visual Studio 2010	10.0	Visual C++ 2010 Visual C♯ 2010	Visual Basic 2010	—	Visual F♯

续表 4 - 1

名　　称	内部版本	C 类语言	Basic 类语言	Java 类语言	其他语言
Visual Studio 2012	11.0	Visual C++ 2012 Visual C# 2012	Visual Basic 2012	—	Visual F# 2012
Visual Studio 2013	12.0	Visual C++ 2013 Visual C# 2013	Visual Basic 2013	—	Visual F# 2013
Visual Studio 2015	14.0	Visual C++2015 Visual C# 2015	Visual Basic 2015	—	Visual F# 2015

考虑到本教程中课程实验对开发软件环境要具备便于安装、易于学习等特点,以及课程是从系统集成和软件开发的角度开展实践,并要求实践开发软件满足基本开发功能即可,本教程选择了 Microsoft Visual Studio 2008 版本作为教学实践系统的实践开发软件。

4.1.2　Visual Studio 2008

1. Visual Studio 2008 的特点

(1) 快速的应用程序开发

Visual Studio 2008 提供了高级开发工具、调试功能、数据库功能和创新功能,帮助在各种平台上快速创建当前最先进的应用程序;还包括各种增强功能,例如可视化设计器(使用 .NET Framework 3.5 加速开发)、对 Web 开发工具的大量改进,以及能够加速开发和处理所有类型数据的语言增强功能。此外,还为开发人员提供了所有相关的工具和框架支持,帮助创建并支持 AJAX 的 Web 应用程序。开发人员能够利用这些丰富的客户端和服务器端框架轻松构建以客户为中心的 Web 应用程序,这些应用程序可以集成任何后端数据提供程序、在任何当前浏览器内运行并完全访问 ASP NET 应用程序服务和 Microsoft 平台。

为了帮助开发人员迅速创建先进的软件,Visual Studio 2008 提供了改进的语言和数据功能,例如语言集成的查询(LINQ),各编程人员可以利用这些功能更轻松地构建解决方案以分析和处理信息。Visual Studio 2008 还支持同一开发环境内创建面向多个.NET Framework 版本的应用程序,开发人员能够构建面向.NET Framework 2.0、3.0 或 3.5 的应用程序,这可以在同一环境中支持各种各样的项目。

(2) 突破性的用户体验

Visual Studio 2008 为开发人员提供了在最新平台上加速创建紧密联系的应用程序的新工具,这些平台包括 Web、Windows Vista、Office 2007、SQL Server 2008 和 Windows Server 2008 等。对于 Web、ASP NET AJAX 及其他新技术使开发人员能够迅速创建更高效、交互式更强和更个性化的新一代 Web 体验。

(3) 高效的团队协作

Visual Studio 2008 提供了帮助开发团队改进协作的扩展的和改进的服务项目,包括帮助将数据库专业人员和图形设计人员加入开发流程的工具。

2. Visual Studio 2008 应用简介

由于 Visual Studio 2008 不是本教程实验和学习的重点,在此仅从应用的角度来介绍该软件是如何使用的。

（1）打开或启动 Visual Studio 2008

双击桌面"Microsoft Visual Studio 2008"快捷方式图标，或者选择"开始→程序→Microsoft Visual Studio 2008"命令，启动 Visual Studio 2008 集成开发环境，如图 4-1 所示。

图 4-1　初次启动 Microsoft Visual Studio 2008

接着又会出现一个对话框，选择"Visual C♯开发设置"选项，然后单击"启动 Visual Studio"按钮，系统进行 Microsoft Visual Studio 2008 的环境配置，如图 4-2 所示；配置完成后，进入 Microsoft Visual Studio 2008 集成开发环境的起始页，如图 4-3 所示。

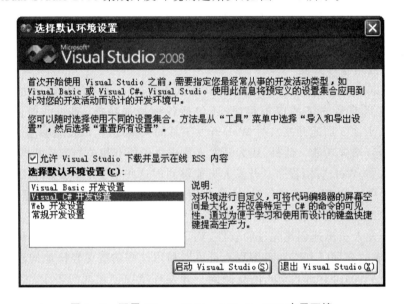

图 4-2　配置 Microsoft Visual Studio 2008 应用环境

为便于管理创建的项目、用户项目模板和用户项模板，在应用之前，通常修改一下文件的存放位置，如图 4-4 所示。

选择"工具→选项"命令后将弹出"选项"对话框，在左边的树形视图中选择"项目和解决方案"，在右边修改项目、用户项目模板和用户项模板的存放位置。选择一个适当的存放位置，可以更方便地管理这些项目，最后单击"确定"按钮保存设置。

（2）创建 Windows 应用程序

开发一个应用程序先要创建一个新的项目。创建新项目的方法有多种：

① 在"起始页"页面上的"最近的项目"板块中（见图 4-3 的上部分），单击与"创建:"同行的"项目"；

② 使用工具栏中的快捷按钮；

③ 选择"文件→新建项目"命令，均可创建一个新的 Visual C♯ 2008 项目。

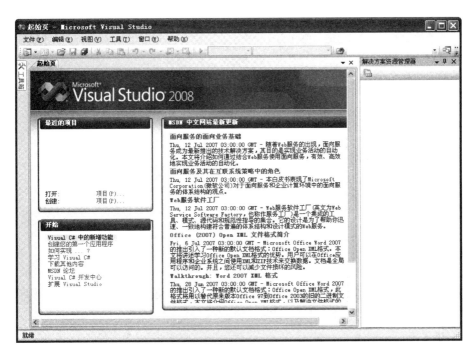

图 4 - 3 Microsoft Visual Studio 2008 起始界面

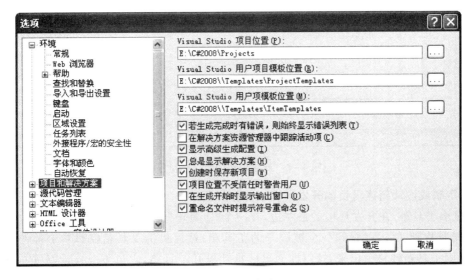

图 4 - 4 更改存放位置

创建新项目时先弹出"新建项目"对话框,可在"Visual Studio 已安装的模板"选项组中保留默认的选择"Windows 窗口应用程序",然后在项目名称文本框中输入该项目的名称,便可设置新建项目的名称,如"Welcome",如图 4 - 5 所示。

接下来单击"新建项目"对话框中的"确定"按钮,则新建项目创建成功,并跳转至"Form1.cs [设计]"视图,该视图中出现一个名为 Form1 的 Windows 窗口,如图 4 - 6 所示。

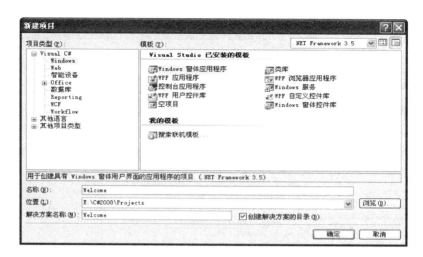

图 4 - 5　　新建项目"对话框"

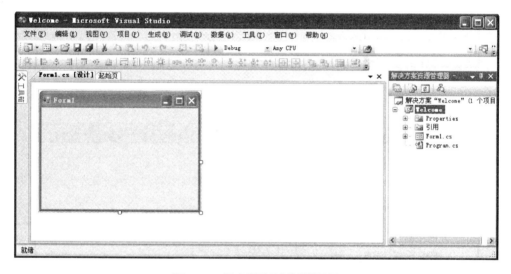

图 4 - 6　　新建项目的"设计"视图

（3）定制或设计新建项目的开发环境或操作界面

① 显示工具箱：在开发环境的最左边，有一个"工具箱"的字样，将鼠标指针移动并停留在该部位，稍候片刻，就可以看到一个被展开的工具箱；然后单击工具箱窗口右上部的（自动隐藏）按钮，则工具箱被显示出来，这时即使鼠标指针离开工具箱，它也不会自动隐藏，这样便可更方便地使用其中的控件。如果最左边没有"工具箱"，则可以在"视图"下拉菜单中找到"工具箱"选项，单击后会展开工具箱，如图 4 - 7 所示。

② 显示属性窗口：属性窗口是修改操作界面对象属性时最常用的一个工具，在默认情况下是隐藏的，单击"视图"下拉菜单下的"属性窗口"可显示操作界面对象属性，如图 4 - 8 所示。

如果觉得窗口（工具箱、解决方案资源管理器和属性窗口）占据的屏幕空间太大，可以将鼠标指针停靠在这些窗口的边缘，然后使用鼠标的拖动来改变它们的高度和宽度，以获得更合理的窗口布局。

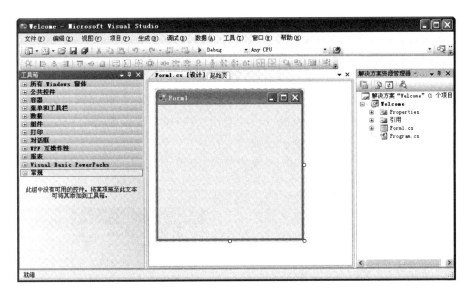

图 4-7 展开"工具箱"

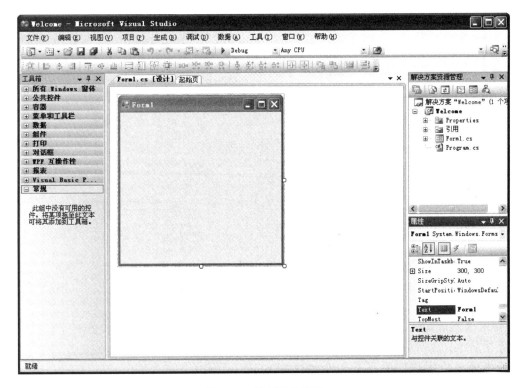

图 4-8 显示属性窗口

(4) 开发实验或应用程序

完成上述步骤后实验不具备任何功能,为实现实验的功能还需要添加各种按钮、图标、控件,并在代码窗口中输入相应的功能代码。

通常,实验开发时应包括窗口设计器、工具箱、代码窗口、解决方案资源管理器和属性窗口这五个基本的组成部分。

① 窗口设计器:窗口是用户操作界面各元素中的最大容器,用于容纳其他控件(如标签、文本框、按钮等)。Windows 窗口设计器用于设计 Windows 应用程序的用户操作界面,是一个放置其他控件的容器,一般称为"窗口(Form)",主要用来向用户显示信息的可视图面,如图 4-9 所示。

② 工具箱:Microsoft Visual Studio 2008 自带了很多常用控件以方便开发人员使用。这些常用控件(共 12 个,如公共控件、容器、组件、对话框等)通常被放置在"工具箱"中,不常用的可以通过快捷菜单中的"选择项"命令来添加。

注意:只有在"窗口设计"界面下单击"视图"下拉菜单中的"工具箱"才可以将该"工具箱"展开。图 4-10 所示为工具箱。

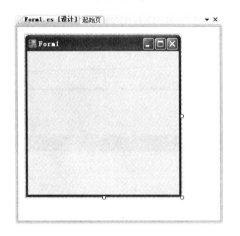

图 4-9　窗口设计器

图 4-10　工具箱

③ 代码窗口:代码窗口用来输入或实现具体各个控件对应的事件响应代码、事件处理代码等。可以采用选择"视图"内菜单中的"代码"命令打开实践项目的代码窗口;也可以通过右击窗口或窗口中的控件,在弹出的快捷菜单中选择"查看代码"命令打开实践项目的代码窗口;或则在解决方案资源管理器的工具栏中单击"查看代码"按钮,代码窗口如图 4-11 所示。

④ 解决方案资源管理器:解决方案资源管理器的功能是显示一个应用程序或实践项目中所有的属性以及组成该应用程序的所有文件,包括 Properties、引用等,如图 4-12 所示。用户可以通过双击其中的列表项来切换到相应的对象中去。

图 4-11　代码窗口

⑤ 属性窗口:窗口都包含一些基本的组成要素,如图标、标题、位置和背景等,设置这些要素可以通过窗口的"属性"窗口进行设置,也可以通过代码实现。为快速开发窗口应用程序,通常是通过"属性"窗口进行设置。在窗口设计器窗口选中一个对象(窗口或窗口中的控件)后,该对象的属性会显示在相应的属性窗口中,如图 4-13 所示。属性窗口显示对象 Form1 的所

有可读/写属性,拖动该窗口右侧的滚动条可以查看到这些属性。

图4-12 解决方案资源管理器

图4-13 属性窗口

(5) 保存实践项目

在完成窗口的设计并编写好程序代码后保存项目文件,以防止调试或运行程序时发生死机等意外而造成数据丢失,保存文件可以选择"文件"菜单下的"保存"或"全部保存"命令,或单击工具栏中的"保存"或"全部保存"按钮,保存的位置为前面设置存放位置。通常,建议开发人员使用"全部保存"选项。

(6) 生成并输出相应文件或动态库

调试无误后,生成或输出相应的文件或动态库。

4.2 C♯语言

4.2.1 C♯语言简介

1. 发展过程

C♯语言是微软公司在2000年6月发布的一种新的编程语言,主要由安德斯·海尔斯伯格(Anders Hejlsberg)主持开发,是第一个面向组件的编程语言,其源码先编译成 msil 再运行。它借鉴了 Delphi 的一个特点,与COM(组件对象模型)是直接集成的,并且新增了许多功能及语法,而且它是微软公司.NET windows 网络框架的主角。

C♯读作 C Sharp,最初它有个更酷的名字,叫作 COOL。微软从1998年12月开始了COOL项目,直到2000年2月,COOL 被正式更名为 C♯。1998年,Delphi 语言的设计者 Hejlsberg 带领着 Microsoft 公司的开发团队,开始了第一个版本 C♯语言的设计。2000年9月,国际信息和通信系统标准化组织为 C♯语言定义了一个 Microsoft 公司建议的标准。最终 C♯语言在2001年得以正式发布。

原 Borland 公司的首席研发设计师安德斯·海尔斯伯格(Anders Hejlsberg)在微软开发了 Visual J++ 1.0,很快 Visual J++由1.1版升级到6.0版。SUN 公司认为 Visual J++违反了 Java 开发平台的中立性,对微软提出了诉讼。2000年6月26日,微软在奥兰多举行的

"职业开发人员技术大会"(PDC 2000)上,推出了 C♯语言。C♯语言虽然取代了 Visual J++,但语言本身深受 Java、C 和 C++的影响。C♯是兼顾系统开发和应用开发的最佳实用语言,并且很有可能成为编程语言历史上的第一个"全能"型语言。

2. 设计目标

C♯语言旨在设计成为一种"简单、现代、通用",以及面向对象的程序设计语言,此种语言的实现,应提供对于以下软件工程要素的支持:强类型检查、数组维度检查、未初始化的变量引用检测、自动垃圾收集(Garbage Collection,指一种自动内存释放技术)。软件必须做到强大、持久,并具有较强的编程生产力,此种语言为在分布式环境中的开发提供适用的组件开发应用。

为使程序员容易迁移到这种语言,尤其是对于那些已熟悉 C 和 C++的程序员而言,源代码的可移植性十分重要。C♯适合为独立和嵌入式的系统编写程序,从使用复杂操作系统的大型系统到特定应用的小型系统均适用,非常适合于国际化。

3. 主要特点

C♯语言是微软公司发布的一种面向对象的、运行于. NET Framework 和. NET Core(完全开源、跨平台)之上的高级程序设计语言,它是微软公司研究员 Anders Hejlsberg 的最新成果。C♯与 Java 很相似,即它包括了诸如单一继承、接口、与 Java 几乎同样的语法和编译成中间代码再运行的过程。但是 C♯与 Java 有着明显的不同,它借鉴了 Delphi 的一个特点,与 COM(组件对象模型)是直接集成的,是. NET windows 网络框架的主角。

C♯是一种安全的、稳定的、简单的、优雅的、由 C 和 C++衍生出来的面向对象的编程语言,它在继承 C 和 C++强大功能的同时去掉了一些复杂特性(如没有宏以及不允许多重继承)。C♯综合了 VB 简单的可视化操作和 C++的高运行效率,以其强大的操作能力、优雅的语法风格、创新的语言特性和便捷的面向组件编程的支持成为. NET 开发的首选语言。

C♯是面向对象的编程语言,可使程序员快速地编写各种基于 Microsoft. NET 平台的应用程序,Microsoft. NET 提供了一系列的工具和服务来最大程度地开发利用计算与通信领域。

C♯使得 C++程序员可以高效的开发程序,且因可调用由 C/C++编写的本机原生函数,因此绝不损失 C/C++原有的强大功能。因为这种继承关系,C♯与 C/C++具有极大的相似性,熟悉类似语言的开发者可以很快地转向 C♯。

4. 版本介绍

(1) C♯ 1.0 纯粹的面向对象

在 2003 年 5 月,微软推出了 Visual Studio . NET 2003,同时也发布了 C♯的改进版本 C♯ 1.1。这一时期的 C♯(以下称为 C♯ 1.x)提出了纯粹的面向对象概念。C++并非纯面向对象的,为了和 C 兼容以及提供更高的执行效率,它保留了很多模块化的东西。C♯还通过类类型、值类型和接口类型的概念形成了统一的类型系统。

尽管 C♯ 1.x 提供了如此多的新鲜概念,但是当将一个 C♯源程序编译为可执行文件时,编译器做的工作相对而言并不多。需要编译器代劳的是要将一个简单的委托定义语句翻译为一个继承 System. MulticastDelegate 类型定义。

(2) C♯ 2.0 泛型编程新概念

微软在 2004 年 6 月份发布了 Visual Studio 2005 的第一个 Beta 版,同时向开发人员展示了 C♯语言的 2.0 版本。2005 年 4 月,微软发布了 Visual Studio 2005 Beta2,这个版本已经具备了几乎全部功能的 Visual Studio,包括的产品有 SQL Server 2005、Team Foundation Server 和 Team Suite。这时的 C♯编译器已经能够处理 C♯ 2.0 中所有的新特性。

C♯ 2.0 为开发人员带来的最主要的特性就是泛型编程能力。和面向对象思想一样,泛型编程思想也是一种已经成熟的编程思想,但依然是没有哪一种主流开发语言能够支持完备的泛型概念。这主要是因为泛型的概念在一定程度上对面向对象概念进行冲击,同时,由于在编译期间很难做到对类型参数的完全检测,很多问题会被遗留到运行时;而 C♯ 2.0 则别出心裁,对泛型类型参数提出了"约束"的新概念,并以优雅的语法体现在语言之中。有了约束,结合编译器强大的类型推断能力,可以在编译时发现几乎所有"危险"的泛型应用。

C♯ 2.0 的另一个突出的特性就是匿名方法,它用来取代一些短小的并且仅出现一次的委托,使得语言结构更加紧凑。匿名方法除了可以使得事件处理器的编写更加精简以外,还将开发人员带入程序设计的一个新的领域—函数式编程,而曾经有高人就用匿名方法结合泛型编程实现了函数式编程中的重要结构 Lambda 表达式。尽管这种实现显得很繁琐而且不易理解,但毕竟是实现了。

(3) C♯3.0(研发代号"Orcas")

在 2005 年 9 月召开的 PDC 大会上,微软发布了 C♯3.0(研发代号"Orcas",魔鬼)的技术预览版。说到 C♯ 3.0,绕不开微软的 LINQ 项目,语言集成查询 LINQ(Language Integrated Query)提出了一种通过面向对象语法来实现对非面向对象数据源的查询技术,可查询的数据源从关系型数据库延伸到一般意义上的集合(如数组和列表)以及 XML。而 C♯ 3.0 则是率先实现了 LINQ 的语言。在 C♯ 3.0 中,可以用类似于 SQL 语句的语法从一个数据源中轻松地得到满足一定条件的对象集合。

(4) C♯ 4.0 动态编程

C♯ 4.0 新增了 dynamic 关键字,提供动态编程(dynamic programming),把既有的静态物件标记为动态物件,类似 javascript、Python 或 Ruby。

4.2.2　C♯语言基础

1. 代码编写规则

(1) 代码编写规则

在开发人员编写代码时,需要为各种变量以及自定义的数据类型设置合适的名称,这些名称通常遵守以下规则:

① 由英文字母、数字和下画线组成;

② 英文字母大小写要加以区分;

③ 不允许使用数字开头;

④ 不能使用 C♯语言中定义的关键字。

C♯语言中的关键字如表 4-2 所列。

表中部分关键字描述:

abstract:可以和类、方法、属性、索引器及事件一起使用,标识一个可以扩展但不能被实体化的、必须被实现的类或方法。

as:一个转换操作符,如果转换失败,就返回 null。

表 4 - 2　C♯语言中的关键字

abstract	as	base	bool	break	byte	case	catch	char	checked
decimal	default	delegate	continue	double	do	else	enum	event	explicit
finally	fixed	float	for	foreach	get	goto	if	implicit	const
in	int	interface	internal	is	lock	long	new	null	object
partial	out	namespace	override	private	ref	readonly	public	return	protected
short	set	stackalloc	sizeof	static	this	struct	throw	try	switch
typeof	uint	unchecked	ulong	unsafe	void	ushort	using	value	virtual
volatile	where	while	yield	class	true	extern	false	sbyte	sealed

base:用于访问被派生类或构造中的同名成员隐藏的基类成员。

catch:定义一个代码块,在特定类型异常抛出时,执行块内代码。

checked:既是操作符又是语句,确保编译器运行时,检查整数类型操作或转换时出现的溢出。

const:标识一个可在编译时计算出来的变量值,一经指定值不可修改的值。

delegate:指定一个声明为一种委托类型。委托把方法封装为可调用实体,能在委托实体中调用。

enum:表示一个已命名常量群集的值类型。

event:允许一个类或对象提供通知的成员,它必须是委托类型。

explicit:一个定义用户自定义转换操作符的操作符,通常用来将内建类型转换为用户定义类型或反向操作,必须再转换时调用显示转换操作符。

extern:标识一个将在外部(通常不是 C♯语言)实现的方法。

finally:定义一个代码块,在程序控制离开 try 代码块后执行,参见 try 和 catch。

fixed:在执行一个代码块时,在固定内存位置为一个变量指派一个指针。

foreach:用于遍历一个群集的元素。

goto:一个跳转语句,将程序执行重新定向到一个标签语句。

implicit:一个操作符,定义一个用户定义的转换操作符,通常用来将预定义类型转换为用户定义类型或反向操作,隐式转换操作符必须在转换时使用。

interface:将一个声明指定为接口类型,即实现类或构造必须遵循的合同。

internal:一个访问修饰符。

namespace:定义一个逻辑组的类型和命名空间。

operator:用来声明或多载一个操作符。

out:标识一个参数值会受影响的参数,但在传入方法时,该参数无须先初始化。

params:声明一个参数数组。如果使用,必须修改指定的最后一个参数,允许可选参数。

readonly:标识一个变量的值在初始化后不可修改。

ref:标识一个参数值可能会受影响的参数。

sealed:防止类型被派生,防止方法和 property 被覆载。

sizeof:一个操作符,以 byte 为单位返回一个值类型的长度。

stackalloc：返回在堆上分配的一个内存块的指针。

struct：是一种值类型，可以声明常量、字段、方法、property、索引器、操作符、构造器和内嵌类型。

throw：抛出一个异常。

try：异常处理代码块的组成部分之一，try 代码块包括可能会抛出异常的代码。

typeof：一个操作符，返回传入参数的类型。

unchecked：禁止溢出检查。

unsafe：标注包含指针操作的代码块、方法或类。

using：当用于命名空间时，using 关键字允许访问该命名空间中的类型，而无须指定其全名，也用于定义 finalization 操作的范围。

virtual：一个方法修饰符，标识可被覆载的方法。

volatile：标识一个可被操作系统、某些硬件设备或并发线程修改的 attribute。

(2) 代码注释及规则

代码注释用于解释被注释代码，是为了帮助开发人员读懂程序代码，也是程序代码的重要组成部分，它是不进行编译的文本。通常，只有在关键的语句或代码段才对代码进行注释。C♯语言中通常有两种代码注释方法：

① 单行注释是以双斜线"//"开始的代码起到所在行结束；

② 多行注释是以"/ *"开始、以" * /"结束，中间的代码段均为注释。

2. 语言结构

(1) 类

一个基本的 C♯ 类中包含数据成员、属性、构造器和方法，属性可以是静态或实例成员。在 C♯ 中类的声明与 C++和 Java 很相似，它与 C++不同之处在于 C♯ 结构体与类是不支持继承多个父类，而与 Java 相同点是，一个结构体可以实现接口（interface）。Java 的关键字 import 已经被替换成 using，它起到了同样的作用。

类可以是抽象的和不可继承的。一个被申明成 abstract 的类不能被实例化，它只能被用作一个基类，C♯ 关键字 lock 就像 Java 关键字 final，它申明一个类不是抽象的，但是它也不能被用作另一个类的基类接口（就像在 Java 中一样，一个接口是一组方法集合的抽象定义）。当一个类或结构体实现一个接口的时候，它必须实现这个接口中定义的所有方法。一个单一的类可以实现几个接口，也许以后会出现一些微妙的差别，但是这个特点看起来与 Java 相比没有变化。

(2) 布尔运算

条件表达式的结果是布尔类型，布尔类型是这种语言中独立的一种数据类型，从布尔类型到其他类型没有直接的转换过程，布尔常量 true 和 false 是 C♯ 中的关键字。

(3) 内存管理

由底层. NET 框架进行自动内存垃圾回收。

(4) 接　口

接口是其他类型为确保支持某些操作而实现的引用类型。接口是从不直接创建的，而且没有实际的表示形式到其他类型时必须转换为接口类型。一个接口定义一个协定。实现接口的类或结构必须遵守其协定。接口可以包含方法、属性、索引器和事件作为成员。

（5）强类型

C♯是一个强类型的语言，它的数值类型有一些可以进行隐式转换，其他的必须显式转换。隐式转换的类型只能是长度短的类型转换成长的类型，int 可以转换成 long、float、double、decimal，反之必须显式转换。

（6）编　译

程序直接编译成标准的二进制可执行形式，但 C♯的源程序并不是被编译成二进制可执行形式，而是一种中间语言(IL)，类似于 JAVA 字节码。与 Java 类似，C♯程序不能直接编译成标准的二进制可执行形式，它首先被编译成为中间代码（Microsoft Intermediate Language），然后通过.NET Framework 的虚拟机{被称之为通用语言执行层（Common Language Runtime,CLR)}执行。

（7）预编译

C♯中存在预编译指令支持条件编译、警告、错误报告和编译行控制。可用的预编译指令有：♯define、♯undef、♯if、♯elif、♯else、♯endif、♯warning、♯error 和♯line。

没有♯include 伪指令，无法再用♯define 语句对符号赋值，所以就不存在源代码替换的概念，这些符号只能用在♯if 和♯elif 伪指令里。在♯line 伪指令里的数字（和可选的名字）能够修改行号以及♯warning 和♯error 输出结果的文件名。

（8）操作符重载

一些操作符能够被重载，包括单目操作符（＋、－、!、~、++、--、true、false）和二元运算符（＋、－、*、/、%、&、|、^、<<、>>、==、!=、>、<、>=、<=），但任何一个赋值运算符都不能够被重载。

（9）类　型

C♯中的类型一共分为两类，一类是值类型（Value Type），一类是引用类型（Reference Type）。值类型和引用类型是以它们在计算机内存中如何被分配而划分的。值类型包括结构和枚举；引用类型包括类、接口、委托等。还有一种特殊的值类型，称为简单类型（Simple Type），如 byte、int 等，这些简单类型实际上是 FCL 类库类型的别名，比如声明一个 int 类型，实际上是声明一个 System. Int32 结构类型。因此，在 Int32 类型中定义的操作，都可以应用在 int 类型上，如"123. Equals(2)"。

所有的值类型都隐式地继承自 System. ValueType 类型（注意 System. ValueType 本身是一个类类型），System. ValueType 和所有的引用类型都继承自 System. Object 基类。不能显式地让结构继承一个类，因为 C♯不支持多重继承，而结构已经隐式继承自 ValueType。

（10）NOTE

堆栈(stack)是一种后进先出的数据结构，在内存中，变量会被分配到堆栈上进行操作。堆(heap)是用于为类型实例（对象）分配空间的内存区域，在堆上创建一个对象，会将对象的地址传给堆栈上的变量（反过来叫变量指向此对象，或者变量引用此对象）。

3．数据类型

C♯中的数据类型根据其定义可以分为两种：一种是值类型，另一种是引用类型。这两种类型的差异在于数据的存储方式，值类型直接存储数据，而引用类型则存储实际数据的引用，程序通过此引用找到真正的数据。

(1) 值类型

值类型直接存储数据值,主要包括整数类型、浮点类型和布尔类型等,如表 4-3 所列。值类型在堆栈中进行分配,因此效率很高,使用值类型主要目的是为了提高性能。

值类型是从 System. ValueType 类继承而来的,具有如下特性:

① 值类型变量都存储在堆栈中。

② 访问值类型变量时,一般都是直接访问其实例。

③ 每个值类型变量都有自己的数据副本,因此对一个值类型变量的操作不会影响其他变量。

④ 复制值类型变量时,复制的是变量的值,而不是变量的地址。

⑤ 值类型变量不能为 null,必须具有一个确定的值。

表 4-3 C♯ 中的值类型

类 型		说 明	范 围
整数类型	sbyte	8 位有符号整数	$-128\sim127$
	short	16 位有符号整数	$-32\,768\sim32\,767$
	int	32 位有符号整数	$-2\,147\,483\,648\sim2\,147\,483\,647$
	long	64 位有符号整数	$-9\,223\,372\,036\,854\,775\,808\sim9\,223\,372\,036\,854\,775\,807$
	byte	8 位无符号整数	$0\sim255$
	ushort	16 位无符号整数	$0\sim65\,535$
	uint	32 位无符号整数	$0\sim4\,294\,967\,295$
	ulong	64 位无符号整数	$0\sim18\,446\,744\,073\,709\,551\,615$
浮点类型	float	精确到 7 位	$1.5\times10^{-45}\sim3.4\times10^{38}$
	double	精确到 15~16 位	$50\times10^{-324}\sim1.7\times10^{308}$
布尔类型	bool	表示 true/false	True 或 False

(2) 引用类型

引用类型是构建 C♯ 应用程序的主要对象类型数据,其变量又称为对象,可存储对实际数据的引用。C♯ 支持两个预定义的引用类型 object 和 string,如表 4-4 所列。要注意,所有被称为"类"的都是引用类型,主要包括类、接口、数组和委托等。

表 4-4 C♯ 中的值类型

类 型	说 明
object	. NET Framework 是 Object 的别名。在 C♯ 的统一类型系统中,所有类型(预定义类型、用户定义类型、引用类型和值类型)都是直接或间接从 Object 继承的
string	表示零或更多 Unicode 字符组成的序列

在应用程序执行的过程中,引用类型以 new 创建对象实例,并且存储在堆栈中。堆栈是一种由系统弹性配置的内存空间,没有特定大小及存活时间,因此可以被弹性地运用于对象访问。

引用类型具有以下特征:

① 必须在托管堆中为引用类型变量分配内存。

② 必须使用 new 关键字来创建引用类型变量。

③ 在托管堆中分配的每个对象都有与之相关联的附件成员,这些成员必须被初始化。

④ 引用类型变量是由垃圾回收机制来管理的。

⑤ 多个引用类型变量可以引用同一对象,这种情况下,对一个变量的操作会影响另一个变量所引用的同一对象。

⑥ 引用类型被赋值前的值都是 null。

4. 变量和常量

(1) 变量的声明和赋值

变量用来存储特定类型的数据,开发人员可以随时改变变量中所存储的数值。变量具有名称、类型和值。变量名是变量在程序源代码中的标识;变量类型确定了变量所代表的内存大小和类型;变量值是指变量所代表的内存块中的数据。

变量的声明是指指定变量的名称和类型,变量的声明非常重要,未经声明的变量本身不合法,也无法在程序中使用。在 C♯ 中,声明一个变量由一个类型和跟在类型后面的一个或多个变量名组成,多个变量之间用逗号分隔,声明变量以分号结束。

声明变量时,还可以对其进行初始化,即在每个变量名后面加上给变量赋初始值的指令。在声明变量时,要注意变量名的命名规则;C♯ 的变量名是一种标识符,因此应该符合标识符的命名规则,变量名区分大小写,其规则如下:

① 变量名只能由数字、字母和下画线组成。

② 变量名的第一个符号只能是字母和下画线,不能是数字。

③ 不能使用关键字作为变量名。

④ 如果在一个语句块中定义了一个变量名,那么在变量的作用域内不能再定义同名的变量。

变量的作用域指可以用来访问变量的代码区域。通常情况下,可以通过下面的规则确定变量的作用域:

① 只要字段所属的类在某个作用域内,其字段也在该作用域内。

② 局部变量存在于表示声明该变量的块语句或方法结束的封闭花括号之前的作用域内。

③ 在 for、while 或类似语句中声明的局部变量存在于该循环体内。

(2) 定义和使用常量

常量就是其值固定不变的数据,常量的值在编译时就已经确定了。常量的类型只能是下列类型之一:sbyte、byte、short、ushort、int、uint、long、ulong、char、float、double、decimal、bool 和 string 等。C♯ 中使用关键字 const 来声明常量,且在声明时必须初始化。一定要注意,常量一旦被定义,在其作用域内,其值就不能改变了。

5. 数据类型转换

类型转换就是将一种类型转换成另一种类型,可以是隐式转换或显式转换。

(1) 隐式类型转换

隐式类型转换是不需要声明就能进行的转换。进行隐式类型转换时,编译器不需要进行检查就能安全地进行转换,隐式类型转换如表 4-5 所列。

表 4 - 5 隐式类型转换表

源类型	目标类型
sbyte	short、int、long、float、double、decimal
byte	short、ushort、int、uint、long、ulong、float、double 或 decimal
short	int、long、float、double 或 decimal
ushort	int、uint、long、ulong、float、double 或 decimal
int	long、float、double 或 decimal
uint	long、ulong、float、double 或 decimal
char	Ushort、int、uint、long、ulong、float、double 或 decimal
float	double
ulong	Float、double 或 decimal
long	Float、double 或 decimal

注意：从 int、uint、long、ulong 到 float，以及从 long、ulong 到 double 的转换可能导致精度损失，但不会影响它的数量级，其他的隐式转换不会丢失任何信息。

（2）显示类型转换

显示类型转换也称为强制类型转换，它需要在代码中明确地声明要转换的类型。如果在不存在隐式转换的类型之间进行切换，就需要使用显式类型转换，如表 4 - 6 所列。

表 4 - 6 显式类型转换表

源类型	目标类型
sbyte	byte、ushort、uint、ulong 或 char
byte	sbyte 或 char
short	sbyte、byte、ushort、uint、ulong 或 char
ushort	sbyte、byte、short 或 char
int	sbyte、byte、short、ushort、uint、ulong 或 char
uint	sbyte、byte、short、ushort、int 或 char
char	sbyte、byte 或 short
float	sbyte、byte、short、ushort、int、uint、long、ulong、char 或 decimal
ulong	sbyte、byte、short、ushort、int、uint、long 或 char
long	sbyte、byte、short、ushort、int、uint、ulong 或 char
double	sbyte、byte、short、ushort、int、uint、ulong、long、char 或 decimal
decimal	sbyte、byte、short、ushort、int、uint、ulong、long、char 或 double

由于显示类型转换包括所有隐式类型转换和显示类型转换，因此可以使用强制转换表达式从任何数值类型转换为任何其他的数值类型。

（3）装箱和拆箱

装箱和拆箱是 C♯ 语言类型系统中两个很重要的概念,任何值类型都可以被当作 object 引用类型。

① 装箱是指将值类型转换为引用类型的过程。当值类型变量的值复制到装箱得到的对象中后,装箱后改变的是值类型变量的值,而不是装箱对象的值。

② 拆箱是指将引用类型转换为值类型的过程,是装箱的逆过程。拆箱通常经过两个步骤,首先检查对象的实例,查看它是不是值类型的装箱值;然后把这个实例的值复制给值类型的变量。拆箱后得到的值类型数据的值与装箱对象相等。

6．运算符

（1）算术运算符

＋、－、＊、/和％运算法都称为算术运算法,分别表示加、减、乘、除和模(求余数)运算。加法运算符(＋)通过两个数相加来执行标准的加法运算;减法运算法(－)通过从一个表达式中减去另外一个表达式的值来执行标准的减法运算;乘法运算符(＊)将两个表达式进行乘法运算并返回它们的乘积;除法运算符(/)执行算术除运算,它用除数表达式除以被除数表达式而得到商;求余运算符(％)返回除数与被除数相除之后的余数,通常用这个运算符来创建余数在特定范围内的等式。**注意**:被除数表达式不能为 0。

（2）赋值运算符

赋值运算符用来为变量、属性和事件等元素赋值,主要包括＝、＋＝、－＝、＊＝、/＝、％＝、&＝、|＝、^＝、<<＝和>>＝等赋值运算。赋值操作符的左操作数必须是变量、属性、索引器或事件类型的表达式,如果赋值运算符两边的操作数的类型不一致,就需要首先进行类型转换,然后再赋值。

在使用赋值运算符时,右操作数表达式所属的类型必须可隐式转换为左操作数所属的类型,运算将右操作数的值赋给左操作数指定的变量、属性或索引器元素,C♯ 中的赋值运算符及其运算规格如表 4-7 所列。

表 4-7　赋值运算符及其运算规则

名　称	运算符	运算规则	意　义
赋值	＝	将表达式赋值给变量	将右边的值赋给左边
加赋值	＋＝	x＋＝y	x＝x＋y
减赋值	－＝	x－＝y	x＝x－y
除赋值	/＝	x/＝y	x＝x/y
乘赋值	＊＝	x＊＝y	x＝x＊y
模赋值	％＝	x％＝y	x＝x％y
位与赋值	&＝	x&＝y	x＝x&y
位或赋值	|＝	x|＝y	x＝x|y
右移赋值	>>＝	x>>＝y	x＝x>>y
左移赋值	<<＝	x<<＝y	x＝x<<y
异或赋值	^＝	x^＝y	x＝x^y

(3) 关系运算符

关系运算符可以实现对两个值的比较运算,并且在比较运算之后会返回一个代表运算符结果的布尔值。常见的关系运算符有:==、>、<、! =、>=和<=,分别表示等于、大于、小于、不等于、大于等于和小于等于。

(4) 逻辑运算符

逻辑运算法用于对两个表达式执行布尔逻辑运算,C♯中的逻辑运算符大体可以分为按位逻辑运算符和布尔逻辑运算符两类。

① 按位逻辑运算符:按位逻辑运算符主要有按位"与"运算符、按位"或"运算符和按位"异或"运算符三种。其中使用按位"与"运算符(&)时,当两个数的对应位都是 1 时,返回相应的结果位是 1;当两个整数的对应位都是 0 时或者其中一个位是 0 时,返回相应的结果位是 0。使用按位"或"运算符(|)时,当两个整数的对应位有一个是 1 或都是 1 时,返回相应的结果位是 1;当两个整数的对应都是 0 时,则返回相应的结果位是 0。使用按位"异或"运算符(…^)时,当两个整数的对应位一个是 1 而另外一个是 0 时,返回相应的结果位是 1;当两个整数的相应位都是 1 或者都是 0 时,则返回相应的结果位是 0。

② 布尔逻辑运算符:布尔逻辑运算符主要有布尔"与"运算符、布尔"或"运算符和布尔"异或"运算符三种。其中,使用布尔"与"运算符(&)时,当两个布尔表达式的结果都是真时,则返回真,否则返回结果是假。使用布尔"或"运算符(|)时,当两个布尔表达式中有一个表达式返回真时,结果为真;当两个布尔表达式的计算结果都是假时,结果为假。使用布尔"异或"运算符(^)时,只有当其中一个表达式是真而另外一个表达式是假,该表达式返回的结果才是真;当两个表达式的计算结果都是真或都是假时,则返回的结果为假。

(5) 移位运算符

"<<"和">>"运算符用于执行移位运算,分别称为左移位运算符和右移位运算符。对于 X<<N 或 X>>N 形式的运算,含义是将 X 向左或向右移动 N 位,得到结果的类型与 X 相同。此处,X 的类型只能是 int、uint、long 或 ulong,N 的类型只能是 int,或者转换为这些类型之一,否则编译时程序会报错误。

(6) 其他运算符

C♯语言中有些运算符不能简单归属上述类型,主要包括:is 运算符和条件运算符。

① is 运算符:is 运算符用于检查变量是否为指定的类型,如果是,返回真,否则返回假。

② 条件运算符:条件运算符(?)根据布尔型表达式的值返回两个值中的一个。如果条件为 true,则计算第一个表达式并以它的计算结果为准;如果条件为 false,则计算第二个表达式并以它的计算结果为准。

(7) 运算符的优先级

当表达式中包含一个以上的运算符时,程序会根据运算符的优先级进行运算。优先级高的运算符会比优先级低的运算符先被执行,在表达式中,可以通过括号"()"来调整运算符的运算顺序,将想要优先运算的运算符放置在"()"内,当程序开始执行时,括号"()"内的运算符会被优先执行。表 4-8 所列为运算符的优先级。

表 4 - 8　运算符的优先级

分　类	运算符	优先级
基　本	x. y、f(x)、a[x]、x++、x－－、new、typeof()、checked、unchecked	
一　元	+、－、!、~、++、－－、(T)x	
乘　除	*、/、%	
加　减	+、－	
移　位	<<、>>	
比　较	<、>、<=、>=、is、as	
相　等	==、!=	
位　与	&	
位异或	^	
位　或	|	
逻辑与	&&	
逻辑或	||	
条　件	?:	
赋　值	=、+=、－=、*=、/=、%=、&=、|=、^=、<<=、>>=	

4.2.3　流程控制

语句是程序完成一次完整操作的基本单位,默认情况下,程序的语句是顺序执行的。但是,如果一个程序只有顺序执行的语句,那么程序可能什么也做不了。在 C# 中有很多语句,通过这些语句可以控制程序代码的执行程序,提高程序的灵活性,从而实现比较复杂的程序。

1. 条件选择语句

条件选择语句用于根据某个表达式的值从若干条给定语句中选择一个来执行,包括 if 语句和 switch 语句两种。

(1) 使用 if...else 语句实现条件选择

if 语句用于根据一个布尔表达式的值选择一条语句来执行,执行流程如图 4 - 14 所示。

① 格式一　if 语句的基本格式如下:

if(布尔表达式)

{

　　语句块

}

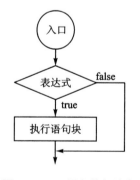

图 4 - 14　if 语句执行流程

如果使用上述格式,只有布尔表达式的值是"true"时,才执行语句块;否则跳过 if 语句执行其他程序代码。

② 格式二　if...else 语句格式:

if(布尔表达式)

```
{
    语句块
}
else
{
    语句块
}
```

上述格式中，"语句块"可以只有一条语句或者为空语句，如果有多条语句，则可以将这些语句放在大括号"{}"中。

③ 格式三 嵌套格式：当程序的条件表达式不止一个时，可以使用嵌套的 if 语句或嵌套的 else 语句，即在 if 或 else 语句的程序块中加入另一段 if 或 if...else 语句。

```
if（布尔表达式）
{
    if(布尔表达式)
    {
        语句块 1
    }
    else
    {
        语句块 2
    }
}
else
{
    if(布尔表达式)
    {
        语句块 3
    }
    else
    {
        语句块 4
    }
}
```

（2）使用 switch 语句实现多分支选择

switch 语句是多分支语句，它根据表达式的值来使程序从多个分支中选择一个用于执行的分支，程序执行流程如图 4 - 15 所示。

switch 语句的基本格式如下：

```
switch（表达式）
{
```

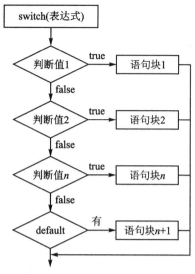

图 4-15 switch 语句执行流程

```
        case 常量表达式：语句块
        break；
        case 常量表达式：语句块
        break；
        ……
        case 常量表达式：语句块
        default：语句块
        break；
    }
```

　　switch 关键字后面的括号"（）"中是条件表达式,大括号"｛｝"中的程序代码是由数个 case 子句组成的语句块,这些语句块都是 switch 语句可能执行的语句块。如果条件表达式的值符合 case 子句指定的值,则其下的语句块就会被执行,语句块执行完毕后,紧接着就会执行 break 语句,使程序跳出 switch 语句。在 switch 语句中,"表达式"的类型必须是 sbyte、byte、short、ushort、int、uint、long、ulong、char、string 和枚举类型中的一种。"常量表达式"的值必须是与"表达式"的类型兼容的常量,并且在一个 switch 语句中,不同 case 关键字后面的"常量表达式"必须不同,如果指定了相同的"常量表达式",则会导致编译时出错。另外,一个 switch 语句中只能有一个 default 标签。

2. 循环语句

　　循环语句主要用于重复执行嵌入语句,在 C♯中,常见的循环语句有 while 语句、do….while 语句、for 语句和 foreach 语句。

（1）while 语句

　　while 语句用于根据条件值执行一条语句 0 次至多次,当每次 while 语句中的代码执行完毕时,将重新查看是否符合条件值,若符合则再次执行相同的程序代码,否则跳出 while 语句,执行其他程序代码,其执行流程如图 4-16 所示。

　　while 语句的基本格式如下：

```
while（布尔表达式）
{
    语句块
}
```

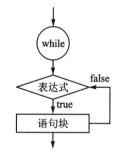

图 4-16 while 语句执行流程

while 语句的执行顺序：

　　① 计算"布尔表达式"的值。

　　② 如果"布尔表达式"的值为 true,程序执行"语句块"；执行完毕重新计算"布尔表达式"的值是否为 true。

　　③ 如果"布尔表达式"的值为 false,则将控制转移到 while 语句的结尾。

　　在 while 语句的嵌入语句块中,可以使用 break 语句将控制转到 while 语句的结束点,而

continue 语句则可用于将控制直接转到下一次循环。

（2）do...while 语句

do...while 语句与 while 语句相似,但它的判断条件在循环后,这样使得程序中至少能执行一次代码块,执行流程如图 4 - 17 所示。

do...while 语句基本格式如下:

do

{

　　语句块

}while(布尔表达式);

注意:while(布尔表达式)之后必须加分号";"。

该语句的执行顺序如下:

① 执行"语句块"。

② 当程序到达"语句块"的结束点时,计算"布尔表达式"的值;如果"布尔表达式"的值是 true,程序转到 do...while 语句的开头,重新执行"语句块",否则结束循环。

（3）for 语句

for 语句用于计算一个初始化序列,然后当某个条件为真时,重复执行嵌套语句并计算一个迭代表达式序列。如果为假,则终止循环,退出 for 循环,其执行流程如图 4 - 18 所示。

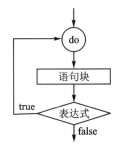

图 4 - 17　do...while 语句执行流程

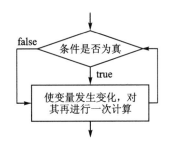

图 4 - 18　for 语句执行流程

for 语句基本格式如下:

for(初始化表达式;条件表达式;迭代表达式)

{

　　语句块

}

其中,"初始化表达式"由一个局部变量声明或者由一个逗号分隔的表达式列表组成,用"初始化表达式"声明的局部变量的作用域从变量的声明开始,一直到嵌入语句的结尾;"条件表达式"必须是一个布尔表达式;"迭代表达式"必须包含一个用逗号分隔的表达式列表。

for 语句的执行顺序如下:

① 如果有"初始表达式",则按变量初始值设定项或语句表达式的书写顺序指定它们,此步骤只执行一次。

② 如果存在"条件表达式",则计算该表达式。

③ 如果不存在"条件表达式",则程序将转移到嵌入语句;如果程序到达了嵌入语句的结

束点,按顺序计算 for"迭代表达式",然后从步骤②中 for 条件的计算开始,执行另一次循环。

(4) foreach 语句

foreach 语句用于枚举一个集合的元素,并对该集合中的每个元素执行一次嵌入语句,但 foreach 语句不应用于更改集合内容,以避免产生不可预知的错误,其执行流程如图 4 - 19 所示。

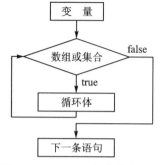

foreach 语句基本格式如下:

foreach(类型　迭代变量名　in 集合类型表达式)

{

　　语句块

}

图 4 - 19　foreach 语句执行流程

其中,"类型"和"迭代变量名"用于声明迭代变量。迭代变量相当于一个范围覆盖整个语句块的局部变量,在 foreach 语句执行期间,迭代变量表示当前正在为其执行迭代的集合元素。"集合类型表达式"必须有一个从该集合的元素类型到迭代变量的类型的显示转换,如果"集合类型表达式"的值为 null,则会出现异常。

3. 跳转语句

跳转语句主要用于无条件地转移控制,它会将控制转到某个位置,这个位置就称为跳转语句的目标。如果跳转语句出现在一个语句块内,而跳转语句的目标却在该语句块之外,则称该跳转语句退出该语句块。跳转语句主要有 break 语句、continue 语句、goto 语句和 return 语句。

(1) break 语句

break 语句只能应用在 switch、while、do…while、for 或 foreach 语句中,break 语句只能包含在这几种语句中,否则会出现编译错误。当多条 switch、while、do…while、for 或 foreach 语句互相嵌套时,break 语句只应用于最里层的语句。如果要穿越多个嵌套,则必须使用 goto 语句。

(2) continue 语句

continue 语句只能应用于 while、do…while、for 或 foreach 语句中,用来忽略循环语句块内位于它后面的代码而直接开始一次新的循环。当多个 while、do…while、for 或 foreach 语句中互相嵌套时,continue 语句只能使直接包含它的循环语句开始一次新的循环,但要注意在循环体中不要在同一个语句块中使用多个跳转语句。

(3) goto 语句

goto 语句用于将控制转移到由标签标记的语句。goto 语句可以被应用在 switch 语句中的 case 标签和 default 标签,以及标记语句所声明的标签。

goto 语句有三种使用格式:

① goto 标签　该格式语句的目的是具有给定标签的标记语句。

② goto case 参数表达式　该格式语句的目标是在它所在的 switch 语句中的某个语句列表,此列表包含一个具有给定常数值的 case 标签。

③ goto default　该格式语句的目标是它所在的那个 switch 语句中的 default 标签。

注意:goto 语句的一个通常用法是将控制传递给特定的 switch - case 标签或 switch 语句中的默认标签;goto 语句还用于跳出深嵌套循环。

（4）return 语句

return 语句用于退出类的方法，是控制返回方法的调用者，如果方法有返回类型，return 语句必须返回这个类型的值；如果方法没有返回类型，应使用没有表达式的 return 语句。

4.2.4 字符与字符串

C♯中对于文字的处理大多是通过对字符和字符串的操作来实现的，而字符和字符串分别是用 char、string 等类来表示的。

1. 字符类 Char 的使用

字符是组成字符串的基础，每个字符串都是由一个或多个字符组成的。

（1）Char 类概述

Char 在 C♯中表示一个 Unicode 字符，正是 Unicode 字符构成了字符串。Unicode 字符是目前计算机中通用的字符编码，它为针对不同语言中的每个字符设定了一个统一的二进制编码，用于满足跨语言、跨平台的文本转换、处理的要求。Char 的定义非常简单，其格式如下：

char 变量名="字符"；

注意：一个 Unicode 字符的标准长度是两个字节；字符 Char 是值类型，它总表示成 16 位 Unicode 代码值。

（2）Char 类的使用

Char 类为开发人员提供了许多的方法，可以通过这些方法灵活地操作字符，其常用方法及说明如表 4 - 9 所列。

表 4 - 9 Char 类的常用方法及说明

方 法	说 明
IsControl	指示指定的 Unicode 字符是否属于控制字符类别
IsDigit	指示某个 Unicode 字符是否属于十进制数字类别
IsHighSurrogate	指示指定的 Char 对象是否为高代理项
IsLetter	指示某个 Unicode 字符是否属于字母类别
IsLetterOrDigit	指示某个 Unicode 字符是属于字母类别还是属于十进制数字类别
IsLower	指示某个 Unicode 字符是否属于小写字母类别
IsLowerSurrogate	指示指定的 Char 对象是否为低代理项
IsNumber	指示某个 Unicode 字符是否属于数字类别
IsPunctuation	指示某个 Unicode 字符是否属于标点符号类别
IsSeparator	指示某个 Unicode 字符是否属于分隔符类别
IsSurrogate	指示某个 Unicode 字符是否属于代理项字符类别
IsSurrogatePair	指示两个指定的 Char 对象是否形成代理项对
IsSymbol	指示某个 Unicode 字符是否属于符号字符类别
IsUpper	指示某个 Unicode 字符是否属于大写字母类别
IsWhiteSpace	指示某个 Unicode 字符是否属于空白类别

续表 4－9

方　法	说　明
Parse	将指定字符串的值转换为它的等效 Unicode 字符
ToLower	将 Unicode 字符的值转换为它的小写等效项
ToLowerInvariant	使用固定区域性的大小写规则，将 Unicode 字符的值转换为其小写等效项
ToString	将此实例的值转换为其等效的字符串表示
ToUpper	将 Unicode 字符的值转换为它的大写等效项
ToUpperInvariant	使用固定区域性的大小写规则，将 Unicode 字符的值转换为其大写等效项
TryParse	将指定字符串的值转换为它的等效 Unicode 字符，一个指示转换是否成功的返回代码

在 Char 类提供的使用方法中，以 Is 和 To 开头的比较重要。以 Is 开头的方法大多是判断 Unicode 字符是否为某个类别；以 To 开头的方法主要是转换为其他 Unicode 字符。

（3）转义字符

C♯中采用字符"\"作为转义字符。例如，定义一个字符，而这个字符是单引号，如果不适用转义字符，则会产生错误。转义字符就相当于一个电源变换器，电源变换器就是通过一定的方法手段获得所需的电源形式（如交流电、直流电等）。转义字符同样是将字符转换成另一种操作方式，或是将无法一起使用的字符进行组合。

注意：转义字符"\"（单个反斜杠）只针对后面紧跟着的单个字符进行操作。其他转义字符如表 4－10 所列。

表 4－10　转义字符及说明

转义符	说　明	转义符	说　明
\n	回车换行	\f	换　页
\t	横向跳到下一值表位置	\\	反斜线符
\v	竖向跳格	\'	单引号符
\b	退　格	\ddd	1～3 位八进制数所代表的字符
\r	回　车	\xhh	1～2 位十六进制数所代表的字符

C♯中可以使用八进制的转义符前缀（"\d"）、十六进制的转义符前缀（"\x"）或 Unicode 表示法前缀（"\u"）对字符型变量进行幅值。

2. 字符串类 String 的使用

程序开发时，经常需要对字符串进行操作，如比较字符串、格式化字符串、插入字符串、复制和替换字符串等等，这些都用了字符串类 String。

（1）String 概述

.NET Framework 中表示字符串的关键字是 string，它是 String 类的别名。string 类型表示 Unicode 字符的字符串。String 类类似于 string 类型，但功能更强大。虽然 String 类功能很强大，它也是不可改变的，即一旦创建 String 对象，就不能修改。表面上看来能够修改字符串的所有方法实际上都不能够修改。它们实际上返回一个根据所调用的方法修改的新的 String；当需要大量修改时，可使用 StringBuilder 类。

(2) String 类的使用

字符串是 Unicode 字符的有序集合,用于表示文本。String 对象是 System. Char 对象的有序集合,用于表示字符串。String 对象的值是该有序集合的内容,并且该值是不可改变的。正是字符构成了字符串,根据字符在字符串中的不同位置,字符在字符串中有一个索引值,可以通过索引值获取字符串中的某个字符。字符在字符串中的索引从零开始。例如,字符串"Hello How are you?"中的第一字符为 H,则"H"在字符串中的索引顺序为 0。

注意:字符串中可以包含转义字符对其中的内容进行转义,也可以通过在前面加上"@"符号使其中的所有内容不再进行转义。

(3) 比较字符串

在 C♯中最常见的比较字符串的方法有 Compare、CompareTo 和 Equals 等,这些方法都归属于 String 类。

① Compare 方法:Compare 方法是一个静态方法,在使用时可以直接引用。Compare 方法用来比较两个字符串是否相等,它有很多个重载方法,最常用的有两种:

Int Compare(string strA, stirng strB)和 Int Compare(string strA, string strB, bool ignorCase)

其中,strA 和 strB 是要比较的字符串;ignorCase 是一个布尔类型的参数,如果这个参数的值是 true,那么在比较字符串时就忽略大小写的差别。

② CompareTo 方法:CompareTo 方法与 Compare 方法相似,都可以比较两个字符串是否相等,不同的是 CompareTo 方法以实例对象本身与指定的字符串做比较,其语法格式如下:

Public int CompareTo(string strB)。其中,strB 表示要比较的字符串。

③ Equals 方法:Equals 方法主要用于比较两个字符串是否相同,如果相同返回值是 true,否则返回 false。通常有两种常用方法:实例方法和静态方法。

实例方法语法:public bool Equals(string value),其中 value 是与实例比较的字符串;

静态方法语法:public static bool Equals(string a, string b),其中 a、b 为要进行比较的字符串。

如果仅比较两个字符串是否相等,优先使用 Equals 方法或"=="来比较。"=="一般用于比较两个引用是否一样,但为了方便比较字符串,规定"=="用于比较两个字符串的值是否相等。

(4) 格式化字符串

在 C♯中,String 类提供了一个静态的 Format 方法,用于将字符串数据格式化成指定的格式,其语法结构如下:

Public static string Format(string format, object obj);

其中,format 用来指定字符串所要格式化的形式;obj 表示要被格式化的对象。

如果希望原样显示与格式符相同的字符,可以用单引号将其括起来。如果希望日期时间按照某种格式输出,可以使用 Format 方法将日期时间格式化成指定的格式,C♯中用于日期时间的格式规范如表 4 - 11 所列。

表 4 – 11　用于日期时间的格式规范

格式规范	说　　明
d	简短日期格式（YYYY – MM – dd）
D	完整日期格式（YYYY 年 MM 月 dd 日）
t	简短时间格式（hh:mm）
T	完整时间格式（hh:mm:ss）
f	简短的日期/时间格式（YYYY 年 MM 月 dd 日 hh:mm）
F	完整的日期/时间格式（YYYY 年 MM 月 dd 日 hh:mm:ss）
g	简短的可排序的日期/时间格式（YYYY – MM – dd hh:mm）
G	完整的可排序的日期/时间格式（YYYY – MM – dd hh:mm:ss）
M 或 m	月/日格式（MM 月 dd 日）
Y 或 y	年/月格式（YYYY 年 MM 月）

（5）截取字符串

String 类提供了一个 Substring 方法。该方法可以截取字符串中指定位置和指定长度的字符,其语法格式如下：

Public string Substring(int startIndex, int length);

其中,startIndex 是子字符串的起始位置的索引,length 是截取子字符串的字符数。

（6）分割字符串

String 类提供了一个 Split 方法,用于分割字符串。该方法的返回值包含所有分割子字符串的数组对象,可以通过数组取得所有分割的子字符串,其语法格式如下：

public string[] Split(params char[] separator);

其中,separator 是一个数组,包含分隔符。

与分割字符串相对应的是合并字符串,可以使用 Sting.Join 方法来实现。

（7）插入和填充字符串

① 插入字符串:String 类提供了一个 Insert 方法,用于向字符串的任意位置插入新元素,其语法格式如下：

Public string Insert(int startIndex, string value);

其中,startIndex 用于指定所要插入的位置,索引从 0 开始;value 用于指定所要插入的字符串。

注意：startIndex 参数值的范围从 0 到字符串的长度减 1。

② 填充字符串:String 类提供了 PadLeft/PadRight 方法,并用于填充字符串,PadLeft 方法在字符串的左侧进行字符填充,PadRight 方法在字符串右侧进行字符填充,其语法格式如下：

Public string PadLeft(int totalWidth, char paddingChar);

其中,totalWidth 用于指定填充后的字符长度;paddingChar 用于指定所要填充的字符,如果默认,则填充空格字符。

(8) 删除字符串

String 类提供了一个 Remove 方法,用于从一个字符串的指定位置开始,删除指定数量的字符。它有两种重载方法。

① 删除字符串中从指定位置到最后位置的所有字符。其语法格式如下:

public String Remove(int startIndex);

其中,startIndex 用于指定开始删除的位置,索引从 0 开始。

② 从字符串中指定位置开始删除指定数目的字符。其语法格式如下:

Public StringRemove(int startIndex, int count);

其中,startIndex 用于指定开始删除的位置,索引从 0 开始;count 用于指定删除的字符数量。

此外,移除字符串首部的一个或多个字符,可以使用 TrimStart 方法;移除字符串尾部的一个或多个字符,可以使用 TrimEnd 方法。

(9) 复制字符串

String 类提供了 Copy 和 CopyTo 方法,用于将字符串或子字符串复制到另一个字符串或 Char 类型的数组中。

① Copy 方法　该方法用于创建一个与指定字符串具有相同值的字符串。其语法格式如下:

public static string Copy(string str)

其中,str 指要复制的字符串;其返回值是一个与 str 具有相同值的字符串。

② CopyTo 方法　该方法的功能与 Copy 方法基本相同,但是 CopyTo 方法可以将字符串的某一部分复制到另一个数组中。其语法格式如下:

Public void CopyTo (int sourceIndex, char [ ] destination, int destinationIndex, int count);

其中,sourceIndex 指需要复制的字符的起始位置;destination 指目标字符数组;destinationIndex 指定目标数组中开始存放的位置;count 指定要要复制的字符个数。

(10) 替换字符串

String 类提供了一个 Replace 方法,用于将字符串中的某个字符或字符串替换成其他的字符或字符串。其语法格式如下:

public string Replace(char OChar, char NChar)

public string Replace(string OVaule, string NVaule)

其中:OChar 指待替换的字符;NChar 指替换后的新字符;OVaule 指待替换的子串;NVaule 指替换后的新子串。

3. 可变字符串类 StringBuilder 类

可变字符串类 StringBuilder 用于表示值为可变字符序列的对象。

(1) StringBuilder 类的定义

StringBuilder 类有 6 种不同的构造方法,此处只介绍最常用的一种。其语法格式如下:

public StringBuilder(string value, int cap)

其中,value 指 StringBuilder 对象引用的字符串;cap 指设定 StringBuilder 对象的初始大小。

(2) StringBuilder 类的使用

StringBuilder 类存在于 System. Text 命名空间中,如果要创建 StringBuilder 对象,首先

必须引用此命名空间。StringBuilder 类中常用的几个操作字符串方法如表 4-12 所列。

表 4-12 StringBuilder 类中的常用方法及说明

方　　法	说　　明
Append	将文本或字符串追加到指定对象的末尾
AppendFormat	自定义变量的格式并将这些值追加到 StringBuilder 对象的末尾
Insert	将字符串或对象添加到当前 StringBuilder 对象中的指定位置
Remove	从当前 StringBuilder 对象中移除指定数量的字符串
Replace	用另一个指定的字符来替换 StringBuilder 对象内的字符

（3）StringBuilder 类与 String 类的区别

String 的对象是不可改变的，每次使用 String 类中的方法时，都要在内存中创建一个新的字符串对象，这就需要为该新对象分配新的空间。在需要对字符串执行重复修改的情况下，与创建新的 String 对象相关的系统开销可能非常昂贵。如果要修改字符串而不创建新的对象，则可以使用 StringBuilder 类。例如，当在一个循环中将许多字符串连接在一起时，使用 StringBuilder 类可以提升性能。但要注意，在字符串连接次数较少的情况下建议使用"＋"号，如果有大量连接操作使用 StringBuilder 类。

4.2.5　数组与集合

C♯ 中，数组与字符串一样是最常用的类型之一，数组能够按照一定规律把相关的数据组织在一起，并能通过"索引"或"下标"快速地管理这些数据；集合也可以存储多个数据，C♯ 中最常用的集合是 ArrayList 集合。

1. 数组概述

数组是大部分编程语言中都支持的一种数据类型，无论是 C 语言、C＋＋语言、C♯ 语言还是 Java，都支持数组的概念。

数组是包含若干相同类型的变量，这些变量都可以通过索引进行访问。数组中的变量称为数组的元素，数组能够容纳元素的数量称为数组的长度。数组中的每个元素都具有唯一的索引与其相对应，数组的索引从零开始。

数组是通过指定数组的元素类型、数组的秩（维数）及数组每个维度的上限和下限来定义的，即每个数组的定义都要包含元素类型、数组的维数和每个维数的上下限三个元素。

数组的元素表示某一种确定的类型，如整数或字符串等，它的值是对象，数组对象被定义为存储数组元素类型值的一些列位置。即数组是一个存储一些列元素位置的对象，数组中存储位置的数量由数组的秩和边界来确定。

数组类型是从抽象基类型 Array 派生的引用类型，通过 new 运算符创建数组并将数组元素初始化为它们的默认值。数组可以分为一维数组、二维数组和多维数组等。数组中允许有重复的元素。

2. 一维数组的声明和使用

（1）一维数组的声明

一维数组即数组的维数为 1。一维数组就好比一个大型的零件生产公司，而公司中的各个车间(如车间 1、车间 2、车间 3 等,就相当于数组中的索引号)就相当于一维数组中的各元素,这些车间既可以单独使用,也可以一起使用。

① 声明　一维数组的声明语法格式如下:

type[] arrayName;

其中,type 指数组存储数据的数据类型;arrayName 指数组名称。

声明数组时可以指定数组的长度,也可以不指定,也可以在使用数组元素前动态指定,但是数组的长度一经指定就不能更改。

② 初始化　数组的初始化有很多形式,可以通过 new 运算符创建数组并将数组元素初始化为它们的默认值,如声明一个 int 类型、包含 8 个元素的一维数组 arr,并初始化,其代码为"int[] arr=new int[8]";也可以在声明数组时将其初始化,并且初始化的值为用户自定义的值,如声明一个 string 类型的一维数组 character,并初始化其元素,代码为"string[] character=new string[3]{color,size,shape};"。

(2) 一维数组的使用

当需要存储多个值时,可以使用一维数组,并且可以通过使用 foreach 语句或数组的下标将数组中的元素值读出来。但要注意,使用 foreach 语句读取数组中的元素时,不可对其中的元素进行修改。

3. 二位数组的声明和使用

二维数组即数组的维数为 2,二维数组类似于矩形网格和非矩形网格。

(1) 二维数组的声明

① 二维数组的声明　其声明语法结构如下:

type[,] arrayName;

其中,type 指数组存储数据的数据类型;arrayName 指数组名称。

② 二维数组的初始化　二维数组的初始化有两种形式,可以通过 new 运算符创建数组,并将数组元素初始化为默认值,如声明一个两行两列的二维数组,同时使用 new 运算符初始化,其代码为"int[,] arr=new int[2,2]{{1,2},{3,4}};";也可以在初始化数组时,不指定行数和列数,而是使用编译器根据初始值的数量来自动计算数组的行数和列数,如声明一个二维数组,声明时不指定行数和列数,并用 new 运算符进行初始化,其代码为"int[,] arr=new int[,]{{1,2},{3,4}};"。

(2) 二维数组的使用

当需要存储表格的数据时,通常采用二维数组。二维数组分为二维矩形数组和二维交错数组两种;交错数组又被称为"数组的数组",在定义时,每个元素的 new 运算符不能默认。

(3) 动态数组的声明和使用

动态数组的声明实际上就是将数组的定义部分和初始化部分分别写在不同的语句中,动态数组的初始化也需要使用 new 关键字作为数组元素分配内存空间,并为数组元素赋初值。

① 动态数组的声明　其语法格式如下:

type[] arrayName;

arrayName=new type[n1,n2,…]

其中,arrayName 指数组名称;type 指数组存储数据的数据类型;n1、n2 指数组的长度,可以是整数的常量或变量,分别表示一维数组和二维数组的长度,new 关键字仍然以默认值来初始化数组元素。

② 动态数组的初始化　例如,声明一个动态的二维数组,其初始化代码如下:

int m＝2;

int n＝2;

int[,] arry2＝new int[m,n];

4. 数组的基本操作

C♯中的数组是由 Sytem.Array 类派生而来的引用对象,因此可以使用 Array 类中的各种方法对数组进行各种操作。对数组的操作可以分为静态操作和动态操作,静态操作主要包括遍历和排序等,动态操作主要包括插入和删除等。

(1) 数组的遍历

使用 foreach 语句可以实现数组的遍历功能,开发人员可以用 foreach 语句访问数组中的每个元素,而不需要确切地知道每个元素的索引号。

(2) 添加/删除数组元素

添加/删除数组元素就是在数组中的指定位置对数组元素进行添加和删除,添加数组元素一般是通过使用 ArrayList 类实现,可以利用数组的索引号对数组元素进行删除操作,但这种方法不能够真正地实现对数组元素的删除,一般不推荐使用。因为数组的长度一经指定就不能更改,因此利用索引号对数组元素进行删除并不能真正实现数组元素的删除。

(3) 对数组进行排序

排序是编程中最常用的算法之一,排序的方法有很多种,可以用遍历的方法对数组进行排序,也可以用 Array 类的 Sort 方法和 Reverse 方法对数组进行排序。

① 遍历排序的方法　遍历排序的方法有很多种,常用的有冒泡法、直接插入法和选择排序法。冒泡法的基本思想是两两比较相邻记录的关键码,如果反序则交换,直到没有反序的记录未知;直接插入法的基本思想是依次将待排序序列中的每一个记录插入到一个已排好序的序列中,直到全部记录都排列好序,但是用直接插入法对数组进行排序时要注意避免数组下标越界的问题;选择排序的基本思想是每趟排序在当前排序序列中选出关键码最小的记录,添加到有序序列中。

② Array 类的 Sort 和 Reverse 排序方法　通过遍历法对数组进行排序是非常麻烦的,而实际应用中会经常用到数组的排序。C♯中提供了用于对数组进行排序的方法 Array.Sort 和 Array.Reverse,其中,Array.Sort 方法用于对一维 Array 数组中的元素进行排序,Array.Reverse 方法用于反转一维 Array 数组或部分 Array 数组中元素的顺序。

5. ArrayList 类

(1) ArrayList 类概述

ArrayList 类相当于一种高级的动态数组,是 Array 类的升级版本。ArrayList 类位于 System.Collections 命名空间下,它可以动态地添加和删除元素。可以将 ArrayList 类看作是扩充了功能的数组,但它并不等同于数组。与数组相比,ArrayList 类为开发人员提供了以下功能:

① 数组的容量是固定的,而 ArrayList 的容量可以根据需要自动扩充。

② ArrayList 提供添加、删除和插入某一范围元素的方法,但在数组中,只能一次获取或

设置一个元素的值。

③ ArrayList 提供将只读和固定大小包装返回到集合的方法，而数组不提供。

④ ArrayList 只能是一维形式，而数组可以是多维的。

ArrayList 提供了 3 个构造器，通过这 3 个构造器可以有 3 中声明方式。

① 默认的构造器，将会以默认(16)的大小来初始化内部的数组。该构造器格式如下：

public ArrayList()；

通过以上构造器声明 ArrayList 的语法格式如下：

ArrayList List＝new ArrayList()；

其中，List 表示 ArrayList 对象名。

② 用一个 ICollection 对象来构造，并将该集合的元素添加到 ArrayList 中。该构造器格式如下：

public ArrayList(ICollection)；

通过以上构造器声明 ArrayList 的语法格式如下：

ArrayList List＝new ArrayList(arrayName)；

其中，List 表示对象名；arrayName 表示要添加集合的数组名。

③ 用指定的大小初始化内部的数组，该构造器格式如下：

public ArrayList(int)；

通过以上构造器声明 ArrayList 的语法格式如下：

ArrayList List＝new ArrayList(n)；

其中，List 为 ArrayList 对象名；n 为 ArrayList 对象的空间大小。

使用 ArrayList 类时一定要引用 Sytem. Collections 命名空间。ArrayList 常用属性及说明如表 4 - 13 所列。

表 4 - 13   ArrayList 常用属性及说明

属 性	说 明
Capacity	获取或设置 ArrayList 可包含的元素数
Count	获取 ArrayList 中实际包含的元素数
IsFixedSize	获取一个值，该值指示 ArrayList 是否具有固定大小
IsReadOnly	获取一个值，该值指示 ArrayList 是否为只读
IsSynchronized	获取一个值，该值指示是否同步对 ArrayList 的访问
Item	获取或设置指定索引处的元素
SyncRoot	获取可用于同步 ArrayList 访问的对象

（2）ArrayList 元素的添加

向 ArrayList 集合中添加元素时，可以使用 ArrayList 类提供的 Add 方法和 Insert 方法。

① Add 方法   该方法用来将对象添加到 ArrayList 集合的结尾处。其语法结构如下：

public virtual int Add(Object value)；

其中，value 指要添加到 ArrayList 的末尾处的 Object，该值可以为空引用；返回值为 ArrayList 索引，已在此处添加了 value。

② Insert 方法　该方法用来将元素插入 ArrayList 集合的指定所引处。其语法格式如下：

public virtual void Insert(int index，Object value)

其中，index 表示从零开始的索引，应在该位置插入 value；value 表示要插入的 Object，该值可以为空引用。

（3）ArrayList 元素的删除

在 ArrayList 集合中删除元素时，可以使用 ArrayList 类提供的 Clear 方法、Remove 方法、RemoveAt 方法和 RemoveRange 方法。

① Clear 方法　该方法用来从 ArrayList 中移除所有元素。其语法结构如下：

public virtual void Clear()

② Remove 方法　该方法用来从 ArrayList 中移除特定对象的第一个匹配项。其语法结构如下：

public virtual void Remove(Object obj)

其中，obj 表示要从 ArrayList 移除的 Object，该值可以为空引用。还删除 ArrayList 中的元素时，如果不包含指定对象，则 ArrayList 将保持不变。

③ RemoveAt 方法　该方法用来移除 ArrayList 的指定索引处的元素。其语法结构如下：

public virtual void RemoveAt(int index)

其中，index 表示要移除的元素应是从零开始的索引。

④ RemoveRange 方法　该方法用来从 ArrayList 中移除一定范围的元素。其语法结构如下：

public virtualvoid RemoveRange(int index，int count)

其中，index 表示要移除的元素范围从零开始的起始索引；count 表示要移除的元素数。

（4）ArrayList 的遍历

ArrayList 集合的遍历与数组类似，都可以使用 foreach 语句，通过下面例子来说明如何使用。

例：创建一个控制台应用程序，创建一个 ArrayList 集合类，输出四大文明古国，其代码如下：

```
static void Main(string[] args)
{
    ArrayList country = new ArrayList();                    //创建一个 ArrayList 类
    country.Add("古代中国");                                //添加元素
    country.Add("古代埃及");                                //添加元素
    country.Add("古代印度");                                //添加元素
    country.Add("古代巴比伦");                              //添加元素
    Console.WriteLine("四大文明古国有：");                  //添加元素
    foreach(string s in country)
        Console.WriteLine(s);
    Console.ReadLine(0);
}
```

本章小结

本章分两部分简单介绍了 Microsoft Visual Studio 和 C♯语言教学实验开发软件的发展过程、特点、简单应用等基础知识。通过本章的学习,学员了解一个自动测试系统开发软件 Microsoft Visual Studio 和一门开发语言 C♯,具备使用 Microsoft Visual Studio 软件和 C♯语言开发简单应用程序的基本能力,为后续课程实验项目奠定基础。

思 考 题

1. Microsoft Visual Studio 2008 软件具有哪些基本特点?
2. C♯语言经历了几个主要版本? 各有什么特点?
3. C♯语言流程控制有哪些?
4. 简述 C♯中数组的操作。
5. 简述 C♯中 ArrayList 类的构造器。

第5章 教学实验系统

5.1 系统概述

5.1.1 系统简介

教学实践系统在功能上要能满足教学任务的需要,根据"自动测试技术"课程要求,教学实践系统要具备以下功能:一是要具备自动测试系统的基本结构,即"硬件资源+程序集+被测对象",用于展示自动测试系统的基本组成;二是要能验证和演示测试总线技术,包括串行通信总线、并行通信总线和系统总线;三是要能完成指定的课程实验,要求具备一定的硬件基础和软件开发环境;四是在硬件和软件上要具备开放性和扩展性,以满足学生拓展实验的开发与调试。此外,价格要适中。在性能指标上,能满足基本的实验要求即可,不要求过高的技术指标。

基于上述考虑,教学实践系统由服务端(服务器)、客户端(学生端)和网络三大部分组成,如图5-1所示。其中,服务端是一个标准机柜,主要由打印机、信号调理模块、数字示波器、KVM(键盘显示器鼠标)一体机、工业控制计算机(工控机)、VXI机箱和VXI模块组成;网络由网线和交换器组成;客户端是安装教学实践软件的计算机,数量可根据教学实验需求而定。

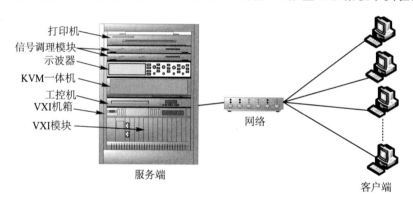

打印机
信号调理模块
示波器
KVM一体机
工控机
VXI机箱
VXI模块

服务端

网络

客户端

图5-1 教学实践系统的基本组成

打印机用于打印学生实验报告及相关文档;信号调理模块用于完成采集数据的初步调理,本教程中主要用于对室内温度采集数据的初步调理("温度测试系统搭建"实验);数字示波器用于展示GPIB并行总线应用、SCPI命令使用、波形输出、"任意波形发生器编制"等相关实验的验证;KVM键盘显示器鼠标一体机用于对工控机的输入和显示操作;VXI机箱用于承载实验用的数字万用表、任意波形发生器、串行通信、数据采集等VXI模块。

网络主要由一定数量(根据教学需求而定)的网络交换机和网线构成。

客户端主要是一定数量(根据教学需求而定)的教学计算机,包括键盘、鼠标、显示器和主机;其中主机安装有教学实践开发软件和客户端软件,开发软件用于学生教学实践项目开发;

客户端软件用于学生调用服务端仪器,验证实践开发项目。

5.1.2 工作原理

由于教学实践系统中的仪器只有一套,因此采用分时复用的方法。工作原理(见图5-2)如下:学生在客户端(学生机)上完成实践项目的开发,然后通过网络向服务端申请服务端使用权限,服务器端接受客户端的实验请求和实验参数后同意授权后给以控制权。客户端控制与服务端连接的实验仪器硬件设备,由实验仪器硬件设备进行实验,并将实验结果返回服务器端,最后返回到客户端,实现实验仪器的共享和实验数据的共享。

实际教学中,客户端可以分时段地向服务端发出请求,若请求成功服务端将控制权授予该学生机(客户端)。获得控制权的客户端通过局域网控制VXI模块,使其功能模块工作,进行各项实验。实验数据也将通过局域网传到客户端,该客户端实验完成之后自动将控制权交还给服务端,服务器将再次将控制权授予请求队列中的客户端。处于等待队列中的客户端可以根据需要等待的时间选择系统自带的学习功能,做好实践前的准备工作。图5-2所示为教学实践系统工作原理图。

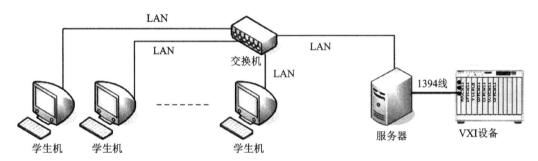

图5-2 教学实践系统工作原理

5.2 硬件选型与配置

5.2.1 VXI 系统

VXI系统主要由VXI系统平台和VXI模块组成。

1. VXI 系统平台

VXI系统平台主要由VXI机箱、零槽控制器和接口卡组成,VXI机箱用于承载零槽控制器、接口卡和VXI模块。VXI系统平台选型如表5-1所列。

表5-1 VXI 系统平台

序 号	型 号	名 称	厂 商	数 量
1	JV53504	13槽C尺寸VXI机箱	纵横	1台
2	E8491B	1394接口VXI零槽控制器	Agilent	1套
3	Opt001	PCI总线1394接口卡	Agilent	1套

（1）JV53504VXI 机箱

JV53504 VXI 机箱共有 13 个插槽,本系统将使用其中的 6 个插槽并安装必要的模块,其余的插槽可作扩展其他测试功能之用。机箱的背板采用了 8 层板设计,13 槽 C 型背板提供了完全接地、信号分离、100 MHz 以上的信号完整性和电磁屏蔽保护并完全符合 VXI 规范。

1）基本功能

① 主电源手动启动:前面板机械控制开关(POWER)可以手动开启机箱电源;

② 主电源远程启动:通过前面板 D 型连接器接口,可以远端开启机箱电源;

③ 机箱电源监测:前面板 D 型连接器提供七路主电源的外部检测接口;

④ 机箱当前状态指示:采用 LED 灯在前面板指示机箱当前工作状态,包括 POWER GOOD、STAND BY、FAN、SYSREST、VOLTAGE、TEM、AC FAIL 指示灯。

2）技术指标

① 槽数:13 槽;

② 尺寸:C 尺寸;

③ 输入电压:交流 100～270 V/46～66 Hz;

④ 输出电压:提供 7 组输出电压;

⑤ 最大使用功率:600 W;

⑥ 温升:$\leqslant$10 ℃(对于典型密度,模块功耗不超过 40 W),$\leqslant$15 ℃(对于典型密度,模块功耗不超过 55W);

⑦ 屏蔽特性:满足 VXI Rev.1.4 中 B.7.2.3 的规定;

⑧ 机械尺寸:423×352×617(宽×高×深),单位是毫米(mm);

⑨ 重量:15 kg。

（2）E8491B 零槽控制器

Aglient E8491B(IEEE—1394 PC Link to VXI)是 C 尺寸的消息基模块,它通过工业标准 IEEE—1394 总线(FireWire)提供 PC 机与 VXI 主机箱的直接连接。对于使用 E84XX 主机箱系列的测试应用,E8491B 是物美价廉的选择。E8491B 最适合传输大量数据块的数据采集应用。

1）基本功能

E8491B 是带有资源管理器和零槽能力的高速 C 尺寸设备。其逻辑地址为 0,为主机箱的资源管理器,通常安装在主机箱的零槽。高速性能是通过使用在双绞线上差分传输具有可控阻抗特性的小信号(200 mV)来实现的。该差分信号提供高噪声抗扰度。

E8491B 包括 C 尺寸 VXI 零槽模块和一条 4.5 m 的电缆。由于无须关断电源即可自动识别新的 IEEE—1394 基设备,因而能容易完成配置,这一特性称为"热插入"。

E8491B 选件 001 是基于 OHCI 的 IEEE—1394/PCI 主适配器卡。这是能使用速率高达 400 Mbits/s 传输数据的 PC 插卡。插卡上有 3 个外部 1394 端口。如果需要,基于 OHCI 的 IEEE—1394/PCI 卡能为需要电源的 IEEE—1394 设备提供达 1.5 A 的 12 V 电源。

2）技术指标

① 尺寸:C 尺寸;

② 类型:单槽的消息基命令器件;

③ 接口:工业标准 PC‐to‐VXI 接口;

④ 其他:高性能数据块传输;具有热插入能力,易于配置;用单台 PC 支持多主机箱;对外部设备/主机箱的定时和触发。

2. VXI 模块

本教学实践系统中的 VXI 模块共有任意波形发生器、数字万用表、扫描采集、数字 I/O 和串行通信五个 VXI 模块。

(1) JV53202 任意波形发生器模块

1) 基本功能

JV53202 任意波形发生器模块可产生正弦、方波、三角、锯齿、噪声或用户定义的任意波形,具有四个独立输出的通道,可用作产生各种复杂信号的信号源或激励源,如振动测试(多点激励)、通信系统测试、生产线产品测试等。JV53202 采用高速 D/A 输出存储在模块存储器中的波形,信号输出幅度可通过调整 D/A 参考电压进行调节。

在 JV53202 设计和制造中,纵横测控采用了 SMT、FPGA 和 DDS 技术,使 JV53202 具有很高的集成度、可靠性和性价比。

① DDS 技术及扫频输出:JV53202 使用 DDS(直接数字频率综合)技术来产生高速 D/A 所需的转换时钟信号。JV53202 可有四路信号输出,每路均有独立的 DDS 电路,使四个通道可以从不同的频率输出信号。当使用内部参考时钟时,D/A 转换速率可从 0.02 Sa/s 到 40 MSa/s,调节步长为 0.023 6 Hz。DDS 的参考时钟也可从前面板输入,频率范围为 1~125 MHz。当使用外部参考时钟时,高速 D/A 的转换速率可在 $(1/2^{32}\sim0.4)\times f_{\text{ref}}$ 范围内设置,调整步长为 $f_{\text{ref}}/2^{32}$(f_{ref} 为外部参考时钟频率)。

JV53202 具有频率扫描功能,扫描的上限频率、下限频率、扫频步长及扫频速度均可设置。有三种扫描模式供选择:向上、向下和向上—向下—向上。此外,四个通道的 D/A 可用同一个 DDS 的输出时钟工作,以满足某些情况下对通道输出同步性严格控制的要求。

② 通道间时延:JV53202 各通道波形输出相对于触发信号的时延可分别独立设置,其设置范围为 $0\sim(2^{24}-1)$ μs。可调整信号间的相对时延或相位关系,这在很多测试任务中是关键的。

③ 波形输出计数:在收到触发信号后,JV53202 可连续输出波形直到收到软件的停止命令,也可计数输出波形达到所设置的波形个数后停止输出。计数个数在 1~65 535 之间可设置。在收到软件停止命令后,软件可选择使 JV53202 立即停止输出或将当前波形完整输出后再停止。

④ 输出滤波器:JV53202 每个通道均有可程控的输出低通滤波器,截止频率为直流、2 MHz、200 kHz、20 kHz 和 2 kHz 共五挡。

JV53202 的波形存储长度为 128 kSa/通道,并可扩充至 512 kSa/通道。在波形存储器中,可同时存储多段波形,JV53202 可将这些波形级连输出或单个输出。

JV53202 有触发输出以使多个 53202 模块同步或与其他设备同步。

驱动程序提供各种常用的标准波形,包括:正弦、方波、三角、锯齿、噪声,并给用户留有可输入自定义波形的数据接口。

2) 技术指标

① 通道数:4;

② 分辨率:12 bit;

③ 存储深度:128 kSa/512 kSa;

④ 波形重复:1~65 535 次或连续;

⑤ 触发:外触发、软件触发或 TTL TRGn 线;

⑥ 扫描方式:线形,向上、向下和向上→向下→向上;

⑦ 最高输出波形频率:2 MHz;

⑧ 扫描频率范围:0.02 Hz~40 MHz;

⑨ 跳频速率:最高到 1 MHz;

⑩ 跳频范围:0.02 Hz~40 MHz;

⑪ D/A 转换率:0.02 Hz~40 MHz(以 0.023 6 Hz 为步进);

⑫ 最大输出幅度:10.237 5 V;

⑬ 非线性:>10 bit;

⑭ 误差:直流误差,±(设定值×0.4%+6 mV);交流误差,±1.5%;

⑮ 失真:谐波失真(正弦波非线性失真):

10 Hz~200 kHz   −56 dBc;

200 kHz~2 GHz   −56 dBc+20 log(f/200 kHz);

非谐波失真(正弦波非线性失真):

10 Hz~200 kHz   −56 dBc;

200 kHz~2 GHz   −46 dBc;

⑯ 输出滤波器:2 MHz、200 kHz、20 kHz、2 kHz 低通和直通;

⑰ 外部参考时钟:1~125 MHz、TTL 电压;

⑱ 外触发:TTL 电压。

START 输入(前面板):频率扫描启动信号输入,JV53202 允许从前面板输入信号启动 JV53202 进行频率扫描。该信号应满足 TTL 电压规范。JV53202 的频率扫描启动方式由程序设置 JV53202 的控制字决定。

TRG 输入(前面板):波形输出触发信号输入,JV53202 可从前面板输入触发信号触发 JV53202 输出波形,这可使 JV53202 与系统中其他设备同步。该信号应满足 TTL 电压规范。JV53202 的波形输出触发方式由程序设置 JV53202 的控制字决定。

REF/SAMPLE(前面板):外部参考时钟输入,用户可从此 BNC 连接器输入 JV53202 工作所需的参考时钟,输入频率范围为 1~125 MHz。该信号应满足 TTL 电压规范。JV53202 是用内部 125 MHz 参考时钟还是用外部的参考时钟可由程序设置 JV53202 的控制字决定。

(2) E1412A 数字万用表模块

E1412A 为 Agilent(安捷伦)生产的 6.5 位数字万用表,是一款 C 型基于消息基的 VXI 模块。可以测量电压、电流和电阻,并带有先进测试(包括测试 TTL 输出和直流电压比率的极限检验)等。标准测量包括交流/直流电压、交流/直流电流、2 线和 4 线欧姆,以及频率/周期等。测量直流电压时,该万用表可以提供每秒 65 次范围变化和每秒 30 次函数变化。

(3) JV53413 扫描采集模块

1) 基本功能

JV53413 为高分辨率、64 通道扫描数据采集、单宽 C 尺寸寄存器基的 VXI 模块,可广泛应用于需要多通道、高速、高精度数据采集和计算机自动测试的科研、生产测试等领域。

2）技术指标：

① 通道数：64；

② 分辨率：16 bit；

③ 最高采样率：100 kSps 除以扫描通道数；

④ 存储深度：64 kSa/ch(或 64 千次/通道)；

⑤ 放大器增益：1、2、5、10、20、50、100、200 倍；

⑥ 增益误差：＜0.03％；

⑦ 漂移：20 ppm/℃；

⑧ 频率响应：20 kHz(-3 dB)；

⑨ 噪声电压：10 μV/$\sqrt{\text{Hz}}$；

⑩ 输入范围：±10 V/增益；

⑪ 最大共模电压：工作±16 V,不损坏±40 V；

⑫ 定时：扫描和采样分别独立定时；

⑬ 扫描触发：可以内部触发、外部触发或 VXI TTLTRGn 线触发；

⑭ 采样触发：可以内部触发、外部触发或 VXI TTLTRGn 线触发；

⑮ 同步：可将扫描触发和采样触发信号输出到 TTLTRGn 线上,使多个模块同步。

(4) JV53403 数字 I/O 模块

1）基本功能

纵横公司 JV53403 数字 I/O 模块为 64 路数字量 I/O 模块,其输入/输出电压与 TTL/CMOS 兼容,64 路信号分为 8 组,每组 8 线,每组可独立定义为输入或输出,每一组输出均可由软件或 TTLTRGn 线使其处于三态。针对每一组,可独立定义其使用输入或输出信号均为高电压有效或低电压有效,上升沿有效或下降沿有效。

2）技术指标

① I/O 线数：64；

② I/O 电压：TTL/CMOS 兼容；

③ 配置：分为 8 组,每组 8 线,每组可独立定义：输入/输出,高阻,屏蔽码,信号电压为高电压或低电压有效,上升沿或下降沿有效。

④ 中断：可由第 0～3 组中的信号产生中断申请。

与 TTLTRGn 线的作用：第 0 组的信号可从 TTLTRGn 输入或输出到 TTLTRGn 线,第 1 组的信号可从 TTLTRGn 输入。

输入电压：V_{IH}≥4.0；V_{IL}≤0.4 V；

输出电压：V_{OH}≥2.4 V；V_{OL}≤0.8 V；

输入电流：≤250 μA。

(5) JV53452 串行通信模块

1）基本性能

纵横公司生产的 JV53452 是一个满足高端串口通信要求的通信模块,它是一个单宽、C 尺寸、寄存器基的 VXI 模块,其驱动程序按 VXI Plug&Play 规范设计,它可作为标准模块组件用于自动测试仪器方面。

　　JV53452 采用高速综合通用串口协议控制芯片 Zilog16c30，支持异步、同步、Bisync、Monosync、HDLC、SDLC、9 bits 等多种协议，同时该芯片还提供了波特率发生器、以及用以从数据中恢复时钟的数字锁相环。可以实现异步方式下多通道同时通信，通道接口可在 RS232/422/485 中任意切换，可任意设置参数（波特率、数据位、效验位、停止位），并支持 PC 系列和 125/250/500 kHz 的通信速率，且同步速率可达到 10 Mbps，异步速率最大可达到 1 Mbps。

　　2）技术指标

　　① 器件类型：寄存器基，符合 VXI 总线 1.4 版本规范；

　　② 通道数：8 个；

　　③ 串口电气特性：TIA/EIA – RS232 – F 标准和 RS485 标准；

　　④ 串行通信协议：异步、9 bit/s 异步和 HDLC/SDLC；

　　⑤ 接口类型：RS232、RS422 和 RS485；

　　⑥ 波特率（bps）：

　　异步方式：300，600，1 200，2 400，4 800，9 600，19 200，38 400，57 600，115 200，230 400，460 800，921 600，单位 Hz；还有 50，100，125，500，单位 kHz；

　　⑦ 数据存储容量：128 MB。

5.2.2　其他仪器设备

　　除上述 VXI 系统仪器外，仪器设备还有 DSO5014A 数字示波器、打印机、信号调理模块、工控机、网络交换机、客户端计算机等。打印机、工控机、网络交换机和客户端计算机均属成熟货架产品，性能指标满足要求即可，不再详细介绍。

1. DSO5014A 数字示波器

　　本教学实践系统中的台式仪器是 DSO5014A 数字示波器，用于演示 GPIB 并行总线应用，并配合其他仪器设备完成既定实践项目。图 5 – 3 是 DSO5014A 数字示波器外观图。

　　（1）基本性能

　　DSO5014A 四通道数字示波器具备对输入波形进行采集、显示、存储、调节等基本功能，尤其是对信号的触发，可以选择触发模式、触发条件、触发类型，也可以使用边沿触发、脉冲宽度触发、码型触发、持续时间触发、TV 触发；在测量后，除了可以更改显示参数外，还可以执行所有测量（游标测量、自动测量等）和数学函数；波形显示时，除可进行常规的平移和缩放显示，还具有消除混叠、改变亮度以查看信号细节、改变采集模式、减少信号上的随机噪声、捕获毛刺或窄脉冲、自动定标等功能；可以将采集存储的信号数据输出到显示屏、打印机，具备保存、调用轨迹和设置等功能，也可以将文件传输至 USB 大容量存储设备。

　　此外，该型示波器采用了 MegaZoom Ⅲ 技术，具备响应最快的深度存储器、清晰度最高的彩色显示屏和最快的波形更新率。

　　（2）技术指标

　　① 带宽：500 MHz；

　　② 通道：4；

　　③ 采样率：4 GSa/s；

　　④ 采集模式：正常模式（Normal）、峰值检测模式（Peak Detect）、平均模式（Averaging）和高分辨率模式（High Resolution）；

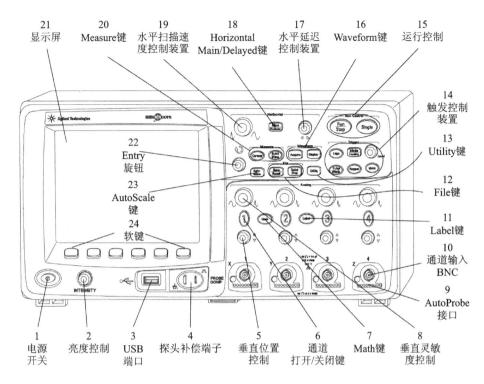

图 5 - 3 DSO5014A 数字示波器外观图

⑤ 存储格式:BMP(8 位)、BMP(24 位)、PNG(24 位)、CSV 数据文件、ASCⅡ XY 数据文件或 BIN 数据文件。

2. 信号调理模块

(1) 基本功能

信号调理模块(Signal Conditioning Plugs,SCP)对输入信号进行适当的调理,包括放大、滤波、偏置调节和传感器激励,以使得传感器可直接与 JV53413 使用。JV53413 里最多有 16 个 SCP,但是每次最多用其中的八个。PGA、SCP 输出到采集系统的信号经过多路器后送到该放大器进行放大,放大增益有 1、2、5、10、20、50、100、200;使用时,为提高测量精度,可根据传感器输出信号的大小和所用 SCP 的增益,计算 SCP 的电压输出范围,再选择适当的 AD 输入量程范围,使在被测信号不会超过 AD 输入量程范围的条件下,选用尽可能小的 AD 输入量程范围。JV53413 的程控放大器具有自动增益的能力。JV53413 可根据 SCP 的输出信号大小自动选用合适的 AD 输入量程范围,使被测信号不会超过 AD 输入量程范围,并具有最高测量精度。

(2) 技术指标

① 输入阻抗:150 kΩ;

② 输入电压:−29.9～+29.9 V(DC);

③ 最大输入电压:±40 V(DC);

④ 工作电压:±15 V(DC);

⑤ 信号处理通道:SCP01,8 通道直接差分输入;SCP02,8 通道×1 增益/10 Hz 低通滤波

器;SCP03,8 通道×10 增益/10 Hz 低通滤波器;SCP04,8 通道×100 增益/10 Hz 低通滤波器;SCP05,8 通道×1/×10/×100 增益/10Hz 低通滤波器(利用跳线设置);SCP07,8 通道 0~20 mA 电流输入;SCP09,8 通道恒流输出;SCP10,8 通道×1/×10 增益衰减输入;SCP11,8 通道×1 增益采样/保持放大器;SCP12,8 通道×10 增益采样/保持放大器;SCP13,8 通道×100 增益采样/保持放大器;SCP20,8 通道,16 bit D/A 电压输出;SCP21,8 通道,16 bit D/A 电流输出;SCP23,8 通道隔离电压输入;SCP24,8 通道 TTL 标准 DI/O。

5.3 软件设计与使用

5.3.1 概 述

1. 软件功能

根据教学实验要求,教学实践系统在软件上要具备如下基本功能:

① 控制请求功能:向服务器发出控制请求,以获得通过服务器对 VXI 设备的控制权,客户端可以观察到 VXI 设备状态。

② 修改服务端 IP 地址:修改服务端的 IP 地址,客户端可通过该 IP 地址连接服务器。

③ 学习功能:客户端软件集成各个模块的用户手册、VXI 总线培训资料、设备使用资料。

④ 测试功能:客户软件自带系统使用测试题库,测试题目为选测题型,可为随机抽取测试题目(虚拟题库由用户自行提供),并根据用户答案给出分数。

⑤ 视频观测功能:通过视频卡自带的软件实现。

⑥ 客户端能够在已有框架的基础上做二次开发。

⑦ 数据传输:客户端计算机上无 1394 接口卡,是通过网络控制服务器向 VXI 设备发送各种命令。客户端只发送各种命令,真正执行是靠服务器程序完成,并通过网络向客户端传回各种数据,数据传输包括硬件设置、测试数据和模块状态。

⑧ 数据显示:根据测试数据在客户端绘制数据波形,并控制数据存储。

⑨ 数据分析:客户端程序可对存盘数据进行基本的数据分析。数据分析包括积分、微分、相关、相干、频谱等项目,并对曲线进行数字滤波或光滑处理。

2. 软件的使用与维护

软件基本的使用与维护要求:

① 操作系统:Windows XP(SP3),Office 2000 或以上版本。

② 开发工具:LabView/CVI 7.0,Visual Studio 2008。

③ 运行库:.NET Framework 2.0 或以上版本。

5.3.2 软件的安装与卸载

1. 软件的安装

在安装软件之前应确认软件环境与硬件环境已经配置完成。

安装.NET Framework 2.0 框架。由于安装文件较大,需要等待较长的时间(若已安装此步骤默认)。找到虚拟教学系统客户端软件的安装文件夹,双左击 setup. exe 或者 Jovian.

VXIInstrument. Framework. Client. msi 开始安装应用程序,安装界面如图 5 - 4～图 5 - 6 所示。

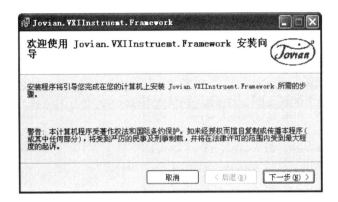

图 5 - 4　开始安装

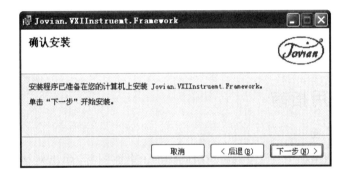

图 5 - 5　确认安装

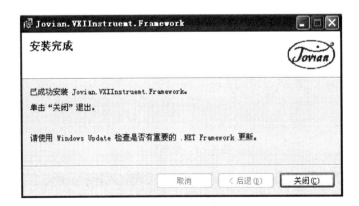

图 5 - 6　安装完成

2. 软件的卸载

如果不再使用本软件,可以在 Windows 系统的添加/删除面板中删除,如图 5 - 7 所示。选中本软件,单击删除,则该软件将进行卸载,完成卸载后系统会有相关的提示。

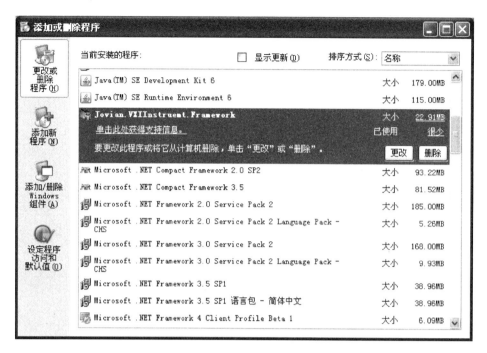

图 5 - 7　软件的卸载

5.3.3　使用指南

1. 软件的主界面

双击 Jovian. VXIInstrument. Framework. Client 桌面图标,弹出对话框要求输入班级和用户名,如图 5 - 8 所示。输入后会进入如图 5 - 9 所示的软件界面。该界面有 7 个主菜单,分别为:系统,模块 PNP,客户端功能扩展,分析平台,外部插件,学习系统,窗口以及帮助。

提示:运行本软件最好将屏幕分辨率设置成 1 024×768 或更高。

图 5 - 8　登录界面

图 5 - 9　软件主界面

2. 系统菜单

系统菜单如图 5-10 所示。

① 连接服务器:重新连接服务器,服务端软件未运行,或者服务端重启需要执行此操作。

② 请求控制权限:向服务端请求控制权限,请求后可等待服务器的授权,取得访问权限后就可以访问服务端的 VXI 模块。

③ 更改服务器 IP 地址:正确修改该 IP 地址时,地址必须和服务端一致,否则导致无法连接服务器,设置界面如图 5-11 所示。

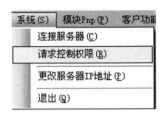

图 5-10 系统菜单界面

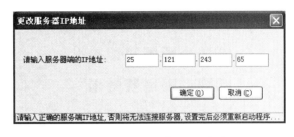

图 5-11 更改服务端 IP 地址

3. 模块使用

(1) E1412A 数字万用表模块

通过单击模块内部 PnP 的 E1412APnP 面板可以进入 E1412A 数字万用表模块的软件使用界面,如图 5-12 所示。

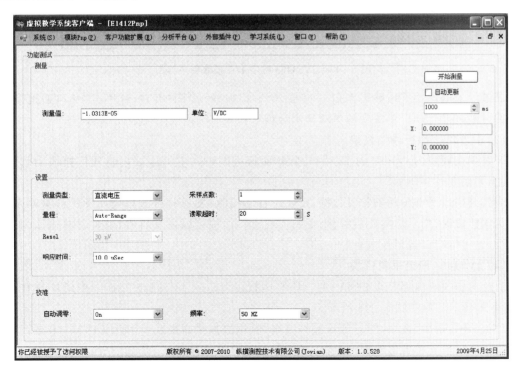

图 5-12 E1412A 数字万用表使用界面

通过选择下拉列表框可以设置测量的类型、量程以及其他参数，单击"开始测量"按钮可以开始进行测量，当选中自动更新时，会自动每隔设定的时间自动更新。

（2）JV53403 数字 I/O 模块

通过单击模块内部 PnP 的 JV53403PnP 面板可以进入 JV53403 数字 I/O 模块的软件使用界面，如图 5-13 所示。

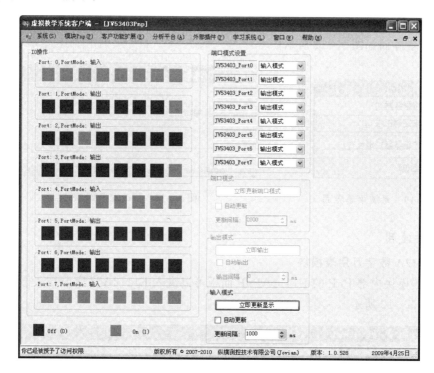

图 5-13　JV53403 数字 I/O 模块使用界面

通过设置端口模式来确定 I/O 口的输入/输出模式。当输出时，可单击"端口通道"设置通道的通断；当输入时，单击立即更新显示会读取该所有输入通道的通断状态。

（3）JV53452 串行通信模块

通过单击模块内部 PnP 的 JV53452PnP 面板可以进入 JV53452 串行通信模块的软件使用界面，如图 5-14 所示。

当打开串口后即可用来收发数据，接收时自动接收，发送时可选择周期发送或手动发送，当发送或接收时，指示灯会变成绿色，否则为红色。模块可以自发自收，也可以两通道间发送和接收，也可以与设备相连进行通信。

（4）JV53413 扫描采集模块

通过单击模块内部 PnP 的 JV53413PnP 面板可以进入 JV53413 扫描采集模块的软件使用界面，如图 5-15 和图 5-16 所示。

单击"开始采集"选项，即可进入采集工作，通过选择是否更新 CVT 或 FIFO 来更新通道数据值。该模块支持采集数据且存盘，要使存储通道采集数据，一要选中"启用自动保存"，二要通过存盘设置来选择要存储的通道和文件名，采集的数据可以用数据分析软件来分析，存盘设置界面如图 5-17 所示。

图 5-14 JV53452 串行通信模块使用界面

图 5-15 JV53413 扫描采集模块 CVT 使用界面

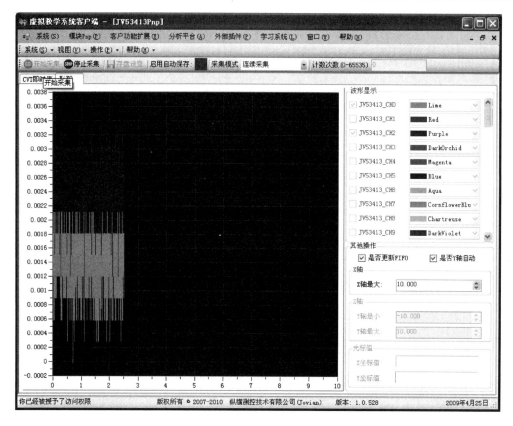

图 5 - 16　JV53413 扫描采集模块 FIFO 使用界面

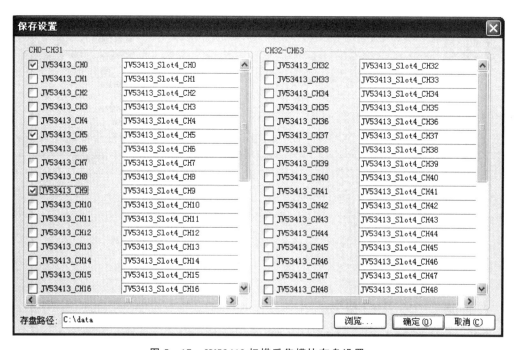

图 5 - 17　JV53413 扫描采集模块存盘设置

（5）JV53202 任意波形发生器模块

通过单击模块内部 PnP 的 JV53202PnP 面板可以进入 JV53202 任意波形发生器模块的软件使用界面，如图 5-18 所示。

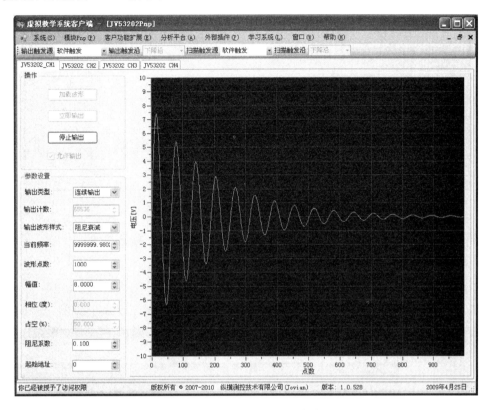

图 5-18　JV53202 任意波形发生器模块的使用界面

要产生特定需求的波形必须先设置好参数，单击"加载波形"按钮（将会在预览波形界面中显示产生的波形），然后单击"立即输出"按钮即可输出波形。要重新设置波形参数，则必须先停止输出，然后在重复上述操作，否则无法输出波形，或者输出的波形有干扰。

（6）GPIB、LXI、USB、RS232 设备使用

此项支持 VISA 的 GPIB、LXI、USB、RS232 接口设置，安捷伦（Agilent）示波器支持GPIB、LXI、USB 接口，RIGOL 的任意波形发生器只支持 GPIB 接口，通过单击模块内部 PnP的相应菜单可以进入 PnP 界面，所有接口（GPIB、LXI、USB、RS232）的仪器操作界面皆一致，以下采用 RIGOL 任意波形发生器 GPIB 接口为例，操作界面如图 5-19 所示。

可以选择发送、读取，或者发送读取命令。发送只发送命令，不读取响应；读取不发送命令只读取响应；发送读取则先发送命令，再读取响应。可以在命令列表中选择需要的命令，一般默认的命令为默认参数或者不完整，可以在发送命令中对其进行修改使得符合自己的需要，关于命令集可以参考具体设备的相关文档。

4. 客户功能扩展

当用户开发完项目后，将生成的动态库文件复制到相应的文件夹下，并取得控制权限后，单击该菜单，找到用户开发的项目，打开开发的实践项目操作界面可验证、调试开发的项目。

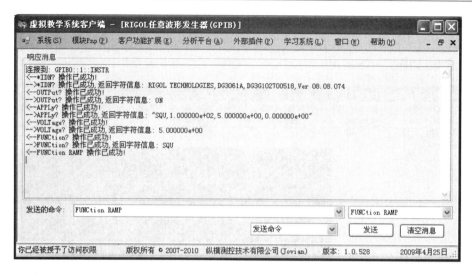

图 5 - 19   RIGOL 任意波形发生器

在后面第 6 章中的 5 个实践项目均是如此操作。在此,不再详细描述。

5. 分析平台

(1) 数据分析与处理

选择主菜单"分析平台"下的"通用数据回读分析"项,打开数据分析窗口,如图 5 - 20 所示。

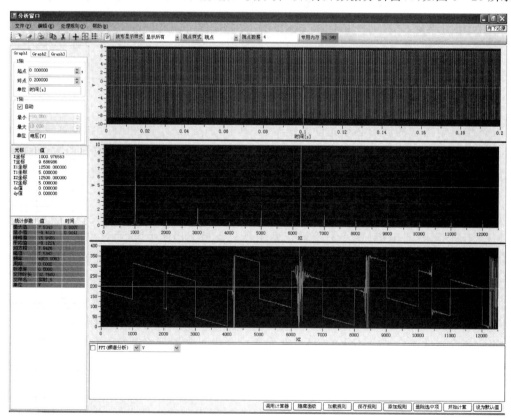

图 5 - 20   原始数据回读分析界面

数据分析主要是对系统保存的数据（＊.dat 文件）进行精细的分析处理。该系统设置的默认算法有：系数、滤波、平滑、微分、积分、波形合成、FFT、功率谱估计或无处理形式，在计算规则区域内的下拉框中选择处理算法。调用计算规则单击"开始计算"按钮（或者选择主菜单"处理规则"下的"开始计算"项）完成数据的处理，支持对数据进行跳点分析，数据分析系统可以对原始数据进行剪裁和复制，处理数据并存储和生成报告。

（2）报表的生成和打印

根据测试配置信息获取实测数据和最终的计算结果，经过编辑剪裁，生成报表并打印。

单击数据分析界面的"报表打印"按钮（或者选择主菜单"文件"下的打印），打开报表并打印界面，如图 5-21 所示。

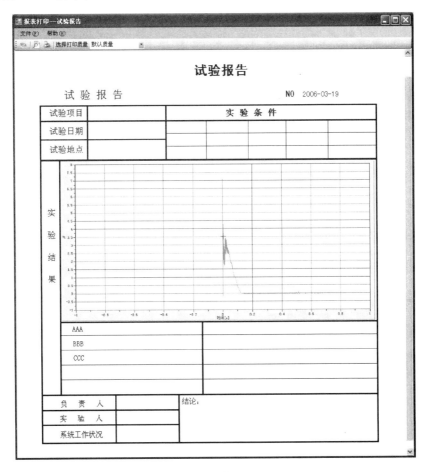

图 5-21　报表打印界面

可以根据需要将报表输出到打印机（主菜单"文件"下的"打印"项）或者存储为图片格式（主菜单"文件"下的"打印到图片"项）。

6. 外部插件

系统提供的外部插件有 5 项，可根据需要自行扩展。

（1）日志管理器

用于查看系统记录的日志信息，默认的日志功能是禁用的，可以在功能配置系统中开启，界面如图 5 – 22 所示。

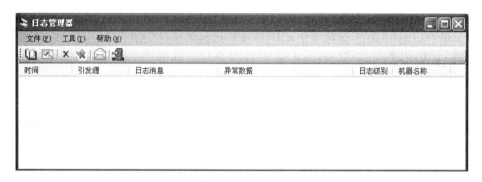

图 5 – 22　日志管理器

(2) 数据文件分析转换工具

提供简单查看文件信息的工具,可以查看采集数据的参数信息和波形;提供对信息帧的修改和导出功能,能将数据导出为文本格式,操作界面如图 5 – 23 所示。

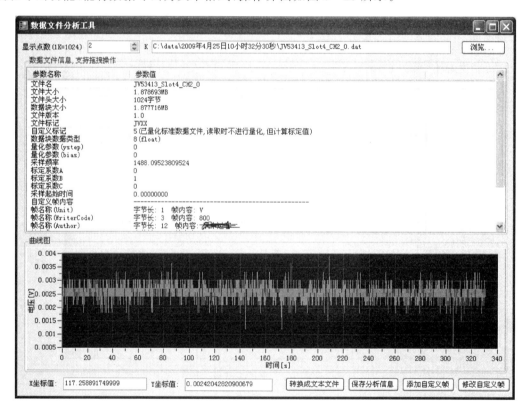

图 5 – 23　数据文件分析工具

(3) 数据文件转换器

提供将早期格式转换成目标格式的功能,防止早期的格式在当前分析工具下无法兼容的问题,操作界面如图 5 – 24 所示。

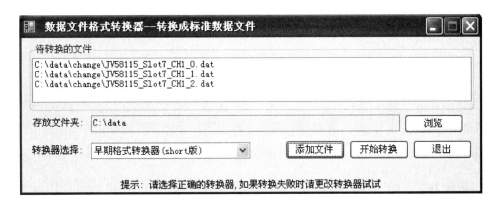

图 5 - 24 数据文件转换器

（4）数据写入器和解析器信息

提供一个查看系统支持的文件格式写入器和解析器的工具，自行注册了的写入器或解析器也可以在该工具中体现，操作界面如图 5 - 25 所示。

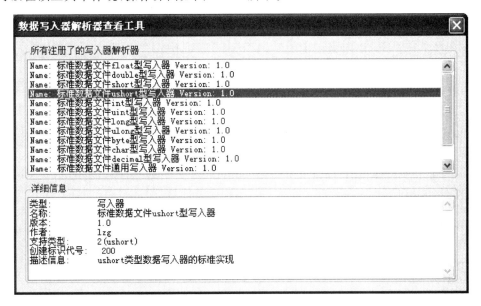

图 5 - 25 数据写入器和解析器信息

5.4 二次开发

5.4.1 服务端二次开发

1. 准备工作

要进行服务端的二次开发，首先要安装有开发环境，开发环境可以选择 Visual Studio 2008 或更高版本，或者选择开源的 SharpDevelop；使用更高版本时，必须选择编译为 2.0 运行时的代码。如果选择使用 SharpDevelop，由于有些版本未自带 .NET Framework，因此必须先安装. NET Framework。

关于服务端的二次开发,假设开发者已经很熟悉. NET 平台语言和 Visual Studio 开发环境,因此与二次开发无关的细节不做详细说明。

2. 外部功能扩展

外部功能扩展一般应用于实际应用环境,因此框架必须对该项扩展做了特殊的优化和处理,包括自动加载、缓存等服务,并提供对所有硬件设备的全功能无障碍访问。

(1) 需要使用的动态库

Jovian. WarpLib. Interface. dll

(2) 实现 IFrameworkPlugIn 接口

要使系统框架能够加载扩展,并正确设置 VXI 资源,必须实现 IFrameworkPlugIn 接口,IFrameworkPlugIn 接口定义如下:

```
// VXI 系统平台框架扩展接口
public interface IFrameworkPlugIn
{
    Form GetPlugIn(); // 获取实现接口的窗口
    void SetVXIVirtualBoxInterface(IVXIVirtualBox ivxi); // 设置访问虚拟 VXI 机箱接口
}
```

(3) 部署外部功能扩展

编写并编译好功能扩展后必须部署才可使用,部署分为两个步骤:

① 复制动态库和相关文件到安装根目录下的 extendplugin 文件夹下,或该文件夹下的任意子目录;

② 编写配置项:找到安装根目录下的 extendplugin 文件夹下的 extendconfig. xml 配置文件,配置文件结构如下:

```
<? xml version = "1.0" encoding = "utf - 8"? >
<extendconfig>
<item name = "" assembly = "" fullname = "" enable = "" RunShow = "" image = "" />
</extendconfig>
```

配置属性说明:name 指程序名称,assembly 指程序集名称,fullname 指类全名称,enable 指是否可用,RunShow 指是否在系统程序运行即加载。

3. VXI 模块扩展

教学实践系统的框架具备开放式体系结构,因此支持教师或用户根据实践项目需要自行扩展 VXI 模块。

(1) 需要使用的动态库

Jovian. WarpLib. Interface. dll;Jovian. VIManagerLib. dll;fzgk. CommonLib. dll[可选,根据功能需要[如请求标定服务时需要)]。

(2) 定义模块访问接口

系统框架定义,所有模块的访问都是基于接口进行的,因此必须对模块功能函数进行抽象,并抽象出一系列接口函数属性等,所有的 VXI 模块接口必须继承自 IVICommon 接口,否则会增加开发的复杂性,且有部分功能被将不能被支持(如标定,自动初始化等功能的支持)。

IVICommon 接口定义如下:

```
public interface IVICommon
{
    bool IsAllowWork { get; set; }
    int AutoConnectToAll(out uint[] viarray);
    int AutoConnectToLa(short la, out uint vi);
    int AutoConnectToSlot(short slot, out uint vi);
    int Calibrate();
    int Close();
    int GeSlotAndLaList(out short[] slotarray, out short[] laarray);
    int GetChannelNum(out int number);
    short GetLa();
    ModeType GetModeType();
    int GetSlot();
    uint GetViHandler();
    int InitializeByLa(short la, bool id_query, bool doreset);
    int ReadScaleValue(ushort channel, out double avgvalue);
    int Reset();
    int Run();
    int SelfTest(out short test_result, string test_message);
    int Stop();
}
```

示　例:

```
public interface IJV53403:IVICommon{......}
```

(3) P/Invoke 动态库

由于 VXI 模块的动态库一般是以 C、C++ 函数形式提供,并不能直接应用于 .NET 之上,因此必须对动态库进行封装,封装的过程就是 P/Invoke,这里不做详细描述。

(4) 实现访问接口

接口定义后应使得模块能够支持远程访问功能,实现类还必须从 MarshalByRefObject 基类继承。

示　例:

```
public class JV53403: MarshalByRefObject, IJV53403
{
    ...... //实际代码
}
```

(5) 实现 SlotPanel

要使得模块能够在虚拟界面的面板中显示,必须实现 SlotPanel 抽象类;而 SlotPanel 定义为抽象类,必须实现该类定义的抽象函数和属性。

由于 SlotPanel 抽象的定义比较复杂庞大,这里不详细列出,可以使用 Visual Studio 的类查看工具自行查看,该抽象类定义在 Jovian. WarpLib. Interface. dll 动态库中。

示例(具体实现以默认为准):

```
public class JV53403SlotPanel:SlotPanel
{
    public NoneSlotPanel()
    {
        base.ModuleName = "JV53403";
    }
    public override T GetInterface<T>()
    {
        throw new Exception("该面板为空面板,无法使用该函数或属性!");
    }
    public override T GetJVSet<T>()
    {
        throw new Exception("该面板为空面板,无法使用该函数或属性!");
    }
    public override object GetJVSetInfo()
    {
        throw new Exception("该面板为空面板,无法使用该函数或属性!");
    }
    public override Jovian. WarpLib. Interface. IVICommon GetVICommon()
    {
        throw new Exception("该面板为空面板,无法使用该函数或属性!");
    }
    public override int La
    {
        get { throw new Exception("该面板为空面板,无法使用该函数或属性!"); }
    }
    public override Jovian. WarpLib. Interface. ModeType ModuleType
    {
        get { throw new Exception("该面板为空面板,无法使用该函数或属性!"); }
    }
    public override void SetInterface<T>(T interf)
    {
        throw new Exception("该面板为空面板,无法使用该函数或属性!");
    }
    public override void SetJVSetInfo(object info)
    {
        throw new Exception("该面板为空面板,无法使用该函数或属性!");
    }
    public override uint ViHandler
    {
        get { throw new Exception("该面板为空面板,无法使用该函数或属性!"); }
    }
```

```
public override bool IsSample
{
    get { return false; }
}
public override void SetScale(ScaleCompletedEventArgs e)
{
    throw new Exception("该面板为空面板,无法使用该函数或属性!");
}
public override Form GetPnpInstance()
{
    throw new Exception("该面板为空面板,无法使用该函数或属性!");
}
public override string PnpDescription
{
    get { throw new Exception("该面板为空面板,无法使用该函数或属性!");}
    set { }
}
public override void ShowPnp()
{
    throw new Exception("该面板为空面板,无法使用该函数或属性!");
}
public override void UpdataSetting()
{
    throw new Exception("该面板为空面板,无法使用该函数或属性!");
}
public override void Reset()
{
    throw new Exception("该面板为空面板,无法使用该函数或属性!");
}
public override string DeviceDescription
{
    get {throw new NotImplementedException();}
    set {throw new NotImplementedException();}
}
public override HardwareInterfaceType DeviceType
{
    get {throw new NotImplementedException();}
    set { throw new NotImplementedException();}
}
public override Control GetConfigPanle()
{
    throw new NotImplementedException();
}
publicoverride Control GetTestPanle()
{
```

```
        throw new NotImplementedException(); }
}
```

(6) 实现模块 Chain

系统模块查找后的初始化过程是通过职责链模式来实现的,因此,模块能够被识别初始化,必须实现自己的识别初始化逻辑,这个过程就是实现模块的 Chain。系统框架定义了职责链的抽象类 Chain,从 Chain 继承即可。IChain 接口定义如下:

```
public interface IChain
{
    void Invoke(VISpeciInfo viinfo, bool isProcessing, ref Control control);
    IChain GetChain();
    bool HasChain { get;}
    void AddToChain(IChain chain);
    bool IsProcessing { get;}
}
```

Chain 抽象类已经实现了 IChain 接口,模块的 Chain 可以直接从 Chain 继承并重写 Invoke 函数即可。

示　例:

```
public class JV53403Chain : Chain
{
    public override void Invoke(VISpeciInfo viinfo, bool isProcessing, ref Control control)
    {
        isprocessed = isProcessing;
        if (isprocessed) { return; }
        if (viinfo.ModelID == (int)ModeType.JV53403)
        {
            ......
        }
    }
}
```

如果模块需要标定服务,此时可以在该职责中使用 ProcessNotifyFramework ＜RegToScalePanelInfo＜IVICommon＞＞. Notify(RegToScalePanelInfo info)函数来向标定服务模块请求标定服务,若不需要标定功能,则不需要执行该操作。

(7) 实现模块 Pnp

该项是可选的,可根据开发项目的需要自行实现,实现好的 PnP 会在模块内部 PnP 菜单中显示,单击菜单后可加载该模块的测试 PnP。

要实现一个模块的 PnP,必须先继承 IJVxxxxxPNP 接口的 Form,IJVxxxxxPNP 接口定义如下:

```
public interface IJVxxxxxPNP
{
    void SetSlotPanel(SlotPanel slotpanel);
}
```

示例(具体代码以默认为准):

```
public partial class JV53403Pnp : Form, IJVxxxxxPNP
{
    public void SetSlotPanel(SlotPanel slotpanel)
    { ...... }
    ......
}
```

(8) 部署 VXI 模块扩展

到此步骤在系统中应该生成了以下动态库,以 JV53403 为例:

① JV53403WarpLib. dll,jv53403_32. dll(驱动库):将得到的动态库以及驱动库复制到根目录的 jvinstrument 文件夹下,如果是并行卡,可添加 jvinstrument 文件夹下的 instrument-set. xml 文件中的配置项。

② Jovian. JV53403SlotPanle. dll:将该动态库和相关文件复制到根目录的 moduleplug 文件夹下,并添加 moduleplug 文件夹下的 moduleplug. xml 和 modulenameid. xml 配置文件中的配置项。

moduleplug. xml 配置文件结构如下:

```
<? xml version = "1.0" encoding = "utf - 8"? >
<moduleplug>
<item name = "JV53403" assemblyname = "Jovian.JV53403SlotPanle.dll" fullname = "Jovian. Instrument. ModuleFactory.JV53403Chain" enable = "true"/>
</moduleplug>
modulenameid. xml 配置文件结构如下:
<? xml version = "1.0" encoding = "utf - 8"? >
<modulenameid>
<item name = "JV53403" id = "243794245" />
</modulenameid>
```

③ Jovian. Instrument. JV53403Pnp. dll:将该动态库和相关文件复制到根目录的 jvinstrumentpnp 文件夹下,并添加 jvinstrumentpnp 文件夹下的 pnpconfig. xml 配置文件中的配置项。

pnpconfig. xml 配置文件结构如下:

```
<? xml version = "1.0" encoding = "utf - 8"? >
<pnpconfig>
<item moduleid = "243794245" name = "JV53403Pnp 面板" assembly = "Jovian. Instrument.JV53403Pnp.dll" fullname = "Jovian. Instrument.PNP.JV53403PNP"/>
</pnpconfig>
```

4. GPIB、RS232、USB、LXI 设备扩展

系统框架提供了统一的 GPIB、RS232、USB、LXI 设备操作接口,但是这类设备一定要支持 Agilent visa 库,通过统一配置文件的支持即可完成该类设备的扩展。

(1) GPIB 设备扩展

找到根目录下的 config 文件夹下的 config. xml 配置文件,用记事本或者其他文本编辑器

将其打开并找到 GPIB 配置节点,并增加相应设备的配置项。

(2) RS232 设备扩展

找到根目录下的 config 文件夹下的 config. xml 配置文件,用记事本或者其他文本编辑器将其打开并找到 RS232 配置节点,并增加相应设备的配置项。

(3) USB 设备扩展

找到根目录下的 config 文件夹下的 config. xml 配置文件,用记事本或者其他文本编辑器将其打开并找到 USB 配置节点,并增加相应设备的配置项。

(4) LXI 设备扩展

找到根目录下的 config 文件夹下的 config. xml 配置文件,用记事本或者其他文本编辑器将其打开并找到 LXI 配置节点,并增加相应设备的配置项。

5. 标定系统扩展

系统框架提供了统一的标定扩展接口,所有能够接受特定静态事件的扩展都可以被系统所支持。除非特别必要,否则不建议实现自定义的标定服务,因为标定服务的实现不仅较复杂,且容易出错,建议使用系统自带的线性标定服务,该线性标定服务能用在所有实现 IVI-Common 接口的所有模块上。

(1) 实现标定功能逻辑

要实现一个继承自 UserControl 的泛型标定功能逻辑的控件,泛型必须是实现 IVICommon 接口的类型。

示　例:

```
public partial class JVVXIScale<T> : UserControl where T:IVICommon
{ …… }
```

(2) 需要注册的事件

标定模块是松耦合的实现,并不与 VXI 模块相关类直接通信,而是通过一系列的静态事件来通信的,与标定服务相关的事件有:

① ProcessNotifyFramework<RegToScalePanelInfo<T>>. ProcessNotify

当模块注册请求标定服务时的处理事件。

② ProcessNotifyFramework<ModuleInitNotifyScaleEventArgs>. ProcessNotify

模块重新初始化后要处理的事件。

(3) 完成标定后续工作

完成标定后需要通知 VXI 模块标定已经完成,此时可以通过 ProcessNotifyFramework<ScaleCompletedEventArgs>. Notify(ScaleCompletedEventArgs e)函数来通知 VXI 模块标定已经成功完成,VXI 模块在接收到该事件后会自行处理。

(4) 部署标定模块

完成上面的工作后,部署标定文件分为两个部分:

① 复制编译的动态库到根目录的 scaleplugin 文件夹下;

② 找到根目录下的 scaleplugin 文件,在此文件夹下寻找 scaleconfig. xml 配置文件,并添加相应的配置项。scaleconfig. xml 配置文件结构如下:

```
<? xml version = "1.0" encoding = "utf - 8"? >
<scaleconfig>
<userscale>
<item name = "" assembly = "" fullname = "" enable = "" />
</userscale>
</scaleconfig>
```

配置属性说明：name 指显示 TabPage 的名称，assembly 指程序集名称，fullname 指实现标定服务的类的全称，enable 指是否可用，可选值 true 或 false。

6. 主界面 UI 扩展

教学实践系统的主界面支持教师或用户自行扩展界面，如增加一项菜单、工具条之类的，并提供对界面元素的访问，基本步骤如下。

(1) 需要使用的动态库

Jovian. WarpLib. Interface. dll

(2) 实现 IVXIFrameworkMainForm 接口

UI 的扩展需要继承 IVXIFrameworkMainForm 接口，实现该接口即可被框架所加载并执行，IVXIFrameworkMainForm 接口定义代码如下：

```
public interfaceIVXIFrameworkMainForm
{
    bool IsShowHardSetUI { get; set; }
    ToolStripMenuItem SystemMenu();
    ToolStripMenuItem ExtendMenu();
    ToolStripMenuItem ExternalMenu();
    ToolStripMenuItem AnalyseMenu();
    ToolStripMenuItem WindowMenu();
    ToolStripMenuItem HelpMenu();
    void InvokeHardInit();
    void InvokeVisaVersionChange();
    void InvokeQuit();
    void InvokeAbout();
    void InvokeHelpDoc();
    void InvokeDevDoc();
    void InvokeSupport();
    void InvokeCloseAll();
    void InvokeCloseActiveForm();
    void InvokeCascadeWindow();
    void InvokeHorizontalWindow();
    void InvokeVerticalWindow();
    void AddMenuItem(ToolStripMenuItem menuitem);
    void AddToolStrip(ToolStrip toolstrip);
    StatusStrip StatusStrip();
}
```

示　例:

```
public class UIExtend:Form,IVXIFrameworkMainForm
{......}
```

(3) 部署 UI 扩展

① 将编译好的动态库和相关文件复制到根目录文件夹下的 frameworkuiextend 文件夹下。

② 找到根目录文件夹下的 frameworkuiextend 文件,在此文件夹下寻找 ivxiframeworkuiextend. xml 配置文件,并添加相应的配置项。

ivxiframeworkuiextend. xml 配置文件结构如下:

```
<? xml version = "1.0" encoding = "utf - 8"? >
<UIExtend>
<item name = "" assemblyname = "" fullname = "" enable = "" />
</UIExtend>
```

配置属性说明:name 指 UI 扩展名称,assemblyname 指程序集名称,fullname 指实现 IVXIFrameworkMainForm 的类的全名称(含命名空间),enable 指是否启用该扩展。

7. 外部插件扩展

外部插件通常用于添加外挂功能,系统本身的许多功能就是使用外部插件来提供的。如系统功能配置框架、数据文件分析转换工具等都是以这种形式提供的。

(1) 准备工作

首先准备好开发环境,要开发外部插件需要用的程序集有 Jovian,0WarpLib,Interface,dll,需要使用的接口有 IExternalPlugIn。

(2) 实现 IExternalPlugIn 接口

要使外部插件能够被宿主调用,必须实现 IExternalPlugIn 接口,该接口只有一个函数。

接口定义代码如下:

```
public interfaceIExternalPlugIn
{
    bool Invoke(string startpath);
}
```

示例:调用计算器的实现代码如下:

```
public class ShellCalculator :IExternalPlugIn
{
    #region IPlugsIn 成员
    bool IExternalPlugIn. Invoke(string startpath)
    {
        string path = System. Environment. GetFolderPath(Environment. SpecialFolder. System) + "
\\calc. exe";
        if (System. IO. File. Exists(path))
        {
```

```
            Process.Start(path);
            return true;
        }
        else
        {
            MessageBox.Show("未能找到计算器应用程序,请验证该文件是否存在.", "外部程序");
            return false;
        }
    }
    # endregion
}
```

(3) 部署外部插件

功能编写完成并编译成动态库后需要部署该外部插件,部署步骤如下。

① 复制程序集:将编译的动态库和相关文件复制到安装文件夹的 externalplugin 文件夹下即可。

② 添加配置项:找到安装文件夹下的 externalplugin 文件,在此文件夹下寻找 external-plug. xml 配置文件,用记事本或者用其他编辑器打开。

配置文件结构如下:

```
<? xml version = "1.0" encoding = "utf - 8" ? >
<plugsin>
<item>
<name></name>
<path></path>
<description></description>
<version></version>
<author></author>
<type></type>
<enable></enable>
</item>
</plugsin>
```

实现的外部插件必须在配置文件中添加一个 item 节点,节点定义说明如下:

name:显示在菜单中的名称;

path:动态库的路径是相对于根目录的路径;

description:该插件的描述;

version:该插件的版本信息;

author:该插件的作者;

type:插件的类型,可选值为 Interface、Shell 或 None;

enable:该插件是否可用,可选择为 true 或 false;

示　例:

调用计算器的配置项如下:

```
<? xml version = "1.0" encoding = "utf - 8"? >
<plugsin>
<item>
<name>调用计算器</name>
<path>\externalplugin\Jovian.ShellCalculator.dll</path>
<description>shell the calculator</description>
<version>1.0</version>
<author>fzgk</author>
<type>Interface</type>
<enable>true</enable>
<image></image>
</item>
</plugsin>
```

8. 分析平台扩展

(1) 创建自定义的分析插件

教学实践系统的分析平台允许用户或学生实现自定义的分析软件,并将其集成至整个框架中,要开发自定义的分析插件,需要完成以下步骤:

① 可能用到的动态库:

AxCWUIControlsLib.dll , CWUIControlsLib 提供绘图控件;

fzgk.CommonLib.dll 提供标准数据文件格式解析器;

Jovian.WarpLib.Interface 提供所需要的接口定义;

② 实现 IAnalysisForm 接口:

要使框架能够发现并调用分析插件,必须实现 IAnalysisForm 接口。

IAnalysisForm 接口定义如下:

```
public interface IAnalysisForm
{
    //显示窗口
    void Show();
    //显示模态窗口
    void ShowDialog();
}
```

③ 部署分析插件包括两个步骤:

复制程序集:将编译好的分析插件以及相关文件复制到安装文件夹下的 analysisplugin 文件夹下。

添加配置项:找到安装文件夹下的 analysisplugin 文件夹下的 analysisplug.xml 文件,用记事本或者其他编辑器打开,并添加分析插件的配置项。

配置文件结构如下:

```
<? xml version = "1.0" encoding = "utf - 8"? >
<analysisplug>
<item enable = "" name = "" assemblyname = "" fullname = "" image = ""></item>
</analysisplug>
```

属性说明:enable 指是否启用该分析插件,name 指回读分析界面的名称,assemblyname 指程序集名称,fullname 指类的全名(包含命名空间),image 指分析插件的菜单图标。

(2) 扩展算法

框架提供的分析平台的算法具备算法叠加和可扩展功能,用户可根据需要自行扩展所需要算法。

① 需要使用的动态库:Jovian. AnalysisFrom. Utilits. dll 提供接口和抽象类定义。

② 实现 IProcessSub 接口和 Chain 抽象类:要使扩展的算法能被系统所识别,必须实现 IProcessSub 接口和 Chain 抽象类。

IProcessSub 接口定义如下:

```
public interface IProcessSub
{
    bool Process(DataFileInfo<double> wave,double[]xdata,double xmin,double xmax);
    bool Process(DataFileInfo<float> wave, double[] xdata, double xmin, double xmax);
    ProcessSubInfo ProcessSubInfo { get;}
    bool LoadDate(object[] param); object[] GetData();
}
```

IChain 接口定义如下:

```
public interface IChain
{
    void Invoke(string processname,bool isProcessing,ref Control control);
    IChain GetChain();
    bool HasChain { get;}
    void AddToChain(IChain chain);
    bool IsProcessing { get;}
}
```

若从 Chain 抽象类继承,则必须重写 Invoke 函数,为避免不要的麻烦建议且减少错误,建议从 Chain 继承。

算法扩展示例:这里以 NoneProcess 处理为例(内部 None 算法实现),代码实现如下所示(算法处理部分必须是继承自 UserControl)。

```
partial class NoneProcess : UserControl,IProcessSub
{
    #region IProcessSub 成员
    object[] IProcessSub.GetData()
    {
        return null;
    }
    bool IProcessSub.LoadDate(object[] param)
    {
        return true;
    }
}
```

```
bool IProcessSub.Process(DataFileInfo<double> wave, double[] xdata, double xmin, double xmax)
{
    return true;
}
bool IProcessSub.Process(DataFileInfo<float> wave, double[] xdata, double xmin, double xmax)
{
    return true;
}
ProcessSubInfo IProcessSub.ProcessSubInfo
{
    get { return new ProcessSubInfo("None", "None 无处理", "1.0"); }
}
#endregion
}
public class NoneProcessChain : Chain
{
    public override void Invoke(string processname, bool isProcessing, ref Control control)
{
    isprocessing = isProcessing;
    if (isprocessing){ return; }
    if (processname == "None")
    {
        isprocessing = true;
        control = new NoneProcess();
        return;
    }
    else
    {
        //未得到正确处理就调用下一个处理逻辑
        base.Invoke(processname, isprocessing, ref control);
    }
    }
}
```

③ 部署扩展算法包括两个步骤：

复制程序集：将编译好的分析插件以及相关文件复制到安装文件夹下的 analysisplugin 文件，在此文件夹下寻找 processplug 文件夹。

添加配置项：找到安装文件夹下的 analysisplugin\ processplug 文件，在此文件夹下寻找 analysisplug.xml 文件，用记事本或其他编辑器打开，并添加分析插件的配置项。

配置文件结构如下：

```
<? xml version = "1.0" encoding = "utf-8" ? >
<processsub>
<item name = "" assemblyname = "" fullname = ""></item>
</processsub>
```

属性说明：name 指回读分析界面的名称，assemblyname 指程序集名称，fullname 指类的全名（包含命名空）。

(3) 实现自定义文件解析器

框架提供的分析平台具备开放性结构，能够允许客户端实现自定义的解析器和写入器，并有效利用。该扩展一般用于现有的文件格式数据文件，此类文件比较多且不方便转换成分析平台支持的格式，这种情况下就可以实现自定义的解析器来打开非标准文件格式。

① 需要使用的动态库：fzgk. CommonLib. dll 提供接口和抽象类定义。

② 实现 IDataFileParser 接口和 StandardDataFileParserCommon 抽象类：由于代码比较多，可使用类库查看器自行查看。

③ 自定义文体解析器部署扩展算法包括两个步骤：

复制程序集：将编译完的分析插件以及相关文件复制到安装文件夹下的任意位置。

添加配置项：找到安装文件夹下的 analysisplugin 文件夹下的 config. xml 文件，用记事本或者其他编辑器打开，并添加分析插件的配置项。

配置文件结构如下：

```xml
<? xml version = "1.0" encoding = "utf - 8" ? >
<configuration>
<skippointenable value = "true"/>
<parser value = "10005"/>
<writer use = "false" value = "10000"/>
<registewriter>
<item assemblyname = "" fulltype = "" combinflag = ""/>
</registewriter>
<registerparser>
<item assemblyname = "" fulltype = "" combinflag = ""/>
</registerparser> -- >
</configuration>
```

节点属性说明：

skippointenabl：跳点配置节点

　　　　　　value：true/false；

parser：解析器配置节点，可以在此配置扩展的解析器

　　　value：combinflag；

writer：写入器配置节点

　　　use：是否智能选择写入器，true/false；

　　　value：combinflag

registewriter：注册写入器配置节点，可以在此注册自己的写入器

　　　　　assembly：程序集名称；

fulltype：类的全名，包含命名空间

　　　　combinflag：标识代号，为 int 值；

registerparser：注册解析器配置节点，可以在此注册自己的解析器

　　　　　assembly：程序集名称

fulltype:类的全名,包含命名空间;

　　　　combinflag:标识代号,为 int 值。

5.4.2　客户端二次开发

1. 准备工作

为在客户端(学生机)上进行实践项目的二次开发工作,首先要安装开发环境,开发环境可以选择 Visual Studio2005、Visual Studio2008 或更高版本,或者选择开源的 SharpDevelop,使用高版本时,必须选择编译为 2.0 运行时的代码。如果选择使用 SharpDevelop,由于有些版本未自带. NET Framework,因此必须先安装. NET Framework。

2. 客户端功能扩展

由于教学实践系统硬件组成仅能满足课程教学实践项目及一些简单实践项目的开发,是针对客户端开发一些小型应用所设计的,并不适合用于开发大型复杂的实际应用系统,在此,应以课程教学实践项目的开发完成来展示客户端功能扩展,在第 6 章中的课程实践项目均是按以下方法和步骤执行。

(1) 新建一个类库工程

找到 Visual Studio 并运行,单击文件->新建->项目,弹出新建项目对话框;新建项目对话框,注意选择 C♯语言(可以选择自己熟悉的语言),框架选择. NET Framework2.0,模板选择类库类型,设置好后单击确定即可创建一个项目。

(2) 添加程序集引用和导入命名空间

新建的项目并没有什么实际的功能,也没有项目需要的动态库,因此要手动添加需要的动态库,此处需要添加的动态库有 System. Windows. Froms、System. Drawing 和 Jovian. WarpLib. Interface。

添加引用后为了访问类型方便,还需要导入命名空间,要导入 System. Windows. Forms 和 Jovian. WarpLib. Interface 两个命名空间。

导入命名空间后程序窗口中的顶部代码变为

```
using System;
using System.Collections.Generic;
using System.Text;
using System.Windows.Forms;
using Jovian.WarpLib.Interface;
```

然后再更改命名空间,并继承自 Form 窗口。

(3) 实现 IClientExtend 接口

为使动态库能被宿主发现应用,必须继承并实现 IClientExtend 接口,实现 IClientExtend 接口后即可使得宿主能够发现该扩展,实现继承受程序窗口的代码如下:

```
public classxxxxx:Form,IClientExtend
{
    #region IClientExtend 成员
    public stringDescription
```

```
    {
        get { throw new NotImplementedException(); }
    }
    public void LostAccessRight()
    {
        throw new NotImplementedException();
    }
    public void SetInterface(IVXIVirtualBox ivxi)
    {
        throw new NotImplementedException();
    }
    #endregion
}
```

自动生成的代码并无实际功能,必须添加项目需要的基本功能代码,如成员声明代码、取得权限代码、失去权限代码、取得接口代码等。

(4) 实现扩展功能

二次开发的实践项目已具备基本功能,下面需要实现项目本身的实际功能,包括操作界面的设计、操作按钮添加、菜单设计及对应控件、图标的实际代码添加等,在第 6 章的实践项目中有实际应用和练习,此处不再一一详细阐述。

(5) 编译成动态库

上述工作都完成后,最后将二次开发实践项目编译成动态库;如果生成过程中有错误,则需要反复修改、调试直至能够生成动态库。

(6) 部署客户端扩展

生成动态库后,需要部署扩展的客户端。将二次开发实践项目生成的动态库复制到安装后文件夹根目录的 clientextend 文件夹中,复制完成后,重新启动客户端程序,宿主就会自动查找到该扩展,并自动加载。

至此,在客户端完成了一个实践项目的扩展,整个过程分成 6 个步骤,代码也很简洁明了。

3. 外部插件扩展

外部插件用于添加外挂功能,系统本身的许多功能就是使用外部插件来提供的,如系统功能配置框架,数据文件分析转换工具等都是以这种形式提供的。

开发外部插件扩展是以开发人员熟悉开发语言和开发环境的基础上的,因此,不会如客户端功能扩展般的一步步加以说明。

(1) 准备工作

首先在客户端安装开发环境,开发外部插件需要用的程序集有 Jovian. WarpLib. Interface. dll,需要使用的接口有 IExternalPlugIn。

(2) 实现 IExternalPlugIn 接口

为使外部扩展插件能够被宿主调用,必须实现 IExternalPlugIn 接口。该接口只有一个函数,接口定义代码如下:

```
public interface IExternalPlugIn
{
```

```
        bool Invoke(string startpath);
    }
```

如调用计算器的实现代码如下：

```
public class ShellCalculator : IExternalPlugIn
{
    # region IPlugsIn 成员
    bool IExternalPlugIn.Invoke(string startpath)
    {
        string path = System.Environment.GetFolderPath(Environment.SpecialFolder.System)
+ \\calc.exe;
        if (System.IO.File.Exists(path))
        { Process.Start(path); return true; }
        else
        {
            MessageBox.Show("未能找到计算器应用程序,请验证该文件是否存在.","外部程序");
            return false; }
    }
    # endregion
}
```

(3) 部署外部插件

功能编写完成并编译成动态库后，需要部署该外部插件，部署过程如下：

① 复制程序集：将编译的动态库和相关文件复制到安装文件夹的 externalplugin 文件夹下。

② 添加配置项：找到安装文件夹下的 externalplugin 文件，在此文件夹下寻找 external-plug.xml 配置文件，用记事本或者用其他编辑器打开。

配置文件结构如下：

```
<? xml version = "1.0" encoding = "utf - 8" ? >
<plugsin>
<item>
<name></name>
<path></path>
<description></description>
<version></version>
<author></author>
<type></type>
<enable></enable>
</item>
</plugsin>
```

实现的外部插件必须在配置文件中添加一个 item 节点,其定义如下：

name：显示在菜单中的名称

path：动态库的路径是相对于根目录的路径

description：该插件的描述

version：该插件的版本信息

author：该插件的作者

type：插件的类型，可选择为：Interface、Shell 或 None

enable：该插件是否可用。可选择为 true 或 false

示例：如调用计算器的配置项如下：

```
<? xml version = "1.0" encoding = "utf-8"? >
<plugsin>
<item>
<name>调用计算器</name>
<path>\externalplugin\Jovian.ShellCalculator.dll</path>
<description>shell the calculator</description>
<version>1.0</version>
<author>fzgk</author>
<type>Interface</type>
<enable>true</enable>
<image></image>
</item>
</plugsin>
```

4. 分析平台扩展

分析平台的扩展是在假设学生或开发人员已经熟悉开发语言和环境、熟悉算法编写和解析器编写的基础上进行的。

（1）创建自定义的分析插件

分析平台允许客户或开发人员实现自定义的分析软件，并将其集成至整个框架中，其实现步骤如下：

① 可能用到的动态库：

AxCWUIControlsLib.dll，CWUIControlsLib 提供绘图控件；

fzgk.CommonLib.dll 提供标准数据文件格式解析器；

Jovian.WarpLib.Interface 提供所需要的接口定义。

② 实现 IAnalysisForm 接口：要使得框架能够发现并调用分析插件，必须实现 IAnalysisForm 接口。该接口定义如下：

```
public interface IAnalysisForm
{
    //显示窗口
    void Show();
    //显示模态窗口
    void ShowDialog();
}
```

③ 部署分析插件的部署过程分为两个步骤：

复制程序集：将编译好的分析插件以及相关文件复制到安装文件夹下的 analysisplugin 文

件夹下。

添加配置项:找到安装文件夹下的 analysisplugin 文件,在此文件夹下寻找 analysisplug. xml 文件,用记事本或者其他编辑器打开,并添加分析插件的配置项。

配置文件结构如下:

```
<? xml version = "1.0" encoding = "utf - 8"? >
<analysisplug>
<item enable = "" name = "" assemblyname = "" fullname = "" image = "">
</item>
</analysisplug>
```

属性说明:

enable:是否启用该分析插件

name:回读分析界面的名称

assemblyname:程序集名称

fullname:类的全名,包含命名空间

image:分析插件的菜单图标

(2) 扩展算法

框架提供的分析平台的算法具备算法叠加和可扩展功能,用户可根据需要自行扩展所需要算法。

① 需要使用的动态库:Jovian. AnalysisFrom. Utilits. dll 提供接口和抽象类定义。

② 实现 IProcessSub 接口和 Chain 抽象类:为使扩展的算法能被系统所识别,必须实现 IProcessSub 接口和 Chain 抽象类。

IProcessSub 接口定义如下:

```
public interfaceIProcessSub
{
    bool Process(DataFileInfo<double> wave,double[] xdata,double xmin,double xmax);
    bool Process(DataFileInfo<float> wave, double[] xdata, double xmin, double xmax);
    ProcessSubInfo ProcessSubInfo { get;}
    bool LoadDate(object[] param);
    object[] GetData();
}
```

IChain 接口定义如下:

```
public interfaceIChain
{
    void Invoke(string processname,bool isProcessing,ref Control control);
    IChain GetChain();
    bool HasChain { get;}
    void AddToChain(IChain chain);
    bool IsProcessing { get;}
}
```

　　若从 Chain 抽象类继承则只需重写 Invoke 函数即可,为避免不要的麻烦且减少错误,通常建议从 Chain 继承。

　　算法扩展示例:以 NoneProcess 处理为例(内部 None 算法实现),其代码实现如下:

```
partial class NoneProcess : UserControl,IProcessSub
{
    #region IProcessSub 成员
    object[] IProcessSub.GetData()
    {
        return null;
    }
    bool IProcessSub.LoadDate(object[] param)
    {
        return true;
    }
    bool IProcessSub.Process(DataFileInfo<double> wave, double[] xdata, double xmin, double
xmax)
    {
        return true;
    }
    bool IProcessSub.Process(DataFileInfo<float> wave, double[] xdata, double xmin, double
xmax)
    {
        return true;
    }
    ProcessSubInfo IProcessSub.ProcessSubInfo
    {
        get { return new ProcessSubInfo("None", "None 无处理", "1.0");}
    }
    #endregion
}
public class NoneProcessChain :Chain
{
    public override void Invoke(string processname, bool isProcessing, ref Control control)
    {
        isprocessing = isProcessing;
        if (isprocessing){ return; }
        if (processname == "None")
        {
            isprocessing = true;
            control = new NoneProcess();
            return;
        }
        else
        {
```

```
            //未得到正确处理就调用下一个处理逻辑
            base.Invoke(processname, isprocessing, ref control);
          }
        }
      }
    }
```

③ 部署扩展算法包括两部分：

复制程序集：将编译好的分析插件以及相关文件复制到安装文件夹下的 analysisplugin 文件夹下的 processplug 文件夹下即可。

添加配置项：找到安装文件夹下的 analysisplugin\ processplug 文件夹下的 analysisplug. xml 文件，用记事本或者其他编辑器打开，并添加分析插件的配置项。

配置文件结构如下：

```
<? xml version = "1.0" encoding = "utf - 8"? >
<processsub>
<item name = "" assemblyname = "" fullname = ""></item>
</processsub>
```

属性说明：

name：回读分析界面的名称

assemblyname：程序集名称

fullname：类的全名，包含命名空间

(3) 实现自定义文件解析器

框架提供的分析平台具备开放性结构，能够允许客户端实现并有效利用自定义的解析器和写入器，该扩展一般用于现有的文件格式数据文件，此类文件比较多且不方便转换成分析平台支持的格式，这种情况下就可以用自定义的解析器来打开非标准文件格式。

① 需要使用的动态库：fzgk. CommonLib. dll 提供接口和抽象类定义。

② 实现 IDataFileParser 接口和 StandardDataFileParserCommon 抽象类。

③ 部署扩展算法包括两个步骤：

复制程序集：将编译好的分析插件以及相关文件复制到安装文件夹下的任意位置。

添加配置项：找到安装文件夹下的 analysisplugin 文件，此类文件夹下寻找 config. xml 文件，用记事本或者其他编辑器打开，并添加分析插件的配置项。

配置文件结构如下：

```
<? xml version = "1.0" encoding = "utf - 8"? >
<configuration>
<skippointenable value = "true"/>
<parser value = "10005"/>
<writer use = "false" value = "10000"/>
<registewriter>
<item assemblyname = "" fulltype = "" combinflag = ""/>
</registewriter>
<registerparser>
```

```
<item assemblyname = "" fulltype = "" combinflag = ""/>
</registerparser> -- >
</configuration>
```

节点属性说明：
skippointenable：跳点配置节点
　　　　　　　　　value：：true/false
parser：解析器配置节点，可以在此配置扩展的解析器
　　　value：combinflag
writer：写入器配置节点
　　　use：是否智能选择写入器，true / false
　　　value：combinflag
registewriter：注册写入器配置节点，可以在此注册自己的写入器
　　　　　　assembly：程序集名称
fulltype：类的全名，包含命名空间
　　　　combinflag：标识代号，为 int 值
registerparser：注册解析器配置节点，可以在此注册自己的解析器
　　　　　　assembly：程序集名称
fulltype：类的全名，包含命名空间
　　　　combinflag：标识代号，为 int 值

本章小结

本章主要介绍教学实验系统基本性能、硬件选型与配置、软件设计与开发与使用，以及在服务端和客户端利用教学实验系统进行其他实践项目二次开发的步骤和方法。本章内容重点是教学实验系统硬件和软件实现方法，通过本章学习，使学习者了解自动测试系统硬件选型与配置的基本方法和步骤、软件设计与开发的基本步骤，并能够利用教学实验系统进行二次实践项目的开发与应用。

思 考 题

1. 教学实验系统在硬件上由几部分组成？
2. 教学实验主界面由哪些部分组成？能实现哪些功能？
3. 服务端二次开发的基本步骤是什么？
4. 客户端二次开发的基本步骤是什么？
5. 简述开发一套自动测试系统的基本步骤。

实验篇

第6章 课程实验

6.1 实验基础

6.1.1 开发流程

1. 自动测试系统开发流程

如第1章所述,自动测试系统(ATS)通常由自动测试设备(ATE)、测试程序集(TPS)、TPS软件平台三部分组成。与一般应用系统的开发与集成相似,自动测试系统的开发过程大致也可划分为需求分析、体系结构选择与分析、测试设备选择与配置等。

图6-1中,需求分析主要有功能分析、目标信号类型及特征分析、拟测参数定义、可测性分析等;体系结构选择与分析主要有硬件平台和软件平台,而硬件平台主要有接口总线分析、硬件体系结构分析、控制器选择与分析;软件平台则主要有软件运行环境分析、操作系统选择与分析、开发平台选择与分析、数据库选择与分析;测试设备选择与配置主要有测试仪器/模块选择、UUT接口连接设计和特殊参量指标的处理等。值得注意的是,图6-1所示为自动测试系统的基本开发步骤,但针对某项内容进行开发时,往往是多个步骤或多个流程的循环进行。

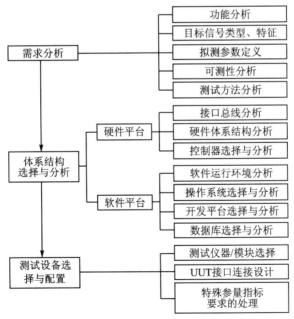

图6-1 自动测试系统开发流程

2. 实践项目开发流程

对于教学实验设备,图6-1中的需求分析、体系结构选择与分析、测试设备的选择与配置可根据教学实验要求提前配置完成,因此教学实验设备的研发是不需要学生来设计完成的。

在课程实验中,学生应根据实验要求、利用教学实验设备和以软件编程来完成实验。在此,共设计了程控通信接口实践、任意波形发生器编制实验、串行接口通信原理验证实践、温度测试系统搭建实践和 GPIB 程控命令实验,共五个验证性、综合性实验,如表 6-1 所列。当然,也可以根据课程需要或学生需求自主开设二次开发性实验项目。

表 6-1　实　　验

项目类型	项目名称	学时分配	实验时间/min
验证性	程控通信接口实验	2	90
	串行接口通信原理验证实验	4	180
综合性	任意波形发生器编制实验	4	180
	温度测试系统搭建实验	4	180
	GPIB 程控命令实验	2	90
二次开发性	自　定	自　定	自　定

根据教学要求,我校"自动检测技术"课程实验共 4 个:程控通信接口、任意波形发生器编制、串行接口通信原理验证和温度测试系统搭建。依托已有的教学实验设备,学生按照图 6-2 所示的流程完成每个课程实验项目。

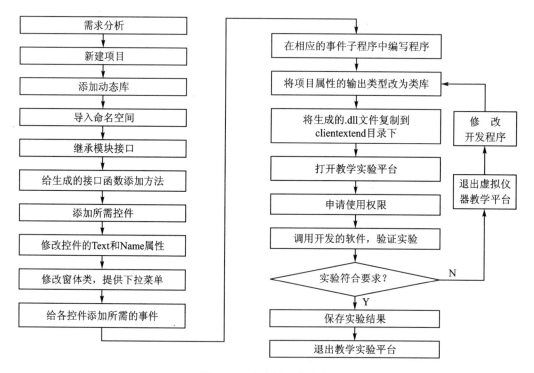

图 6-2　实践的开发流程

6.1.2 实验要求

1. 实验报告要求

实验报告包括实验信息、实验目的、实验设备、实验原理、实验步骤、实验结果及分析、注意事项等内容,尤其要注意"实验总结"项把将开发的应用界面截屏存储以作为完成实验的依据,实验报告格式可参考表 6-2。

表 6-2 实验报告参考格式

实 验 报 告			
姓　名		日　期	
队　别		地　点	
专　业		成　绩	
1. 实验目的			
2. 实验设备			
3. 实验原理			
4. 实验步骤			
5. 实验结果及分析			
6. 实验总结			
实验老师		批阅日期	

2. 实验注意事项

- 禁止系统在通电情况下插拔 VXI 模块;
- VXI 机箱应该严格接地;
- 禁止随意插拔外接电缆;
- 禁止随意触摸传感器;
- 按要求顺序关闭教学实践设备。

6.2 程控通信接口实验

6.2.1 实验目的

① 通过对数字示波器 DSO5014A 和任意波形发生器模块 JV53202 的控制,掌握 VXI、

GPIB 仪器 PNP 操作方法。

② 熟悉 SCPI 命令格式,掌握常见 SCPI 命令的使用。

6.2.2　实验设备

① 一体化虚拟仪器教学实验设备一套。

② 学生(客户端)计算机若干。

6.2.3　实验原理

熟悉常见仪器的基本功能与操作。利用 PNP 程序和仪器的手动操作,由任意波形发生器模块 JV53202 生成指定的波形,通过示波器采集相应的波形数据,并将相应的参数传回计算机,形成实践报告。

1. JV53202 简介

JV53202 是一款 4 通道的任意波形发生器,通过编程可控制模块的 4 个通道独立输出各种波形。如正弦波、方波、三角波、锯齿波或用户自定义波形等,其前面板各接口如图 6-3 所示。

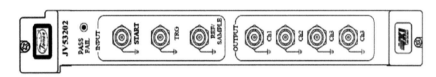

图 6-3　JV53202 前面板示意图

(1) PASS/FAIL 指示灯

PASS/FAIL 指示灯在上电时点亮:刚上电时模块进行自检,此时该指示灯为红色。当自检完成,模块通过自检,功能正常,该指示灯变为绿色。在模块工作过程中,如果模块出现故障,该指示灯可能变为红色。如果出现这种情况,应立即停机进行检查。

(2) START 输入

频率扫描启动信号输入:JV53202 允许从前面板输入信号启动 JV53202 进行频率扫描。该信号应满足 TTL 电压规范。JV53202 的频率扫描启动方式由程序设置 JV53202 的控制字决定。

(3) TRG 输入

波形输出触发信号输入:JV53202 可从前面板输入触发信号触发 JV53202 输出波形,这可使 JV53202 与系统中其他设备同步。该信号应满足 TTL 电压规范。JV53202 的波形输出触发方式由程序设置 JV53202 的控制字决定。

(4) REF/SAMPLE 输入

外部参考时钟输入:用户可由 BNC 连接器输入 JV53202 工作所需的参考时钟,输入频率范围为 1~125 MHz。该信号应满足 TTL 电压规范。JV53202 的是用内部的 125 MHz 参考时钟还是用外部的参考时钟由程序设置 JV53202 的控制字决定。

(5) CH1~CH4 信号输出

JV53202 模块的信号输出端口。

2. 实验命令

本次实验要求用如下命令测量 JV53202 生成的波形信息:

:MEASure:FREQuency? CHANnel1 ＊该命令用于测量通道 CH1 生成波形的频率＊

:MEASure:VPP ? CHANnel1 ＊该命令用于测量通道 CH1 生成波形的峰峰值＊

:MEASure:VMAX? CHANnel1 ＊该命令用于测量通道 CH1 生成波形的最大值＊

6.2.4 实验步骤

1) 打开客户端计算机,并等待服务端程序启动。

2) 熟悉 DSO5014A 示波器功能,可在教师指导下熟悉基本操作。

3) 申请服务端使用权限。

4) 在客户端打开数字示波器 DSO5014A 软件示操作界面图 6-4 所示,教师介绍各部分的基本功能。

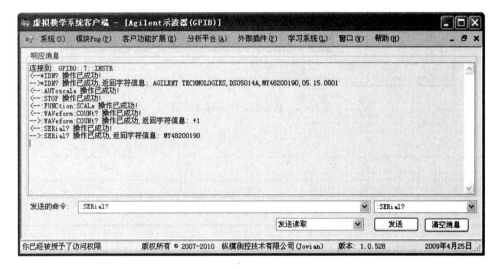

图 6-4 DSO5014A 软件操作界面

5) 在客户端打开任意波形发生器 JV53202 软件操作界面,如图 6-5 所示。

打开虚拟教学系统客户端软件熟悉 JV53202 功能,在教师指导下了解并熟悉 JV53202 工作原理及软件操作。

① 参数设置:参数设置用于设置波形发生器的输出信号波形参数,以满足实践要求。

输出类型:设置波形连续输出或计数输出。

输出计数:在收到触发信号后,JV53202 可连续输出波形直到收到软件的停止命令,也可计数输出波形达到所设置的波形个数后停止输出。计数个数在 1~65 535 间可设置。在收到软件的停止命令后,软件可选择使 JV53202 立即停止输出或将当前波形完整输出后再停止。

输出波形样式:设置波形类型,包括正弦波、三角波、锯齿波、方波、直流、白噪声六种标准波形,也可以通过通信接口下载自定义波形。任何固定波形和自定义波形都可用线性扫描输出。默认输出设置为正弦波。

当前频率:设置输出波形的频率,仅适用于周期信号。不同波形频率设置范围不同,如表 6-3 所列。

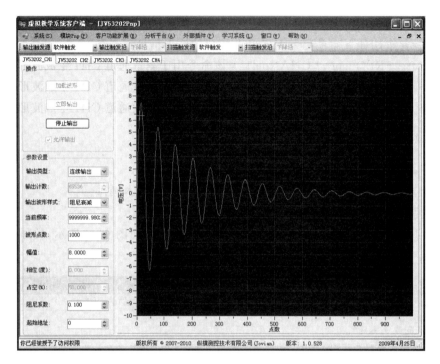

图 6 - 5　JV53202 软件操作界面

表 6 - 3　输出波形频率

输出波形	正弦波	方　波	三角波	锯齿波	白噪声	直　流
最高频率	2 MHz	2 MHz	300 kHz	300 kHz	—	—
最低频率	100 μHz	100 μHz	100 μHz	100 μHz	—	—

波形点数:设置输出波形点数,仅在选择计数输出时有效。

幅值:设置输出波形的幅值,理论最大幅值为 12 V。

相位:设置输出波形的相位角。

占空比(%):仅输出方波有此参数设置。它是通过设置方波每个周期正脉宽所占的百分比来实现,如图 6 - 6 所示。

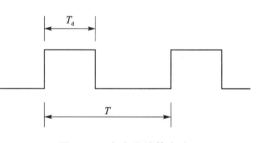

图 6 - 6　占空比计算方法

- 20%～80%,按 1% 的增量增加或减少(频率 1 MHz);
- 40%～60%,按 1% 的增量增加或减少(频率 1 MHz);
- 默认为 50%。

阻尼系数:仅在选择阻尼衰减时才能设置。

起始地址:用于读入用于自定义波形数据的起始地址。

② 操作设置:

加载波形:从计算机中加载选择的波形数据,加载后在软件界面上能看到波形。

立即输出:在勾选"允许输出"选项后,单击该按钮,加载的数据波形通过选择的通道输出。在本次实践中,选用通道 CH1 与数字示波器相连,单击该按钮后,加载的波形输出至示波器。

禁止输出:单击该按钮后,禁止波形输出。在本次实践中,单击该按钮后,示波器波形消失,而软件界面上的波形仍在。

③ 触发设置:仅应用在计数输出和扫频,可以使用软件触发或硬件触发来触发输出信号和扫频。

触发源选择:仅应用在计数输出和扫频,必须选择其中一种供函数发生器使用,它们是软件触发源。硬件触发源是外触发或 VXI 总线 TTLTRG 线触发。

触发沿选择:JV53202 在使用外部触发源或八根 VXI 总线 TTLTRG 线中的任意一根作触发源时,可以通过程序选择上升沿或下降沿有效。

内触发:当进入任意波形函数发生器驱动程序时,内触发方式被默认选择。在这种模式,函数发生器用一个反复触发信号去触发波形连续输出或扫频。这个反复触发信号的频率由连续输出波形频率或扫频重复率决定。

外触发:包括 TTLTRG 线,在这种模式,函数发生器将接收一个来自外触发和 VXI 总线 TTLTRG 线的硬件触发。函数发生器在接收到硬件触发信号有效沿时触发输出一次波形或扫频一次。

④ 输出同步:JV53202 各通道可以选择共用通道 CH1 的时钟实现同相位输出波形,也可以使用各自独立的时钟,独立工作。JV53202 各通道波形输出相对于触发信号的时延可分别独立设置,其设置范围为 $0 \sim (2^{24}-1)\mu s$。这可调整信号间的相对时延或相位关系。在很多测试任务中这是关键的。

⑤ 输出滤波:JV53202 每个通道均有可程控的输出低通滤波器,截止频率有 2 MHz、200 kHz、20 kHz 和 2 kHz 四挡,或选择"直流"旁路输出低通滤波器。

⑥ 扫描输出:JV53202 每个通道可以独立设置扫描周期,分别为 1 μs、10 μs、100 μs、1 ms、10 ms、100 ms、1 s、10 s 八个挡。扫描频率范围从 0.02 Sa/s 到 40 MSa/s 可以随意设置上限频率和下限频率,调节步长最小为 0.029 2 Hz。当使用外部参考时钟时,高速 D/A 的转换速率可在$(1/2^{32} \sim 0.32) \times f_{ref}$ 范围内设置,调整步长为 $f_{ref}/2^{32}$(f_{ref} 为外部参考时钟频率)。

(6) 实验结果

由 JV53202 产生一个正弦波信号,设置输出,观察示波器波形有无输出、参数是否准确;通过客户端软件设置示波器各 SCPI 命令,查看示波器对各 SCPI 指令的响应状况,并通过客户端软件读取信号频率、幅度、峰峰值等参数。

将 JV53202 牛成波形的软件操作界面(见图 6 - 5)及数字示波器对该波形 SCPI 指令(测量频率、幅值或峰峰值)响应界面截图(见图 6 - 4),作为本次的实践结果。

(7) 退出系统,关闭计算机,撰写实验报告。

6.3 任意波形发生器编制实验

6.3.1 实验目的

① 掌握任意波形发生器 JV53202 的基本工作原理。

② 掌握正弦波、方波、三角波、锯齿波等各类波形编写方法。

③ 熟悉软件开发的流程。

④ 掌握 VXI 仪器的使用和 SCPI 命令格式。

6.3.2　实验设备

① 一体化虚拟仪器教学实验设备一套。

② 学生(客户端)计算机若干。

6.3.3　实验原理

1. 实验原理

任意波形发生器编制实验主要用到了服务端计算机、JV53202 任意波形发生器、VXI 机箱、局域网和客户端(学生机),学生在客户端上编制开发程序,完成后通过局域网申请服务端使用权限,获得权限后,调用服务端 VXI 仪器验证开发程序;若程序有错误或不符合实验要求,退出使用权限,在客户端上修改开发程序,再重新申请权限,验证开发程序,直至符合实验要求。图 6-7 所示为任意波形发生器编制实验原理框图。

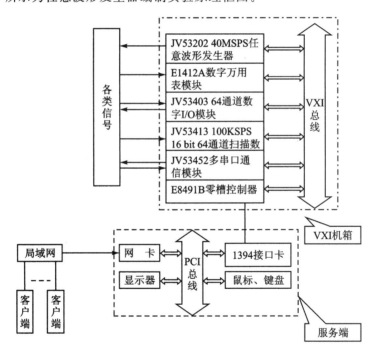

图 6-7　任意波形发生器编制实验原理

2. 函数简介

本次实验中用到的主要函数如下:

(1) 停止指定通道波形输出

IJV53202. StopWaveOut(ushort Channel):ushort 为参数 Channel 的数据类型,Channel 指四个输出通道 CH1～CH4,取值 0～3。

(2) 禁止指定通道输出波形的触发

IJV53202. DisableWaveOutTrg(ushort Channel)：ushort 为参数 Channel 的数据类型，Channel 指四个输出通道 CH1～CH4，取值 0～3。

(3) 生成指定波形

IJV53202. GenerateWave(ushort Channel，int Mode，int Point，double Amp，double Phase，double Duty，double Factor，unit Addr)：ushort、int、double、unit 均为对应参数的数据类型。Channel 指四个输出通道 CH1～CH4，取值 0～3。Mode 表示选择某一种波形输出，调用相应的正弦波/方波/三角波等波形生成函数。Point 指选择波形的数据点数。Amp 指输出波形的幅度值(最大值为 12 V)。Phase 指输出波形的起始相位。Duty 指输出波形的占空比。Factor 指输出波形的阻尼系数。Addr 指波形输出起始地址。

(4) 设置输出波形的起始地址和结束地址

IJV53502. SetWaveAddr(ushort Channel，uint StartAddr，uint EndAddr)：ushort 和 unit 为对应参数的数据类型。Channel 指四个输出通道 CH1～CH4，取值 0～3。StartAddr 和 EndAddr 分别指输出波形数据的起始地址和结束地址。一旦开始地址和结束地址设置完毕以后，输出的将是存储缓冲区中对应波形数据点。

(5) 在指定通道上立即输出波形

IJV53502. ImmediatelyWaveOut(ushort Channel)：ushort 为参数 Channel 的数据类型，Channel 指四个输出通道 CH1～CH4，取值 0～3。

以上函数均可有返回值，用于判断该函数执行的状态值，0 或正值表示执行成功，负数表示执行失败。

6.3.4 实验步骤

1. 实验编制

① 通过实验能实现输出通道选择、波形样式选择，能控制波形的加载、输出和停止输出，其软件操作界面如图 6-8 所示。

图 6-8 任意波形发生器编制实验软件操作界面

控件命名与设置如下：

选择通道：cmbChannel。输出波形样式：cmbWaveStyle。加载波形：btnLoadWave。立即

输出:btnImmOutPut。停止输出:btnStopOutPut。

　　②打开客户端计算机,并等待服务端程序启动。

　　③新建一个解决方案,找到 Microsoft Visual Studio(版本为 2008 以上)单击并运行如图 6-9 所示。

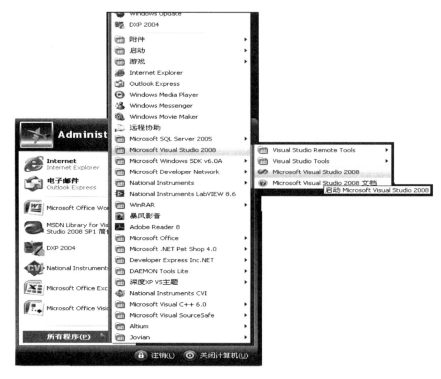

图 6-9　运行 Microsoft Visual Studio 开发软件

　　④如果程序启动后未进入新建项目对话框,则应新建项目(见图 6-10),否则进入下一步。

图 6-10　新建项目

⑤ 新建项目,并进行设置(见图6-11),设置完后单击确定。在这里选择C#语言,也可以选择其他语言进行编程。

图6-11 项目设置

另外,项目名称和位置可更改,但一定要与后面步骤中的名称、位置一致。

⑥ 新建好的项目并没有实际的功能,也没有需要的动态库,因此需手动添加需要的动态库,右键单击添加引用,如图6-12所示。

⑦ 单击引用后弹出对话框,选择"浏览"选项卡,找到所需的动态库,Jovian. WarpLib. Interface. dll(可以选择安装的文件夹找到此动态库,单击确定完成添加引用),软件的默认安装在 C: Program Files \ Jovian. VXIInstrument. Framework 文件夹中,如图6-13所示。若软件安装在其他硬盘,则在相应的路径下找到 Jovian. VXIInstrument. Framework 文件夹。

图6-12 添加引用动态库

添加完所需的动态链接库之后,引用列表如图6-14所示。

⑧ 添加完引用后,为了访问类型方便,需要导入命名空间,如 Jovian. WarpLib. Interface。

右键单击设计窗口,选择查看代码,进入代码编辑区,如图6-15所示。

进入代码区之后,在如图6-16所示地方添加 using 语句导入命名空间。此处的 namespace(空间名称)应与图6-11中的名称一致。

图 6 - 13　添加接口动态库

图 6 - 14　添加完引用之后视图

图 6 - 15　选择查看代码进入代码编辑区

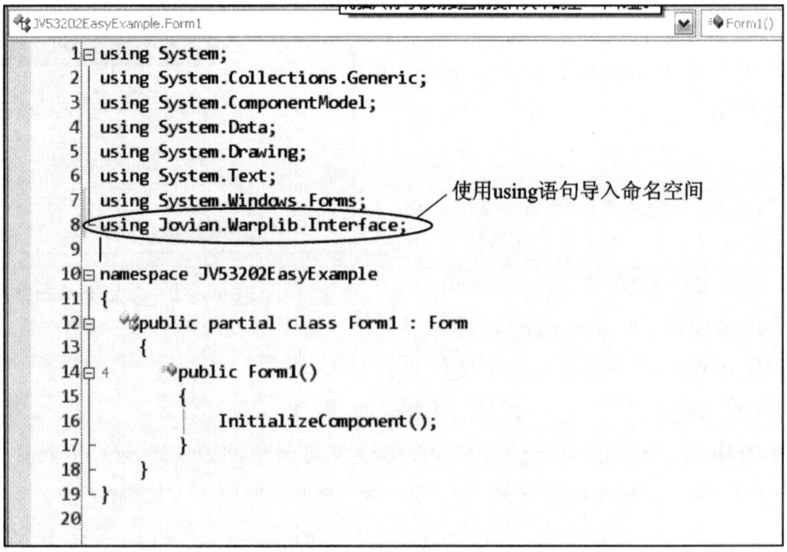

```
JV53202EasyExample.Form1                                    Form1()
 1  using System;
 2  using System.Collections.Generic;
 3  using System.ComponentModel;
 4  using System.Data;
 5  using System.Drawing;
 6  using System.Text;
 7  using System.Windows.Forms;                    使用using语句导入命名空间
 8  using Jovian.WarpLib.Interface;
 9
10  namespace JV53202EasyExample
11  {
12      public partial class Form1 : Form
13      {
14          public Form1()
15          {
16              InitializeComponent();
17          }
18      }
19  }
20
```

图 6 - 16　导入 Jovian. WarpLib. Interface 命名空间

⑨ 更改窗口属性：单击窗口，选择"属性"，更改窗口的 Name 和 Text 属性分别为：frm-Main 和 JV53202EasyExample，如图 6 - 17 所示。若窗口的 Name 和 Text 属性与示例不同，则要注意保持前后一致。

图 6 - 17　更改窗口 Name 和 Text 属性

⑩ 更改保存类 frmMain 的文件名为 JV53202EasyExample。

单击解决方案资源管理器中的 Form1.cs，然后单击下方的"属性"选项卡，把文件名改为 JV53202EasyExample.cs，如图 6 - 18 所示。

注意：也可默认此步骤，这样并不影响后面的操作。如果不这样做的话，文件名将采用类名，此例即为：frmMain.cs。

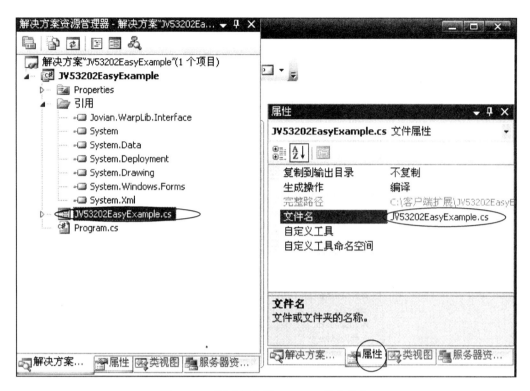

图 6 - 18   更改保存类 frmMain 的文件名

⑪ 至此,所有编写代码设计之前的工作都已全部完成,完成所有准备工作之后代码区和窗口状态如图 6 - 19 所示。

```
1  using System;
2  using System.Collections.Generic;
3  using System.ComponentModel;
4  using System.Data;
5  using System.Drawing;
6  using System.Text;
7  using System.Windows.Forms;
8  using Jovian.WarpLib.Interface;
9
10 namespace JV53202EasyExample
11 {
12     public partial class frmMain : Form
13     {
14         public frmMain()
15         {
16             InitializeComponent();
17         }
18     }
19 }
20
```

图 6 - 19   完成准备工作之后代码区和窗口状态图

⑫ 仅作上述工作还不能使得动态库能被宿主发现引用,还必须继承并能实现 IClientEx-tend 接口,实现 IClientExtend 接口后即可使得宿主能够发现该扩展。于是让类 frmMain 继承该接口,继承的语法如图 6 - 20 所示。

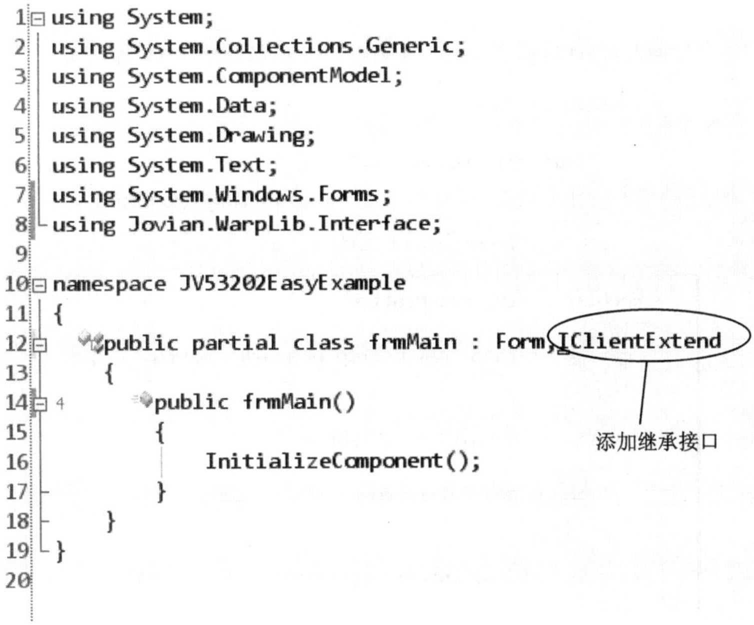

```
1 using System;
2 using System.Collections.Generic;
3 using System.ComponentModel;
4 using System.Data;
5 using System.Drawing;
6 using System.Text;
7 using System.Windows.Forms;
8 using Jovian.WarpLib.Interface;
9
10 namespace JV53202EasyExample
11 {
12     public partial class frmMain : Form,IClientExtend
13     {
14         public frmMain()
15         {
16             InitializeComponent();
17         }
18     }
19 }
20
```

添加继承接口

图 6 - 20　添加继承接口

⑬ 继承接口后需要实现该接口的所有方法,把鼠标置于 IClientExtend 上,弹出下拉菜单,单击实现接口 IClientExtend,单击"实现接口"(采用隐式实现),如图 6 - 21 所示。

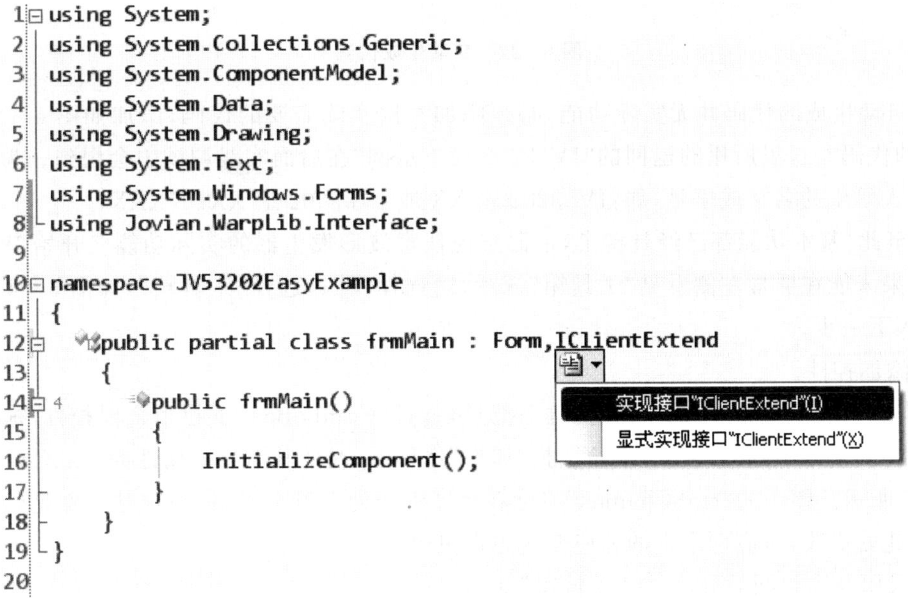

```
1 using System;
2 using System.Collections.Generic;
3 using System.ComponentModel;
4 using System.Data;
5 using System.Drawing;
6 using System.Text;
7 using System.Windows.Forms;
8 using Jovian.WarpLib.Interface;
9
10 namespace JV53202EasyExample
11 {
12     public partial class frmMain : Form,IClientExtend
13     {
14         public frmMain()
15         {
16             InitializeComponent();
17         }
18     }
19 }
20
```

实现接口"IClientExtend"(I)

显式实现接口"IClientExtend"(X)

图 6 - 21　实现接口 IClientExtend

单击实现接口 IClientExtend 后,程序将自动生成如图 6-22 所示代码。

图 6-22　自动生成代码

⑭ 自动生成的代码并无实际功能,必须添加本次实践需要的代码,添加如图 6-23 圆圈处所示的代码。这里所用的返回的"JV53202 简单示例"在后面实践调试中会用到。为便于区分,可加入学生的名字或学号,如:JV53202 张 XX 或 JV53202 王 XX167XXX。

⑮ 至此,基本功能都已经具备了,下面实现任意波形发生器的实际功能。开始 Windows 程序,如果未能在屏幕左侧看见"工具箱"视图,则选择视图,选择"工具箱",如图 6-24 所示;否则进入下一步。

⑯ 添加控件。

首先,选择"工具箱"中的"公共控件";然后,选择"ComboBox"下拉组合框控件,拖至窗口适当位置,调整大小;最后,在右下角选择"属性"选项卡,改变其 Name 属性为 cmbChannel,如图 6-25 所示。图中的"cmbChannel"将会在程序中作为变量出现,即该控件名称是给程序调用的;若此处更改,对应程序中的相应变量也需更改。

⑰ 采用与⑯相同的方法,在"工具箱"视图中找到"Label"标签控件,拖至窗口适当位置,调整大小,将其 Text 控件名称改为"选择通道:",如图 6-26 所示。图中的"选择通道:"是给用户操作使用的。

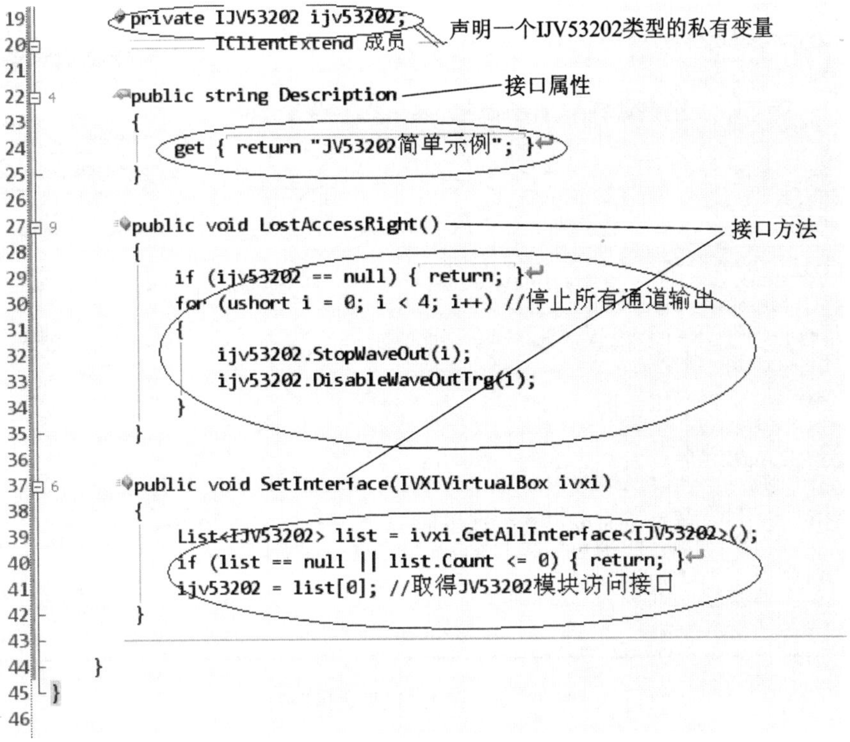

```
19    private IJV53202 ijv53202;        声明一个IJV53202类型的私有变量
20         IClientExtend 成员
21
22  4  public string Description         接口属性
23     {
24         get { return "JV53202简单示例"; }
25     }
26
27  9  public void LostAccessRight()      接口方法
28     {
29         if (ijv53202 == null) { return; }
30         for (ushort i = 0; i < 4; i++) //停止所有通道输出
31         {
32             ijv53202.StopWaveOut(i);
33             ijv53202.DisableWaveOutTrg(1);
34         }
35     }
36
37  6  public void SetInterface(IVXIVirtualBox ivxi)
38     {
39         List<IJV53202> list = ivxi.GetAllInterface<IJV53202>();
40         if (list == null || list.Count <= 0) { return; }
41         ijv53202 = list[0]; //取得JV53202模块访问接口
42     }
43  }
44  }
45  }
46
```

图 6 - 23　编写代码实现接口成员

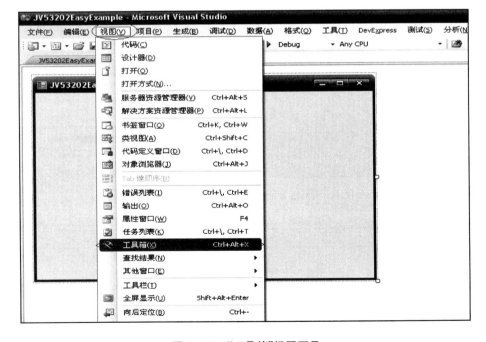

图 6 - 24　"工具箱"视图可见

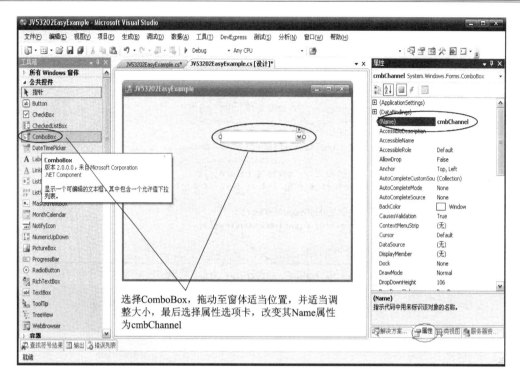

图 6-25 添加"选择通道"控件

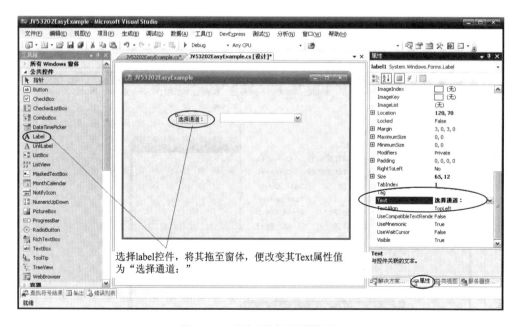

图 6-26 添加"选择通道"标签

⑱ 采用与添加上述 ComboBox 和 Label 控件相同的方法,添加"输出波形样式"的 ComboBox 下拉组合框控件和 Label 标签控件,并对其属性值对其进行设置,如图 6-27 所示。也可再次多加一个"Label"控件,将其 Text 属性改为学生的"姓名"或"学号+姓名"以增加实践成绩的辨识度,如图 6-41 所示。

图 6 - 27　添加并设置"输出波形样式"控件

⑲ 添加"加载波形"按钮及功能：在"工具箱"视图"公共控件"下，找到 Button 控件，拖至窗口适当位置，调整大小；单击右下角"属性"选项，将其 Name 和 Text 属性分别设置为"btnLoadWave"和"加载波形"，如图 6 - 28 所示。同样道理，"btnLoadWave"是给程序使用的，"加载波形"是给用户操作使用。

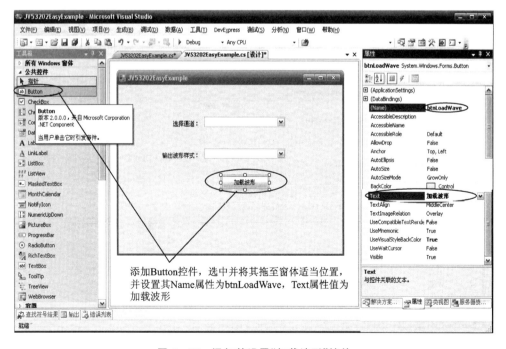

图 6 - 28　添加并设置"加载波形"控件

⑳ 采用与⑲同样的方法添加"立即输出"和"停止输出"两个按钮型控件,并对其 Name 和 Text 属性分别设置,"立即输出"控件的 Name 和 Text 属性,分别为"btnImmOutPut"和"立即输出";"停止输出"控件的 Name 和 Text 属性分别为"btnStopOutPut"和"停止输出";如图 6 - 29 所示。

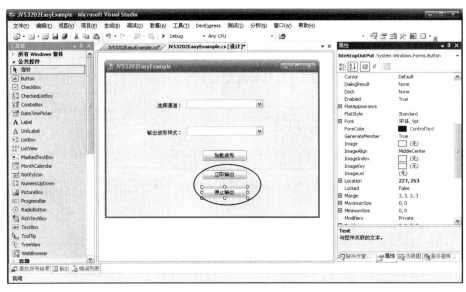

图 6 - 29　添加并设置"立即输出"和"停止输出"控件

㉑ 至此,本次实验的用户操作界面已设计完成,但并没有什么实际功能,只是一个框架。下面需要在代码区添加适当的代码以满足实验要求,首先,需要修改窗口类的构造函数,以适当方式提供进入程序的初始界面,在代码窗口添加适当的初始化代码,如图 6 - 30 所示。

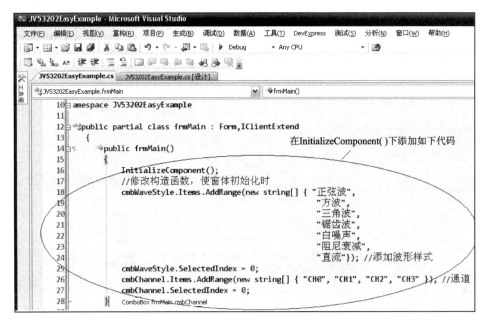

图 6 - 30　在 frmMain 类的构造函数中添加初始化代码

㉒ 下面添加各个控件的事件处理代码,以响应用户的界面操作,按照单击选中控件、单击"属性"选项卡、单击"事件"标签、双击"SelectedIndexChanged"选项、跳至代码区五个步骤产生事件代码,如图6-31所示。

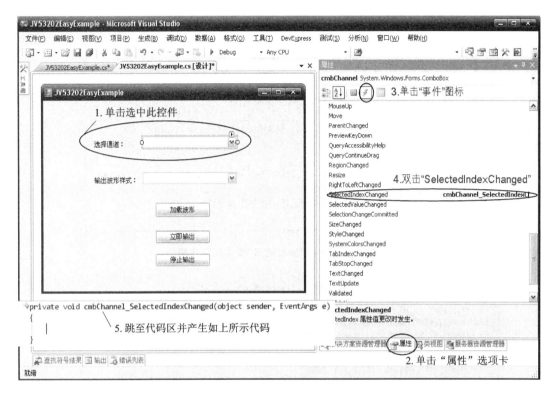

图6-31　产生事件处理代码

㉓ 在代码区添加事件响应代码:首先,添加"channel"、"isoutput"两个类私有变量,一定是要先声明后使用;然后添加事件响应代码,如图6-32所示。

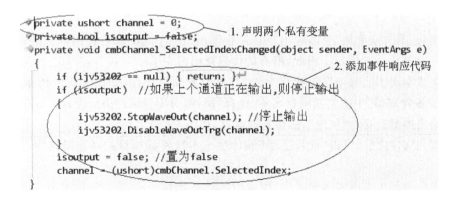

图6-32　添加事件响应代码

㉔ 添加"加载波形"控件,以使得其响应用户单击事件,如图6-33所示。
㉕ 添加"加载波形"控件事件响应代码,如图6-34所示(加//的语句为注释语句)。

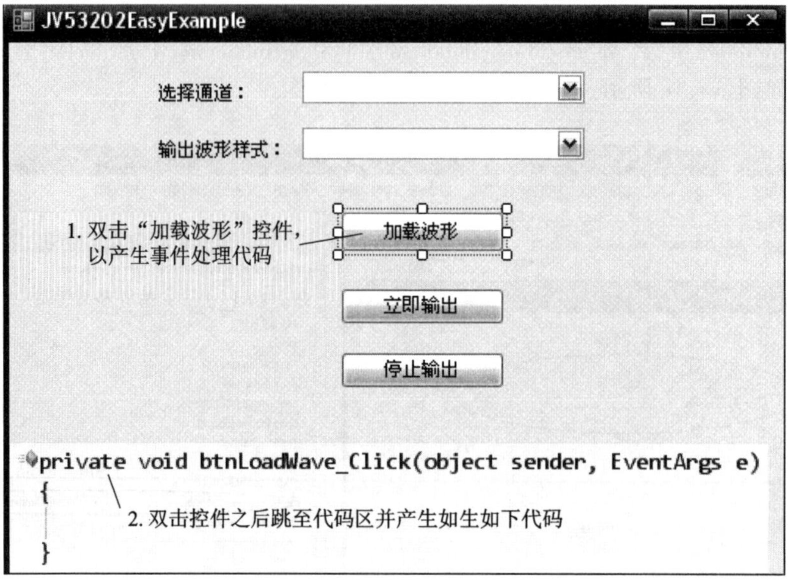

图 6 - 33 产生"加载波形"事件处理代码

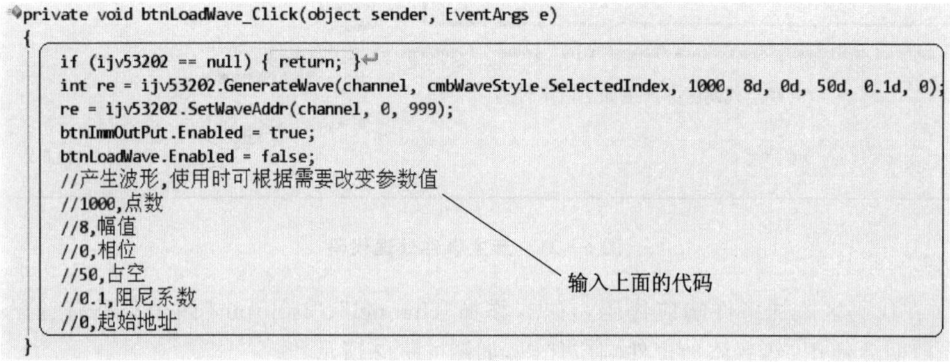

图 6 - 34 产生"加载波形"事件响应代码

㉖ 按照㉔、㉕方法添加"立即输出"和"停止输出"两个 Button 控件的事件处理代码和事件响应代码,如图 6 - 35 所示。至此,所有的代码就编写完毕。

㉗ 要生成本次实践的动态链接库文件,首先设置项目属性,如图 6 - 36 所示,然后右击"解决方案资源管理器"中的实践项目名称,选择"属性"对项目属性进行设置。

㉘ 将输出类型设置为"类库",然后选择保存,如图 6 - 37 所示。

㉙ 设置完属性之后,右击"项目生成"编译生成本次实践项目的动态链接库,如图 6 - 38 所示。

㉚ 完成后即可生成所需的动态库,生成后的动态库如图 6 - 39 所示(此动态库位于所建工程的 bin 目录下)。(注:软件默认安装在 C:Program Files\Jovian. VXIInstrument. Framework 文件夹下;若找不到该文件,则可在"输出"视窗中找到该文件的输出路径)。

至此,完成了本次实验的程序开发,接下来需要对开发的程序进行调试验证。

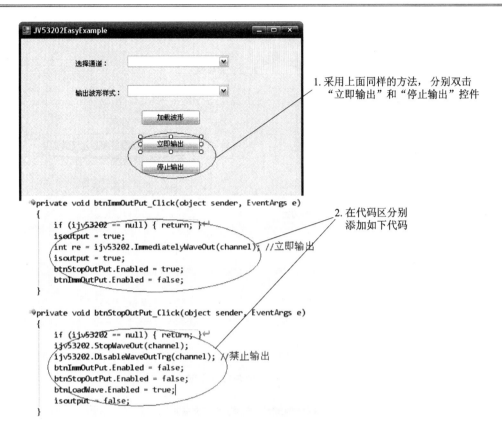

图 6-35 添加"立即输出"和"停止输出"事件处理和事件响应代码

图 6-36 设置项目属性,单击属性

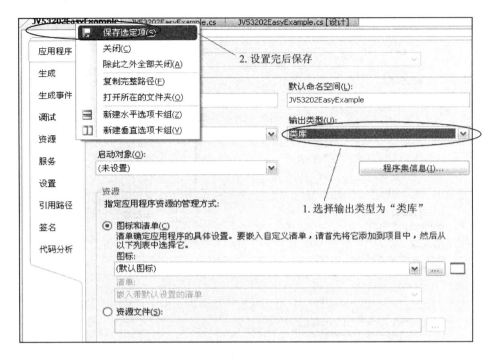

图 6 - 37　设置输出类型

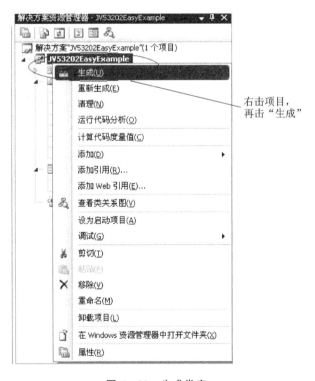

图 6 - 38　生成类库

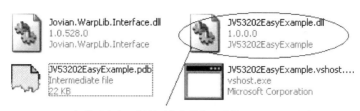

把此动态库，复制至安装程序目录的clientextend目录

图 6 - 39 生成的动态库文件

2. 实验调试

① 首先找到图 6 - 39 中生成的动态库文件并复制；然后找到教学实验设备软件平台 Jovian. VXIInstrument 的安装目录，并找到该目录下项目扩展文件夹"clientextend"；最后将生成的动态库文件粘贴至该文件夹下。

② 打开教学实验设备软件平台 Jovian. VXIInstrument，登录并申请使用权限。

③ 获取使用权限后，单击"客户功能扩展"，在下拉菜单中找到本次实验中自己开发程序的动态链接库（参考 6. 3. 4 节"1. 实验编制"中⑭步骤），单击打开。

④ 本次实验的程序运行界面或用户操作界面如图 6 - 40 所示。

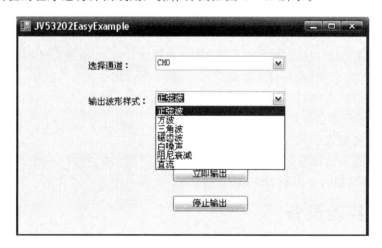

图 6 - 40 用户操作界面

⑤ 在通道选择中，选择第一个通道（实验设备中，第一个通道与示波器相连）；在输出波形样式中选择任意一个波形。

⑥ 首选单击"加载波形"按钮，波形数据从计算机加载至 JV53202 任意波形发生器；然后单击"立即输出"按钮，此时应在数字示波器屏幕上看到加载的波形；单击"停止输出"按钮，数字示波器屏幕上应无波形输出。

⑦ 若不能达到⑥所述要求，则返回"1. 实验编制"仔细按步骤修改程序，生成新的动态库后再按照"2. 实验调试"中①～⑥步骤调试，直至满足要求。

⑧ 至此，本次任意波形发生器编制实验完成，为增加实验成绩的辨识度，也可在用户操作界面中加入学生信息（参考"1. 实践编制"中⑱），如图 6 - 41 所示。

最后，将图 6 - 40 或图 6 - 41 截屏存储作为实验结果完成实验报告撰写。

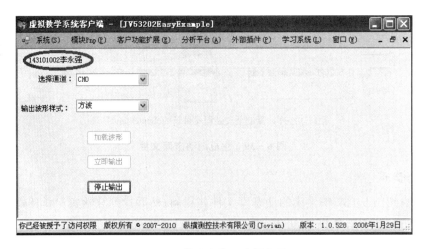

图 6-41　带信息的用户操作界面

6.4　串行接口通信原理验证实验

6.4.1　实验目的

本次通过完成"回绕测试"、"自测试"和"外部通信测试"三个实践验证串行通信的"自发自收""互发互收"和"外部通信"三种工作模式,并达到如下目的:

① 掌握串口通信模块 JV53452 的基本工作原理;

② 验证 RS 串行通信原理;

③ 掌握串口通信程序编写方法;

④ 熟悉软件开发的流程;

⑤ 掌握 VXI 仪器的使用和 SCPI 命令格式。

6.4.2　实验设备

① 一体化虚拟仪器教学实验设备一套;

② 串行通信"自测试"和"回绕测试"外接电缆;

③ 学生(客户端)计算机若干。

6.4.3　实验原理

1. 实践原理

异步串行通信方式如图 2-1 和图 2-2 所示,本次实践中 JV53452 通信模块具备 8 个硬件上相互独立的串口通道,8 个串口通道均用于验证 RS232、RS422、RS285 异步串行通信原理。

"回绕测试"是在 JV53452 通信模块的 8 个独立通道中任选一个通道,实现单个串口信息的自发自收;"自测试"是在 JV53452 通信模块的 8 个独立通道中任选两个通道,实现两个串口间信息的互发互收;"外部通信测试"是通过编程开发一个用户操作界面,实现信息的自动发送和接收。

　　在本次实验中,已按照通信协议制作好回绕测试电缆和自测试电缆。为方便教学,其中串口通道 1～串口通道 4 用于实现回绕测试,即这四个通道中的任意一个通道都可实现信息的自发自收;串口通道 5～串口通道 8 用于实现自测试,其中通道 5 和通道 7 为一对、通道 6 和通道 8 为一对,任意一对串口可实现信息的互发互收,但要注意,自测试时,一对串口的参数设置务必保持一致。

　　JV53452 通信模块操作界面如图 6－42 所示,共 8 个在硬件上相互独立的串口通道,每个串口通道的界面包括:

　　① 参数设置区实现串口的数据位、停止位、校验、波特率、串口类型和数据流控制的设置;

　　② 计数器用于实现发送字符和接收字符的统计;

　　③ 字符显示栏用于显示发送的字符和接收的字符。

图 6－42　串口通信操作界面

2. 函数简介

　　要利用串口实现通信,通常要经过打开串口、参数设置、读写串口和关闭串口四个基本步骤,本次实践中用到的主要函数如下:

　　(1) 打开/关闭指定串口通道

　　int IJV53452. Start(short channel,ushort start):short 和 ushort 为对应参数的数据类型;参数"channel"指串口通道,取值 0～7,代表 8 个独立通道;参数"start"指串口通道状态,取值 1 或 0,取值为 1 时,表示打开指定串口通道,取值为 0 时,表示关闭指定串口通道。

　　(2) 参数设置

　　① 设置数据位:int IJV53452. SetDataBits(short channel,short numberofDataBits):short 和 ushort 为对应参数的数据类型;参数"channel"指串口通道,取值 0～7,代表 8 个独立

通道;参数"numberofDataBits"指传递一帧的数据位数,取值 5～8。

② 设置奇偶校验位:int IJV53452. SetParity(short channel,short parity);short 为对应参数的数据类型;参数"channel"指串口通道,取值 0～7,代表 8 个独立通道;参数"parity"取值为 0、1、2,取值为 0 时表示不进行校验,取值为 1 是表示采用偶校验,取值为 2 时表示采用奇校验。

③ 设置停止位:int IJV53452. SetStopBits(short channel,short numberofStopBits);short 为对应参数的数据类型;参数"channel"指串口通道,取值 0～7,代表 8 个独立通道;参数"numberofStopBits"指传递一帧结束时停止位的位数,取值 1～2。

④ 设置通信协议(串口类型):int IJV53452. SetInterfaceType(short channel,short InterfaceType);short 为对应参数的数据类型;参数"channel"指串口通道,取值 0～7,代表 8 个独立通道;参数"InterfaceType"指串口类型或串口通信的协议,取值 0、1、2,取值 0 时表示采用 RS232 通信协议,取值 1 时表示采用 RS422 通信协议,取值 2 时表示采用 RS485 协议。

⑤ 设置波特率:int IJV53452. SetCommBaudRate(short channel,int baudRate);short 和 int 为对应参数的数据类型;参数"channel"指串口通道,取值 0～7,代表 8 个独立通道;参数"baudRate"指设置的波特率,取值可以是波特率代码,也可以具体的波特率,波特率代码与波特率关系如下:0 对应 300 bps、1 对应 600 bps、2 对应 1 200 bps、3 对应 2 400 bps、4 对应 4 800 bps、5 对应 9 600 bps、6 对应 19.2 kbps、7 对应 38.4 kbps、8 对应 57.6 kbps、12 对应 115.2 kbps、13 对应 230.4 kbps、14 对应 406.8 kbps、20 对应 125 kbps、21 对应 250 kbps、22 对应 500 kbps。

⑥ 设置数据流控制:int IJV53452. SetFlowCtrl(short channel,short FlowCtrl);short 为对应参数的数据类型;参数"channel"指串口通道,取值 0～7,代表 8 个独立通道;参数"FlowCtrl"指数据流控制,取值 0 或 1,取 0 时表示发送数据前不需要检测 RTS 和 CTS 是否有效,取 1 时表示发送数据前需要检测 RTS 和 CTS 是否有效。

⑦ 设置接收数据产生的中断字节数:int IJV53452. SetRThreshold(short channel,short R_threshold);short 为对应参数的数据类型;参数"channel"指串口通道,取值 0～7,代表 8 个独立通道;参数"R_threshold"指产生的中断字节数,取值 32～65 535。

⑧ 给 DSP 中断,使其初始化:int IJV53452. InterruptDSP(short channel);short 为对应参数的数据类型,参数"channel"指串口通道,取值 0～7,代表 8 个独立通道。

⑨ 设置指定通道循环发送数据:int IJV53452. SetTCycle(short channel,short period,short frameLen,byte[] buf);short 和 byte[]为对应参数的数据类型,参数"channel"指串口通道,取值 0～7,代表 8 个独立通道;参数"period"指循环的周期,为 1ms 的倍数,取值 0～65 535;参数"frameLen"指发送数据长度(以字节为单位);参数"buf"指待发送数据的指针。

(3) 读写设置

① 设置异步方式下主机向 JV53452 发送数据:int IJV53452. SendData(short channel,byte[] buf,short length);short 和 byte[]为对应参数的数据类型,参数"channel"指串口通道,取值 0～7,代表 8 个独立通道;参数"buf"指待发送数据的指针;参数"length"指发送数据的长度。

② 设置指定通道发送/接收的处理归零:int IJV53452. Clear(short channel);short 为对应参数的数据类型,参数"channel"指串口通道,取值 0～7,代表 8 个独立通道。

③ 主机以查询方式从 JV53452 读取指定通道的接收数据：int IJV53452. PollChannel (short channel，out byte[] buf，ushort bufferLen，ref ushort Len)；short、out byte[]、ushort 和 re ushort 为对应参数的数据类型；参数"channel"指串口通道，取值 0～7，代表 8 个独立通道；参数"buf"指接收数据的数组指针；参数"bufferLen"指缓冲区内字符长度（以字节为单位）；参数"Len"指待接收数据的长度（以字节为单位）。

注意：以上函数均有返回值，用于判断该函数执行的状态值，0 或正值数表示执行成功，负数表示执行失败。

6.4.4 实验步骤

1. 回绕测试

① 打开客户端计算机，并等待服务端程序启动。

② 打开教学实验设备软件平台 Jovian. VXIInstrument，登录并申请使用权限。

③ 获取使用权限后，在"模块"下拉菜单下找到"JV53452"模块，打开该模块用户操作界面。

④ 在通道 1～通道 4 中任选一个通道，设置串口通道，在"发送字符栏"发送字符（字符可以是学生的姓名或学号＋姓名），观察"接收字符栏"中是否能接收到发送的字符。

⑤ 若发送字符的内容和数量与接收字符的内容和数量符合实验要求，则截屏存储作为"回绕测试"的实验结果，如图 6-43 所示。

图 6-43 "回绕测试"实验结果

2. 自测试

① 打开客户端计算机，并等待服务端程序启动。

② 打开教学实验设备软件平台 Jovian. VXIInstrument，登录并申请使用权限。

③ 获取使用权限后,在"模块"下拉菜单下找到"JV53452"模块,打开该模块用户操作界面。

④ 在通道 5 和通道 7、通道 6 和通道 8 中任选一对通道,分别设置两个串口通道为发送通道和接收通道,在发送通道的"发送字符栏"发送字符(字符可以是学生的姓名或学号+姓名),观察接收通道的"接收字符栏"中是否能接收到发送的字符。

⑤ 若发送字符的内容和数量与接收字符的内容和数量符合实验要求,则分别将发送通道和接收通道截屏存储作为"自测试"的实验结果,如图 6 - 44、图 6 - 45 所示。

注意:发送通道和接收通道参数设置务必一致。

图 6 - 44　"自测试"发送通道

图 6 - 45　"自测试"接收通道

3. 外部通信

(1) 实验编制

① 该实验要实现的功能是取得第一块 JV53452 串口通信模块控制，并通过模块的函数发送和接收字符，编制的用户操作界面如图 6 - 46 所示。

控件命名设置如下：

通道选择：cmbChannel；字符输入框：txt-Send；字符接收框：txtReceive；打开串口：btnOpen；关闭串口：btnClose；发送：btnSend；接收：btnReceive。

图 6 - 46 JV53452 外部通信操作界面

② 双击"Microsof Visual Studio"快捷方式图标，或从"开始"菜单中找到并运行"Microsof Visual Studio"，如图 6 - 47 所示。

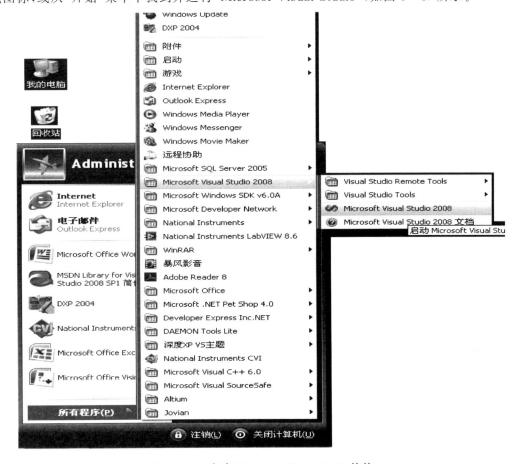

图 6 - 47 启动 Microsoft Visual Studio 软件

③ 启动 Microsoft Visual Studio 软件后，新建项目，如图 6 - 48 所示。

④ 新建项目，并进行设置（见图 6 - 49），设置完后单击"确定"按钮。此处选择了 C♯ 语言，也可以选择其他语言进行编程。

图 6 - 48　新建项目

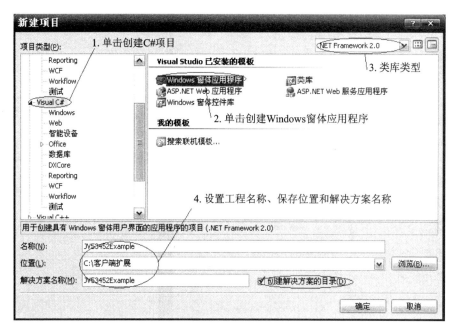

图 6 - 49　设置新建项目

注意:记住新建项目的名称和位置,建议位置不要选择 C 盘;名称可以更改,但要与后面操作步骤保持一致。

⑤ 新建好的项目并没有实际的功能,需要在新建的项目中手动添加本次实验所需要的接口动态库,右击"解决方案资源管理器"新建项目下"引用",选择"添加引用",如图 6 - 50 所示。

⑥ 单击引用后弹出对话框,选择"浏览"选项卡,找到所需的动态库,Jovian. WarpLib. Interface.dll,也可以选择安装的文件夹找到此动态库,单击确定完成添加引用。软件的默认安装在 C:Program Files\Jovian.VXIInstrument.Framework 文件夹中,如图 6-51 所示。若软件安装在其他硬盘,则在相应路径下找到 Jovian.VXIInstrument.Framework 文件夹。添加完成后,"引用"视图内应包含 Jovian.WarpLib.Interface.dll,如图 6-52 所示。

⑦ 添加完引用后,为了访问类型方便,需要导入命名空间,需要导入的命名空间有 Jovian.WarpLib.Interface,右击设计窗口,选择单击"查看代码"进入代码编辑区,如图 6-53 所示。进入代码编辑区后,用添加"using"语句导入命名空间,如图 6-54 所示。

图 6-50 右击添加引用

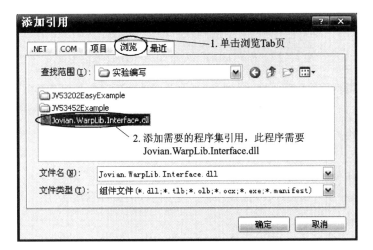

图 6-51 添加接口动态库

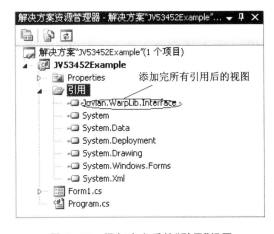

图 6-52 添加完之后的"引用"视图

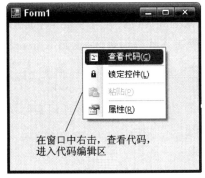

图 6-53 进入代码编辑区

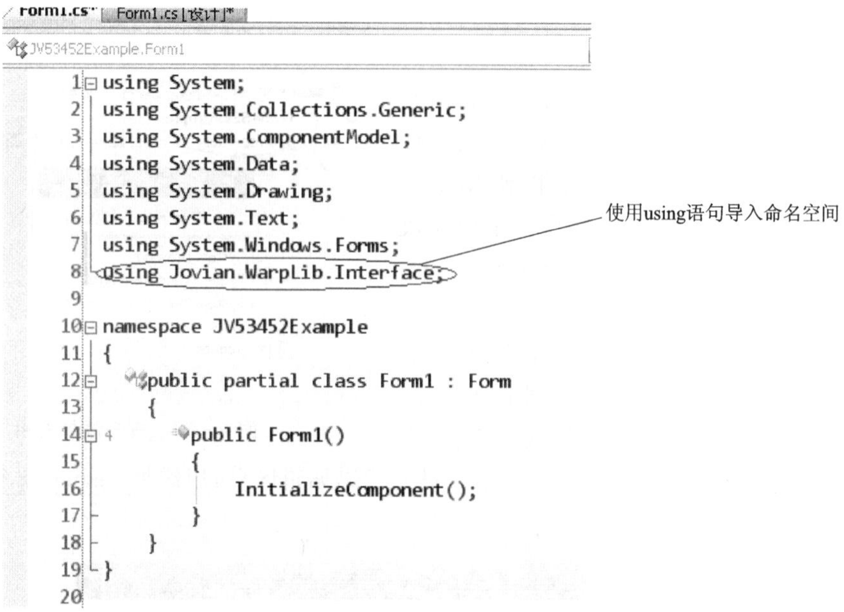

图 6 - 54　导入 Jovian. WarpLib. Interface 命名空间

⑧ 更改窗口属性,单击窗口,然后选择"属性",在"设计"和"外观"中找到窗口的 Name 和 Text 属性,将其分别改为 frmMain 和 JV53202EasyExample,如图 6 - 55 所示。

注意:这两个属性可以不是"frmMain"和"JV53202EasyExample",但要在整个实践项目的程序中保持一致。

⑨ 更改并保存类"frmMain"的文件名为"JV53452Example"。

单击解决方案中的 Form1.cs,打开"属性"选项卡,把文件名改为 JV53452Example. cs,如图 6 - 56 所示。

注意:也可默认此步骤,这样并不影响后面的操作。如果不这样做的话,文件名将采用类名,此例即为:frmMain. cs。

⑩ 至此,所有编写代码设计之前的工作都已全部完成,完成所有准备工作之后代码区和窗口状态如图 6 - 57 所示。

⑪ 为使添加的动态库能被宿主发现引用,必须继承并能实现 IClientExtend 接口,实现 IClientExtend 接口后即可使得宿主能够发现该扩展。

首先进入代码编辑区,找到 IClientExtend 接口,如图 6 - 58 所示。然后将鼠标置于 IClientExtend 上,弹出下拉菜单,单击"实现接口"(采用隐式实现),如图 6 - 59 所示。最后,程序自动生成接口代码,如图 6 - 60 所示。

⑫ 自动生成的代码没有任何实际功能,因此必须添加项目需要的代码,本次实践添加的代码如图 6 - 61 所示。

注意:一是要声明一个私有变量才能使用,二是为快速找到自己开发的项目以便调试,可将"实现接口属性"中的"JV53452 简单示例"改为"JV53452 张三"。

⑬ 至此,该实验项目已具备基本功能,接下来开始进行 Windows 程序的编写以实现项目的实际功能。

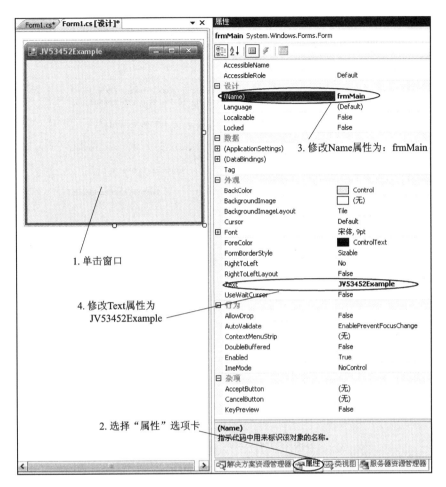

图 6 - 55　更改窗口 Name 和 Text 属性

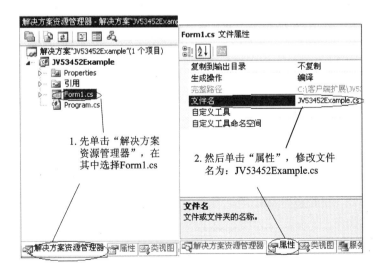

图 6 - 56　更改并保存类 frmMain 的文件名

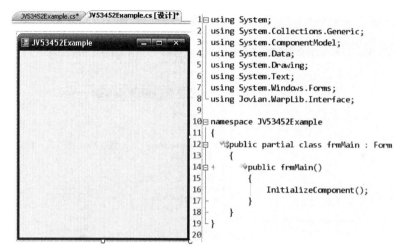

图 6－57　完成所有准备工作之后代码区和窗口状态

```
1  using System;
2  using System.Collections.Generic;
3  using System.ComponentModel;
4  using System.Data;
5  using System.Drawing;
6  using System.Text;
7  using System.Windows.Forms;
8  using Jovian.WarpLib.Interface;
9
10 namespace JV53452Example
11 {
12     public partial class frmMain : Form,IClientExtend
13     {
14  4      public frmMain()
15         {
16             InitializeComponent();
17         }
18     }
19 }
20
```

添加继承接口

图 6－58　接口找到 IClientExtend 接口

```
1  using System;
2  using System.Collections.Generic;
3  using System.ComponentModel;
4  using System.Data;
5  using System.Drawing;
6  using System.Text;
7  using System.Windows.Forms;
8  using Jovian.WarpLib.Interface;
9
10 namespace JV53452Example
11 {
12     public partial class frmMain : Form,IClientExtend
13     {
14  4      public frmMain()
15         {
16             InitializeComponent();
17         }
18     }
19 }
20
```

interface Jovian.WarpLib.Interface.IClientExtend

实现接口"IClientExtend"(I)
显式实现接口"IClientExtend"(X)

图 6－59　选择实现接口 IClientExtend

```
10 □ namespace JV53452Example
11   {
12 □     public partial class frmMain : Form,IClientExtend
13       {
14 □         public frmMain()
15           {
16               InitializeComponent();
17           }
```

单击实现接口后
自动生成的代码

```
19                    ═════ IClientExtend 成员
20
21 □         public string Description
22           {
23               get { throw new NotImplementedException(); }
24           }
25
26         public void LostAccessRight()
27           {
28               throw new NotImplementedException();
29           }
30
31 □         public void SetInterface(IVXIVirtualBox ivxi)
32           {
33               throw new NotImplementedException();
34           }
35
36                    •••
37       }
38 └ }
```

图 6 - 60   自动生成接口代码

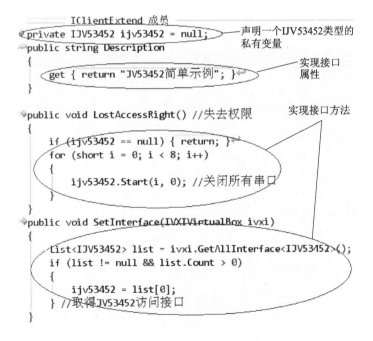

```
           ═════ IClientExtend 成员
    private IJV53452 ijv53452 = null;
    public string Description                     声明一个IJV53452类型的
    {                                             私有变量
        get { return "JV53452简单示例"; }           实现接口
    }                                             属性

    public void LostAccessRight() //失去权限
    {                                             实现接口方法
        if (ijv53452 == null) { return; }
        for (short i = 0; i < 8; i++)
        {
            ijv53452.Start(i, 0); //关闭所有串口
        }
    }

    public void SetInterface(IVXIVirtualBox ivxi)
    {
        List<IJV53452> list = ivxi.GetAllInterface<IJV53452>();
        if (list != null && list.Count > 0)
        {
            ijv53452 = list[0];
        } //取得JV53452访问接口
    }
```

图 6 - 61   编写代码实现接口成员

　　首先,找到"工具箱"视图,如图 6 - 62 所示;如果未找到,则单击设计窗口,单击"视图"菜单,单击下拉菜单中的"工具箱"选项,打开"工具箱"视图。

⑭ 添加"通道"选择控件:找到"工具箱"下的"公共控件",选择"ComboBox"下拉组合框控件,拖至设计窗口并调整控件的大小和位置;单击右下角"属性"选项卡,将其 Name 属性为 cmbChannel,如图 6 - 63 所示。

注意:"cmbChannel"在程序代码中要用到,整个程序中要保持一致。

⑮ 在"工具箱""公共控件"下找到"Label"标签控件,将其拖至设计窗口内并调整大小和位置;单击右下角"属性"选项卡,将其 Text 属性改为"通道:",如图 6 - 64 所示。

⑯ 添加文本发送控件"txtSend":在"工具箱""公共控件"下找到文本框控件"TextBox",将其拖至设计窗口并调整其位置和大小,单击右下角"属性"选项卡,将其 Name 属性改为"txtSend",如图 6 - 65 所示。

⑰ 添加文本接收控件"txtReceive":在"工具箱""公共控件"下找到文本框控件"Text-Box",将其拖至设计窗口并调整其位置和大小,单击右下角"属性"选项卡,将其 Name 属性改为"txtReceive",如图 6 - 66 所示。

图 6 - 62　使"工具箱"可见

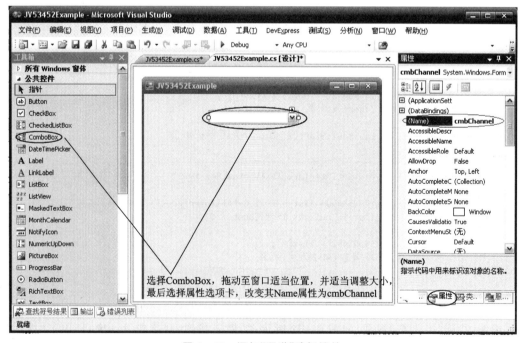

图 6 - 63　添加"通道"选择控件

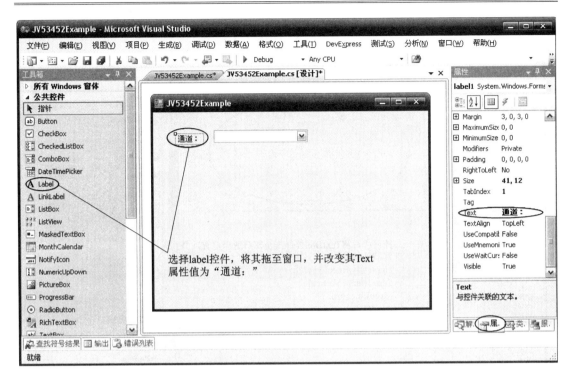

图 6-64 添加"通道"标签控件

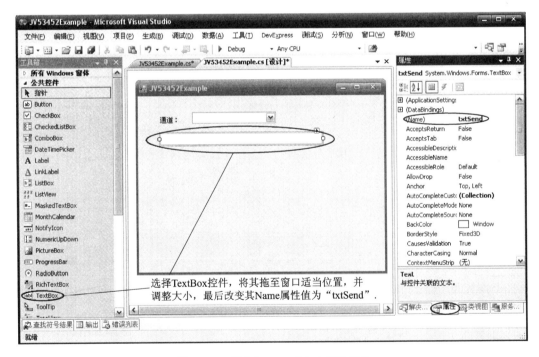

图 6-65 添加"txtSend"文本发送控件

⑱ 添加"打开串口"Button 按钮控件:在"工具箱""公共控件"下找到按钮控件"Button"，将其拖至设计窗口并调整其位置和大小，单击右下角"属性"选项卡，将其 Name 和 Text 属性分别改为"btnOpen"和"打开串口"，如图 6-67 所示。

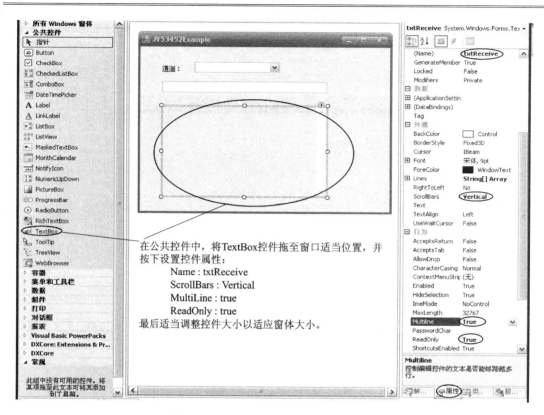

图 6 - 66　添加"txtReceive"文本接收控件

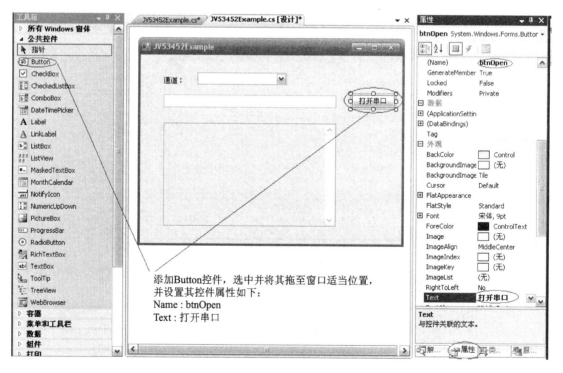

图 6 - 67　添加"打开串口"控件

⑲ 采用⑱同样方法添加"关闭串口"、"发送"和"接收"三个按钮控件,将"关闭串口"按钮的 Name 和 Text 属性设置为"btnClose"和"关闭串口",将"发送"按钮的 Name 和 Text 属性设置为"btnSend"和"发送",将"接收"按钮的 Name 和 Text 属性设置为"btnReceive"和"接收",如图 6-68 所示。

图 6-68 添加"关闭串口""发送"和"接收"控件

⑳ 至此,完成了本次实验的界面设计,但它只是一个框架,并不具备任何实际功能,接下来要在代码区添加适当的代码以满足实验要求。

需要修改窗口类的初始化构造函数,以适当方式提供进入程序的初始界面,添加如图 6-69 所示的初始化代码。

㉑ 添加"打开串口"控件的事件处理代码和事件响应代码。

双击设计窗口中的"打开串口"按钮,跳转至程序窗口中产生的事件处理代码"btnOpen_Click",如图 6-70 所示。

在程序窗口中先声明"打开串口"控件事件响应代码需要的三个私有变量,再在事件响应代码区输入事件响应代码,如图 6-71 所示。

㉒ 参照步骤㉑添加"通道"选择控件的事件处理代码(见图 6-72)和事件响应代码,如图 6-73 所示。

㉓ 参照步骤㉑添加"关闭串口"、"发送"和"接收"三个按钮控件的事件处理代码和事件响应代码,如图 6-74~图 6-79 所示。

㉔ 添加"txtSend"文本发送控件的事件处理代码和事件响应代码,如图 6-80 和图 6-81 所示。

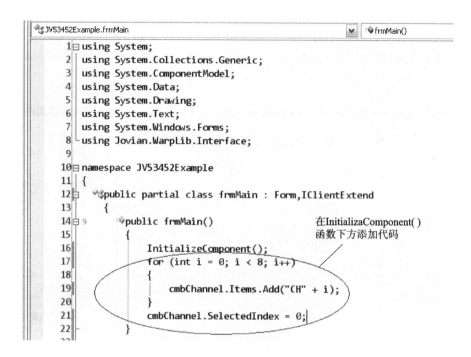

图 6 - 69 在 frmMain 类的构造函数中添加初始化代码

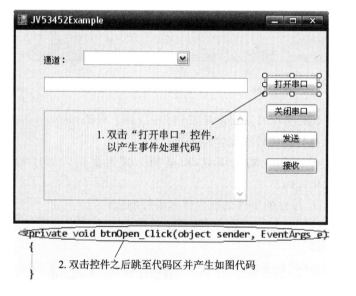

图 6 - 70 产生"打开串口"控件事件处理代码

㉕ 至此,所有的代码就编写完毕,接下来设置项目属性和部署项目。右击"解决方案资源管理器"中本次实验项目的名称,选择属性对项目属性进行设置,如图 6 - 82 所示。将"输出类型"设置为"类库"输出,保存选项如图 6 - 83 所示。

㉖ 设置完属性之后,右击项目名称,选择"生成"即可编译生成本次实验的动态链接库文件,如图 6 - 84 所示。

```
private short channel = 0;
private byte[] sendbyte = Encoding.Default.GetBytes("");
private bool[] IsOpen = new bool[8]; //存放通道是否打开
```

1. 声明三个变量，第一个为short型变量，后两个为数组变量

```
private void btnOpen_Click(object sender, EventArgs e)
{
    if (ijv53452 == null) { return; }
    //参数设置
    ijv53452.SetDataBits(channel, 8); //数据位
    ijv53452.SetStopBits(channel, 1); //
    ijv53452.SetParity(channel, 0); //奇偶校验
    ijv53452.SetInterfaceType(channel, 0); //接口
    ijv53452.SetCommBaudRate(channel, 9600); //波特率
    ijv53452.SetFlowCtrl(channel, 0); //数据流控制
    ijv53452.SetRThrehold(channel, 32);
    ijv53452.SetRxfifoIrqlevel(channel, 3);
    ijv53452.Start(channel, 1); //打开串口
    ijv53452.InterruptDSP(channel);
    //设置参数
    ijv53452.SetTCycle(channel, 0, 0, sendbyte); //设置周期
    ijv53452.Clear(channel); //清空
    IsOpen[channel] = true;
    btnOpen.Enabled = false;
    btnClose.Enabled = true;
}
```

2. 添加事件响应代码

图 6 - 71 产生"打开串口"控件事件响应代码

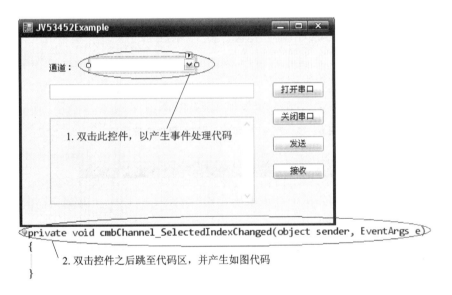

1. 双击此控件，以产生事件处理代码

```
private void cmbChannel_SelectedIndexChanged(object sender, EventArgs e)
{
}
```

2. 双击控件之后跳至代码区，并产生如图代码

图 6 - 72 产生"通道"选择控件事件处理代码

```
private void cmbChannel_SelectedIndexChanged(object sender, EventArgs e)
{
    if (ijv53452 == null) { return; }
    channel = (short)cmbChannel.SelectedIndex;
    if (IsOpen[channel]) { btnOpen.Enabled = false; btnClose.Enabled = true; }
    else { btnOpen.Enabled = true; btnClose.Enabled = false; }
}
```

在刚才产生的代码中添加代码

图 6 - 73 产生"通道"选择控件事件响应代码

JV53452Example
通道：
打开串口
关闭串口
发送
接收
1. 以相同方法，双击“关闭串口”控件，以产生事件处理代码
private void btnClose_Click(object sender, EventArgs e)
{
}
2. 双击控件之后跳至代码区并产生该代码

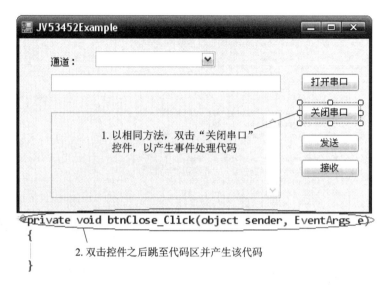

图 6-74　产生“关闭串口”控件事件处理代码

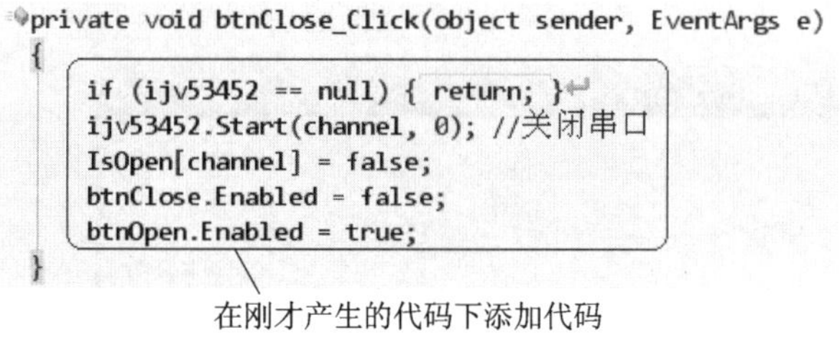

private void btnClose_Click(object sender, EventArgs e)
{
if (ijv53452 == null) { return; }
ijv53452.Start(channel, 0); //关闭串口
IsOpen[channel] = false;
btnClose.Enabled = false;
btnOpen.Enabled = true;
}
在刚才产生的代码下添加代码

图 6-75　产生“关闭串口”控件事件响应代码

JV53452Example
通道：
打开串口
关闭串口
发送
接收
1. 双击“发送”控件，以产生事件处理代码
private void btnSend_Click(object sender, EventArgs e)
{
}
2. 双击控件之后跳至代码区并产生该代码

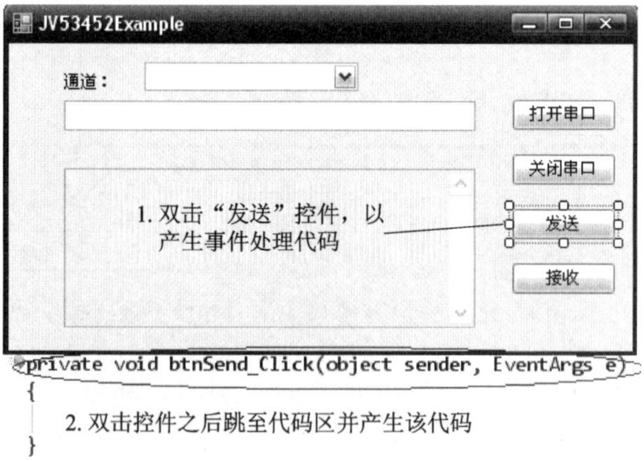

图 6-76　产生“发送”控件事件处理代码

㉗ 完成后即可生成所需的动态库，生成后的动态库如图 6-85 所示（此动态库位于所建工程的 bin 目录下）。软件默认安装在 C:Program Files\Jovian. VXIInstrument. Framework 文件夹下，若找不到该文件，则可在“输出”视窗中找到该文件的输出路径。

至此，完成了本次实验项目的程序开发，接下来需要对开发的程序进行调试验证。

```
private void btnSend_Click(object sender, EventArgs e)
{
    if (ijv53452 == null) { return; }
    if (!IsOpen[channel]) { MessageBox.Show("串口通道未打开!", "JV53452"); return; }
    ijv53452.SendData(channel, sendbyte, (short)sendbyte.Length); //发送数据
}
```

在刚才产生的代码下添加代码

图 6-77　产生"发送"控件事件响应代码

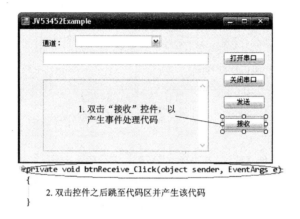

1. 双击"接收"控件，以产生事件处理代码

```
private void btnReceive_Click(object sender, EventArgs e)
{

2. 双击控件之后跳至代码区并产生该代码
}
```

图 6-78　产生"接收"控件事件处理代码

```
private void btnReceive_Click(object sender, EventArgs e)
{
    if (ijv53452 == null) { return; }
    if (!IsOpen[channel]) { MessageBox.Show("串口通道未打开!", "JV53452"); return; }
    byte[] rbuffer;//=new byte[4096];
    ushort len = 0;
    int re = ijv53452.PollChannel(channel, out rbuffer, 4096, ref len); //接收数据
    if (re < 0)
    {
        txtReceive.Text += ("\r\n=======Error======" + re);
    }
    else
    {
        if (len > 0)
        {
            txtReceive.Text += (Encoding.Default.GetString(rbuffer, 0, len));
        }
    }
}
```

在刚才产生的代码下添加代码

图 6-79　产生"接收"控件事件响应代码

1. 双击此控件，以产生事件处理代码

```
private void txtSend_TextChanged(object sender, EventArgs e)
{

2. 双击控件之后跳至代码去并产生该代码
}
```

图 6-80　产生"txtSend"文本发送控件事件处理代码

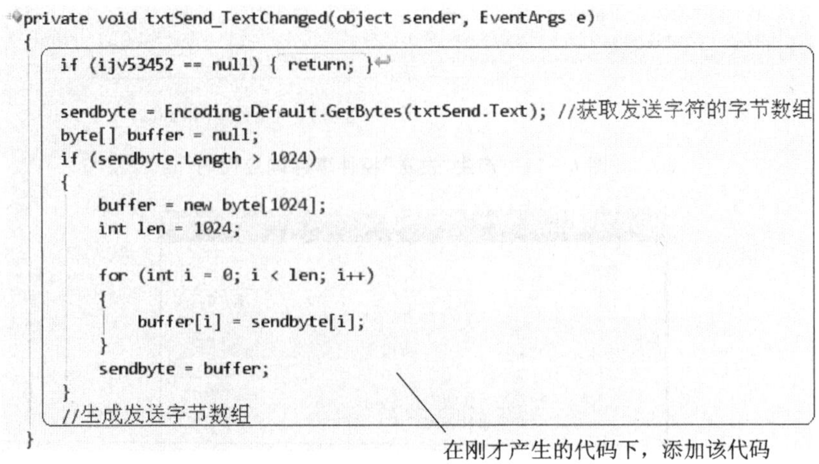
private void txtSend_TextChanged(object sender, EventArgs e)
{
if (ijv53452 == null) { return; }
sendbyte = Encoding.Default.GetBytes(txtSend.Text); //获取发送字符的字节数组
byte[] buffer = null;
if (sendbyte.Length > 1024)
{
buffer = new byte[1024];
int len = 1024;
for (int i = 0; i < len; i++)
{
buffer[i] = sendbyte[i];
}
sendbyte = buffer;
}
//生成发送字节数组
}
在刚才产生的代码下，添加该代码

图 6-81　产生“txtSend”文本发送控件事件响应代码

解决方案资源管理器 - JV53452Example
解决方案“JV53452Example”(1 个项目)
生成(U)
重新生成(E)
清理(N)
发布(B)...
运行代码分析(O)
计算代码度量值(C)
添加(D)
添加引用(R)...
添加 Web 引用(E)...
查看类关系图(V)
设为启动项目(A)
调试(G)
剪切(T)
粘贴(P)
移除(V)
重命名(M)
卸载项目(L)
在 Windows 资源管理器中打开文件夹(X)
属性(R)
设置项目属性

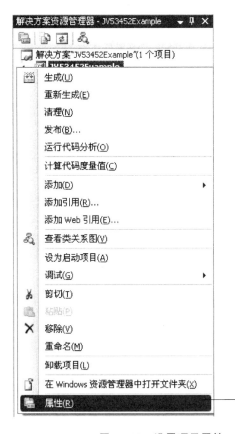

图 6-82　设置项目属性

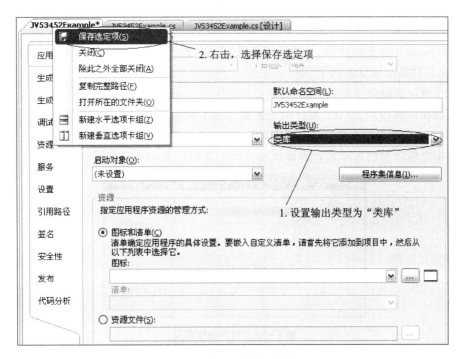

图 6 - 83   输出类型设为"类库"

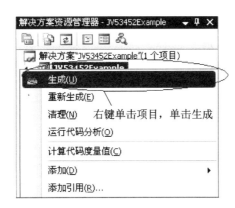

图 6 - 84   生成本次实践动态链接库

把此动态库复制至安装程序目录的clientextend目录下即可

图 6 - 85   生成的动态链接库文件

（2）实验调试

① 首先找到图 6-85 中生成的动态库文件并复制；然后找到教学实验设备软件平台 Jovian. VXIInstrument 的安装目录，并找到该目录下项目扩展文件夹"clientextend"；最后将生成的动态库文件粘贴至该文件夹下。

② 打开教学实验设备软件平台 Jovian. VXIInstrument，登录并申请使用权限。

③ 获取使用权限后，单击"客户功能扩展"，在下拉菜单中找到本次实验中自己开发程序的动态链接库（参考 6.3.4 节"1. 实验编制"中⑫步骤），单击打开。

④ 本次实验项目的程序运行界面或用户操作界面应如图 6-86 所示。

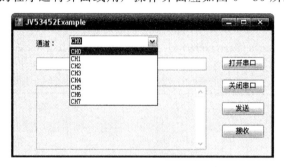

图 6-86　用户操作界面

⑤ 在"通道："选择下拉菜单中，任选一串口通道；在文本输入框中输入发送的字符（可选择姓名或姓名＋学号）。

⑥ 单击"打开串口"按钮，再单击"发送"按钮，最后单击"接收"按钮，应能在接收文本框内看到发送的字符，如图 6-87 所示。

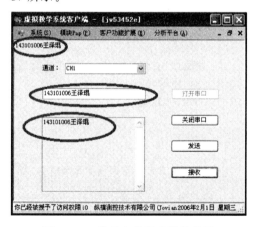

图 6-87　带信息的用户操作界面

⑦ 若不能达到⑥所述要求，则返回 6.3.4 节"1. 实践编制"仔细按步骤修改程序，生成新的动态库后再按照 6.3.4 节"2. 实验调试"中①～⑥步骤调试，直至满足要求。

⑧ 至此，本次串行接口通信原理验证实验完成。为增加实验成绩的辨识度，也可在用户操作界面中多加入一个"Label"标签，并将其 Name 属性改为学生信息（参考 6.3.4 节"1. 实验编制"中⑮），如图 6-87 所示。

最后，将图 6-43、图 6-44、图 6-45 和图 6-87 截屏存储作为实验结果完成实验报告撰写。

6.5 温度测试系统搭建实验

6.5.1 实验目的

① 掌握扫描数据采集模块 JV53413 的基本工作原理。

② 掌握数据采集程序编写方法。

③ 利用温度传感器开发温度测试系统。

④ 熟悉软件开发的流程。

⑤ 掌握 VXI 仪器的使用和 SCPI 命令格式。

6.5.2 实验设备

① 一体化虚拟仪器教学实验设备一套。

② 数据处理模块及温度传感器(已安装连接好)。

③ 学生(客户端)计算机若干。

6.5.3 实验原理

1. 实验原理

JV53413 为高分辨率、64 通道扫描数据采集、单宽 C 尺寸寄存器基的 VXI 模块。每个 JV53413 可配置 8 个信号调理附加模块(每个调理附加模块通常为 8 个通道),以针对不同物理量的测量,包括电压、电流、电阻、温度、压力和等。

本实验使用温度传感器和 JV53413 开发一个完整的温度测试系统,工作原理如图 6-88 所示。外接环境温度经温度传感器测量后首先输入数据调理模块进行数据调理,然后输入 JV53413 数据采集通道(CH0～CH63 共 64 路通道,分成 SCP0～SCP7 八组,每组 8 个通道),SCP 输出到采集系统的信号经过多路器后送到放大器进行放大,放大增益有 1、2、5、10、20、50、100、200;使用时,应根据传感器输出信号的大小和所用 SCP 的增益,计算 SCP 的电压输出范围,再选择适当的 AD 输入量程范围,使在被测信号不会超过 AD 输入量程范围的条件下,选用尽可能小的 AD 输入量程范围,这样可具有较高的测量精度。JV53413 的程控放大器具有自动增益的能力,可根据 SCP 的输出信号大小自动选用合适的 AD 输入量程范围,使被测信号不会超过 AD 输入量程范围,并具有最高测量精度。JV53143 的 64 个通道,为扫描式的数据采集模块,通道的扫描顺序由扫描表决定;只有通过扫描,JV53413 才能进行测量和数据采集;V53413 用扫描表控制通道扫描顺序和数据处理方式。

JV53413 每次采样的数据经过处理后存储在两个地方:一是当前值表(Current Value Table,CVT),表内可存储 64 个通道的最新读数;二是先入先出(First In First Out,FIFO)缓冲区,存入深度为 65 535,FIFO 极大地提高了数据传输速度,并支持不间断的采集和数据存储。

注意:温度传感器若为毫伏(mV)级电压输出则使用 SCP04 100 倍增益子模块;温度传感器若已经过放大则可使用 SCP01 或 SCP02 直接输入模块;温度传感器输出若为电流信号则使用 SCP07 0～20mA 电流输入模块;温度传感器若为热电阻则首先通过 SCP09 恒流源供电后再送入 SCP04 100 倍增益子模块进行采集。

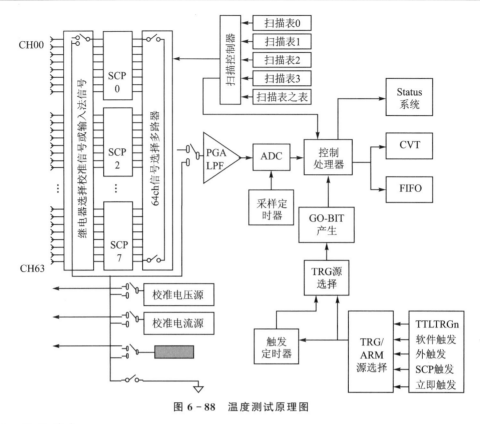

图 6 - 88　温度测试原理图

2. 函数简介

本次实验项目用到的函数主要有两个。

（1）读取 64 个通道的当前值表

int IJV53413. ReadCVTWithScale(out double[ ] Values)；out double[ ]为对应参数的数据类型；参数"Values"指按顺序排列的 64 个通道的当前值。

（2）读取 FIFO 中的值

int IJV53413. ReadFifoWithScale(ref int fifolen，out double[ ] Values)；ref int 和 out double[ ]为对应参数的数据类型；参数"fifolen"为输入时需要读取数据的长度，取值 1～65 535；参数"Values"指数据存放区，其长度应大于或等于"fifolen"的长度。

6.5.4　实验步骤

1. 实验编制

① 本次实验要实现的功能是获取 JV53413 模块的访问接口，并通过该接口读取 CVT（当前值表）值，并根据选择的温度单位计算温度值。JV53413 模块自带的用户操作界面如图 6 - 89 和图 6 - 90 所示，学生可以通过获取教学实验设备使用权限后，在"模块"下拉菜单中单击"JV53413"打开操作界面。

② 本次实验与前述实验略有不同，它需要新建两个项目：其中一个用于创建用户自定义控件温度组件，设计界面如图 6 - 91 所示；另一个需要设计开发一个温度组件控件和温度测试系统主界面，其设计界面如图 6 - 92 所示。

图 6-89 读取 CVT 值界面

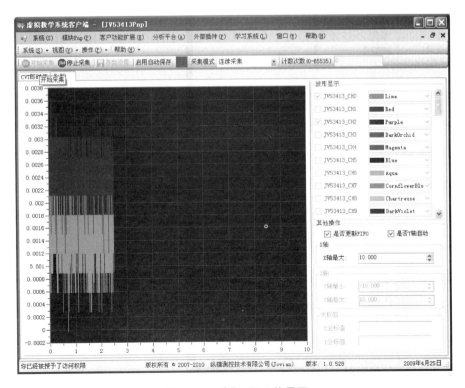

图 6-90 读取 FIFO 值界面

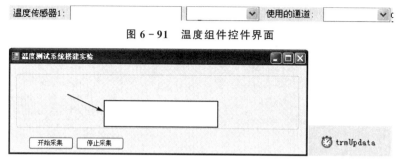

图 6 - 91　温度组件控件界面

图 6 - 92　温度测试系统界面

温度组件控件命名与属性设置如下：

温度标签的 Name 和 Text 分别为"lalName"和"温度传感器 1"；温度文本框的 Name、BackColor 和 ReadOnly 分别为"txtTemp""Info"和"true"；温度单位的 Name 为"cmbUnit"；使用通道的 Name 为"cmbChannel"。

控件命名与设置如下：

"分组框"的 Name 为"grpControl"；开始采集的 Name 为"btnStart"；"停止采集"的 Name 为"btnStop"；"定时器"的 Name、Interval 和 Enable 分别为"trmUpdata"、"1000"和"false"。

③ 双击"Microsof Visual Studio"快捷方式图标，或从"开始"菜单中找到并运行"Microsof Visual Studio"，如图 6 - 93 所示。

图 6 - 93　启动 Microsoft Visual Studio 软件

④ 启动 Microsoft Visual Studio 软件后,新建项目,如图 6 - 94 所示。

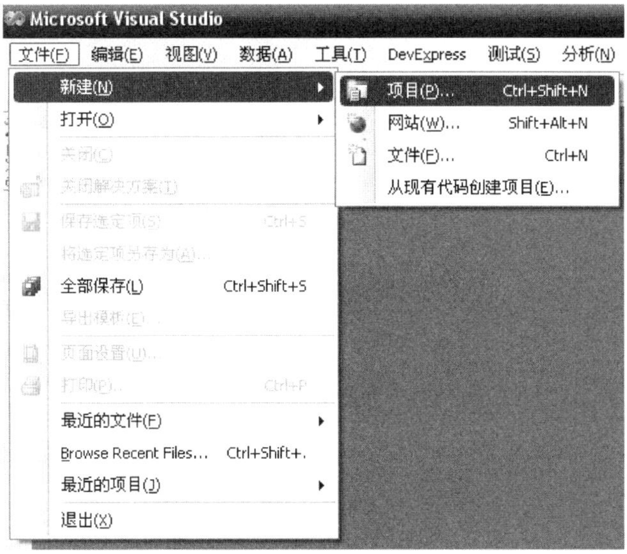

图 6 - 94 新建项目

⑤ 新建项目,该项目为自定义的"温度组件"控件,设置项目,单击确定,如图 6 - 95 所示。

注意:此处选择 C♯ 语言,也可以选择其他语言进行编程。此外,此处新建项目的类型是"Windows 窗口控件库"。

图 6 - 95 新建"温度组件"控件项目

⑥ 在新建"温度组件"用户控件中,右击设计窗口,选择属性,更改用户控件的 Name 属性为"TemperaturePanel",并且在"解决方案资源管理器"中将 UserControl1 改为"TemperaturePanel",如图 6 - 96 所示。

⑦ 设置好用户属性后,要为自定义的"温控组件"控件添加已有控件。可以充分利用已有

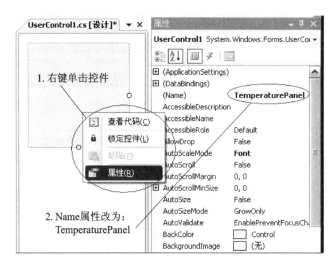

图 6-96 设置"温控组件"控件属性

控件,组合成需要的控件。

如图 6-97 所示,首先添加一个"Label"标签控件,并将其 Name 和 Text 属性改为"lbName"和"温度传感器1:"。

图 6-97 添加并设置"温度传感器1"标签控件

⑧ 添加"温度显示文本框"控件。

在"工具箱""公共控件"下,找到"TextBox"文本框控件,拖至设计窗口,调整位置和大小,并将其 Name、BackColor 和 ReadOnly 属性分别改为"txtTemp""Info"和"True",如图 6-98 所示。

⑨ 添加"温度单位"选择控件。

在"工具箱""公共控件"下,找到"ComboBox"下拉组合框控件,拖至设计窗口,调整位置和大小,并将其 Nam 属性改为"cmbUnit",如图 6-99 所示。

⑩ 添加"使用通道"标签控件。

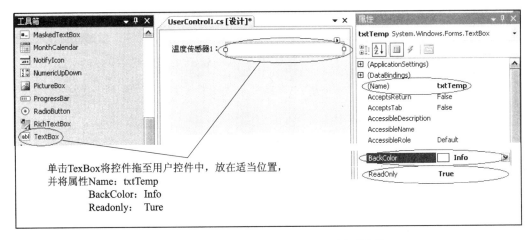

图 6 - 98 添加并设置"温度显示文本框"控件

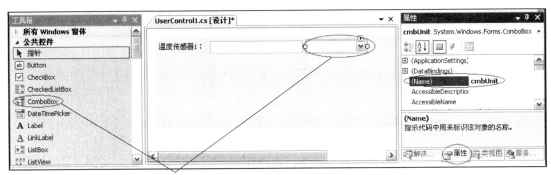

图 6 - 99 添加并设置"温度单位"选择控件

在"工具箱""公共控件"下,找到"Label"标签控件,拖至设计窗口,调整位置和大小,并将其 Text 属性改为"使用的通道:",如图 6 - 100 所示。

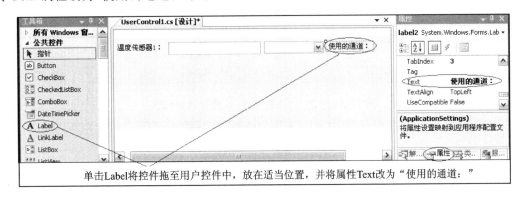

图 6 - 100 添加并设置"使用通道"标签控件

⑪ 添加"使用通道"选择控件。

在"工具箱""公共控件"下,找到"ComboBox"下拉组合框控件,拖至设计窗口,调整位置和大小,并将其 Name 属性改为"cmbChannel",如图 6 - 101 所示。

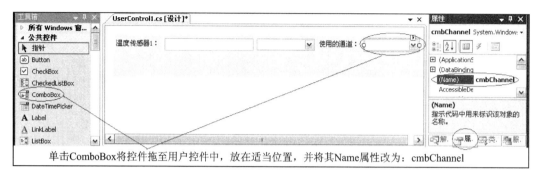

图 6 - 101　添加并设置"使用通道"选择控件

⑫ 至此,整个"温控组件"自定义控件的外形就设计完成了,可以适当调整大小,如图 6 - 102 所示。

图 6 - 102　调整"温控组件"控件界面大小

⑬ 下面要实现"温控组件"控件的设计功能,要进行适当代码编辑。右击设计窗口中的"温度单位"选择控件,在弹出的菜单中选择"查看代码"进入代码编辑区,如图 6 - 103 所示。

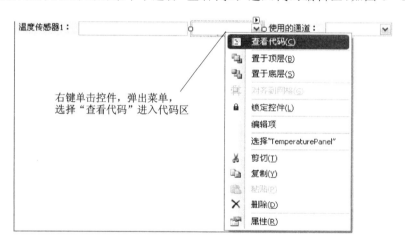

图 6 - 103　进入"温控组件"控件代码编辑区

⑭ 进入"温控组件"控件代码编辑区后添加相应代码,如图 6 - 104 所示。

注意:务必在 InitializeComponent()函数之后添加。

⑮ 至此,控件的设计就完成了,在开始"温度测试系统搭建"实验前,要生成"温控组件"自定义控件的动态链接库,如图 6 - 105 所示。

注意:要记住生成文件的存储路径,以便添加引用时查找。

⑯ 接下来开始"温度测试系统搭建"实验,选择"文件→添加→新建项目",如图 6 - 106 所示。

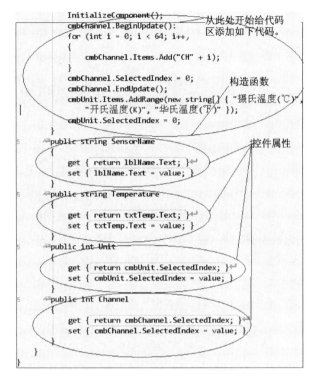

图 6 - 104   添加"温控组件"控件编辑代码

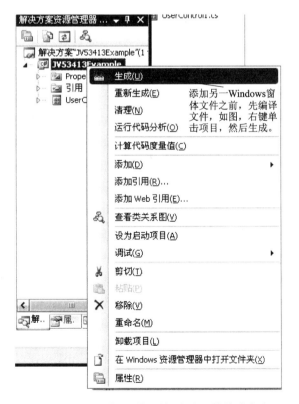

图 6 - 105   生成"温控组件"自定义控件动态库

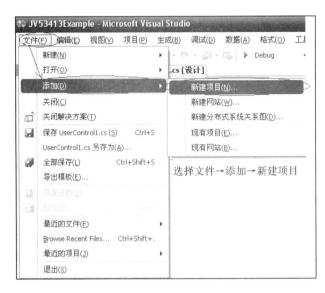

图 6 - 106 添加"温度测试系统搭建"实验项目

⑰ 选用 C♯ 语言,选择合适的项目名称和存储位置,并设置为"Windows 窗口应用程序",如图 6 - 107 所示。

图 6 - 107 设置"Windows 窗口应用程序"

⑱ 将"温度测试系统搭建"项目设为启动项目。

在"解决方案资源管理器"中,右击本实验项目名称"JV53413",在弹出菜单中找到"设为启动项目",单击后将其设为启动项目。图 6 - 108 为设置启动项目对话框。

⑲ 接下来开始设计"温度测试系统搭建"实验的程序框架,并在窗口上添加必要的控件。

首先在"工具箱"视图"容器"选项下,找到"GroupBox"分组框控件,将其拖至设计窗口,调整位置和大小,设置其 Name 属性为"grpControl"、Text 属性为空,如图 6 - 109 所示。

然后添加"开始采集"和"停止采集"两个 Button 型按钮控件。将"开始采集"按钮控件的 Name 和 Text 属性分别设置为"btnStart"和"开始采集",将"停止采集"按钮控件的 Name 和 Text 属性分别设置为"btnStop"和"停止采集",如图 6 - 110 所示。

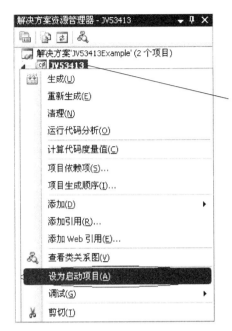

图 6 - 108　设置启动项目

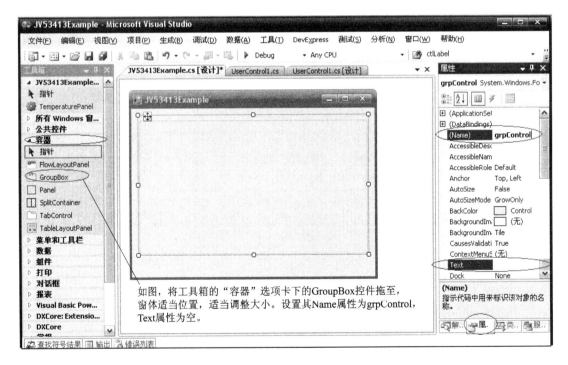

图 6 - 109　给窗口添加"GroupBox"分组框控件并设置属性

　　最后添加一个"Timer"时钟控件,在"工具箱"视图"组件"选项卡中找到"Timer"时钟控件,将其拖至设计窗口,调整位置和大小,并将其 Name 和 Interval 属性分别设置为"trmUp-data"和"1000",如图 6 - 111 所示。

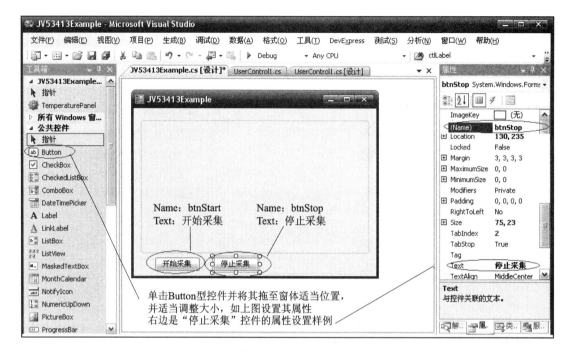

图 6-110　添加并设置"开始采集"和"停止采集"控件

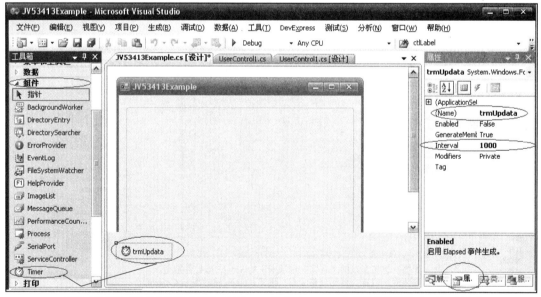

展开工具箱的"组件"下拉式菜单,可见Timer控件(注:Timer控件跟其他控件不一样,只能存在于窗体最底部),将其拖至窗口,设置其属性。Name:trmUpdata,Interval:1000

图 6-111　添加并设置"Timer"时钟控件

注意: Timer型控件属于隐式控件,在运行期间不可见,其样式也不一样,如图 6-111 所示只能存在于窗口底部。

⑳ 至此,"温度测试系统搭建"实验的外形框架设计完成,但程序无任何实际的功能,也没有需要的动态库,因此需手动添加需要的动态库。

在解决方案资源管理器中,单击选中本次实验项目"JV53413",然后右击"添加应用"为应用程序添加本次实验所需要引用的两个动态库,如图 6-112、图 6-113 和图 6-114 所示。

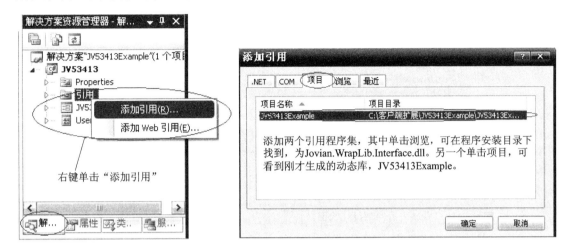

图 6-112 给程序添加引用　　　　图 6-113 添加"温控组件"动态库 JV53413Example. dll

图 6-114 添加接口动态库 Jovian. WrapLib. Interface. dll

JV53413Example. dll 动态库即为前述所开发的"温度组件"自定义控件,要注意该动态库的存储位置可查阅步骤⑮;Jvian. WrapLib. Interface. dll 动态库为软件自带接口动态库。添加完后的"引用"视图如图 6-115 所示。

㉑ 接下来要进行实验项目的代码编辑。右击设计窗口,选择弹出菜单中"查看代码"选项,进入代码编辑区,如图 6-116 所示。

㉒ 进入代码编辑区后,首先要导入"Jovian. WarpLib. Interface"命名空间,并将窗口的类型名改为"frmMain",如图 6-117 所示。

㉓ 为使动态库能被宿主发现引用,需要继承并实现 IClientExtend 接口,实现 IClientExtend 接口后即可使得宿主能够发现该扩展。为让类 frmMain 继承该接口,单击"IClientExtend",在弹出菜单中选择"实现接口"(采用隐式实现)选项,实现继承接口,如图 6-118、图 6-119 所示。

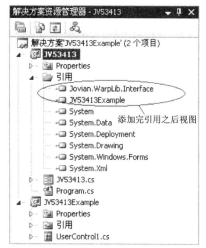

图 6 - 115　添加完后的"引用"视图

图 6 - 116　进入代码区

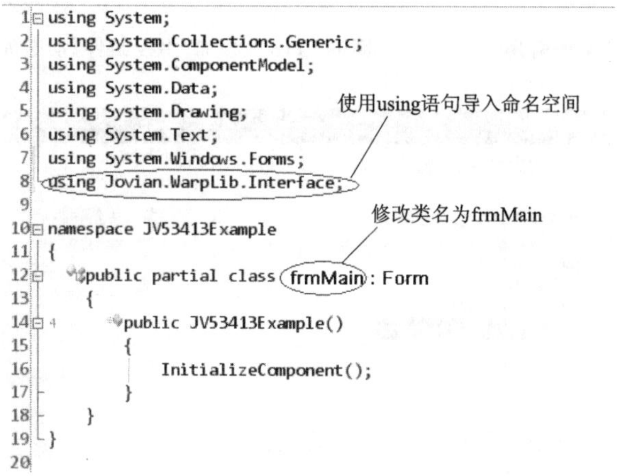

```
 1 using System;
 2 using System.Collections.Generic;
 3 using System.ComponentModel;
 4 using System.Data;
 5 using System.Drawing;
 6 using System.Text;
 7 using System.Windows.Forms;
 8 using Jovian.WarpLib.Interface;
 9
10 namespace JV53413Example
11 {
12     public partial class frmMain : Form
13     {
14         public JV53413Example()
15         {
16             InitializeComponent();
17         }
18     }
19 }
20
```

使用using语句导入命名空间

修改类名为frmMain

图 6 - 117　导入命名空间并修改类名

```
 1 using System;
 2 using System.Collections.Generic;
 3 using System.ComponentModel;
 4 using System.Data;
 5 using System.Drawing;
 6 using System.Text;
 7 using System.Windows.Forms;
 8 using Jovian.WarpLib.Interface;
 9
10 namespace JV53413Example
11 {
12     public partial class        frmMain        : Form, IClientExtend
13     {
14         public JV53413Example()
15         {
16             InitializeComponent();
17         }
18     }
19 }
```

interface Jovian.WarpL

添加继承

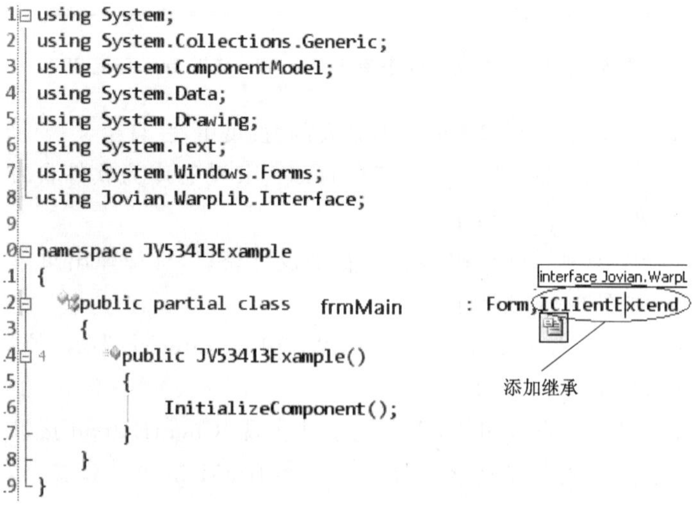

图 6 - 118　添加继承接口

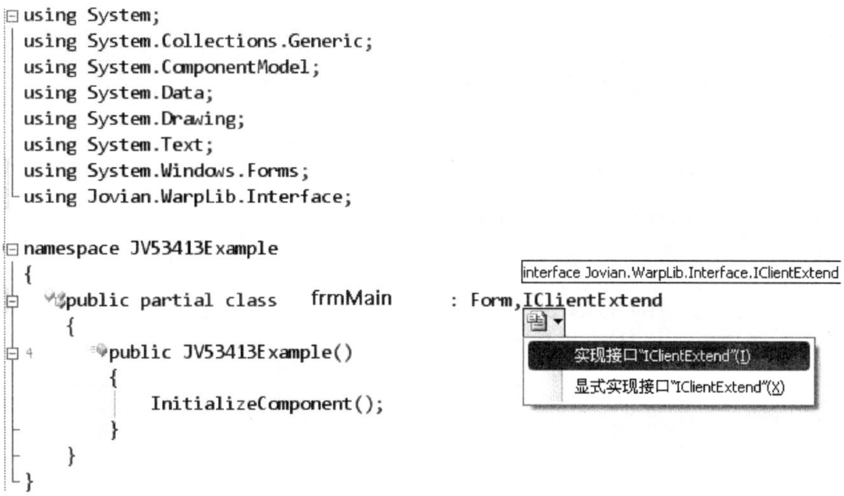

```
using System;
using System.Collections.Generic;
using System.ComponentModel;
using System.Data;
using System.Drawing;
using System.Text;
using System.Windows.Forms;
using Jovian.WarpLib.Interface;

namespace JV53413Example
{
    public partial class    frmMain        : Form,IClientExtend
    {
        public JV53413Example()
        {
            InitializeComponent();
        }
    }
}
```

interface Jovian.WarpLib.Interface.IClientExtend

实现接口"IClientExtend"(I)
显式实现接口"IClientExtend"(X)

图 6 - 119　实现接口"IClientExtend"继承

㉔ 实现接口"IClientExtend"继承后,程序窗口将自动生成继承代码,如图 6 - 120 所示。

```
namespace JV53413Example
{
    public partial class    frmMain        : Form,IClientExtend
    {
        public JV53413Example()
        {
            InitializeComponent();
        }

        ===== IClientExtend 成员 =====

        public string Description
        {
            get { throw new NotImplementedException(); }
        }

        public void LostAccessRight()
        {
            throw new NotImplementedException();
        }

        public void SetInterface(IVXIVirtualBox ivxi)
        {
            throw new NotImplementedException();
        }
    }
}
```

单击实现接口后
自动生成的代码

图 6 - 120　自动生成的接口继承代码

㉕ 自动生成的代码并无实际功能,需要添加实现本次实验功能的所需代码,添加的代码如图 6 - 121 所示。

注意:此处首先要声明一个私有变量。

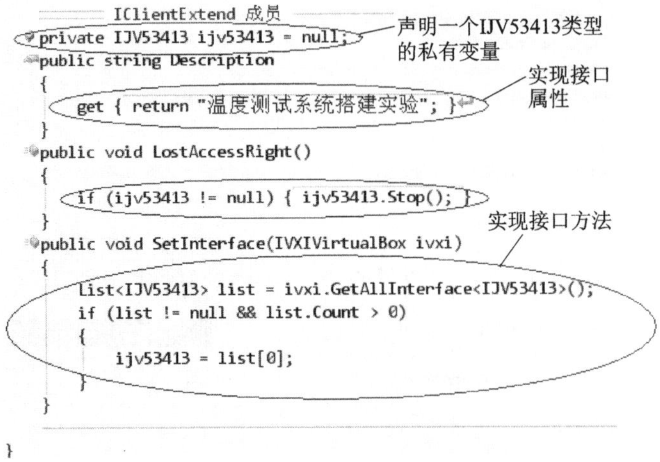

图 6 - 121　实现接口成员

　　为提高实验辨识度,可将在接口属性中添加学生姓名,如将"温度测试系统搭建实验"改为"张 XX 温度测试系统搭建实验"。

　　㉖ 接下来,需要通过添加初始化代码修改窗口类的构造函数,以适当方式提供进入程序的初始界面如图 6 - 122 所示。

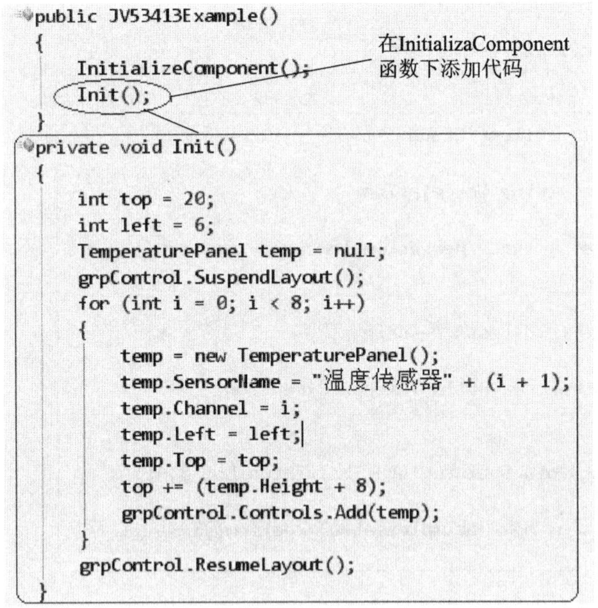

图 6 - 122　在 frmMain 类的构造函数中添加初始化代码

　　㉗ 产生"开始采集"按钮的事件处理代码(见图 6 - 123),并添加其事件响应代码(见图 6 - 124)。

　　㉘ 产生"停止采集"按钮的事件处理代码(见图 6 - 125),并添加其事件响应代码(见图 6 - 126)。

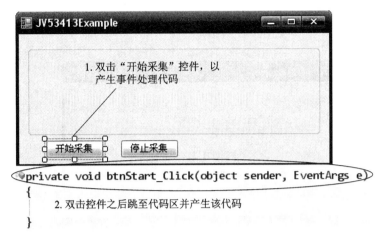

图 6 - 123 产生"开始采集"控件的事件处理代码

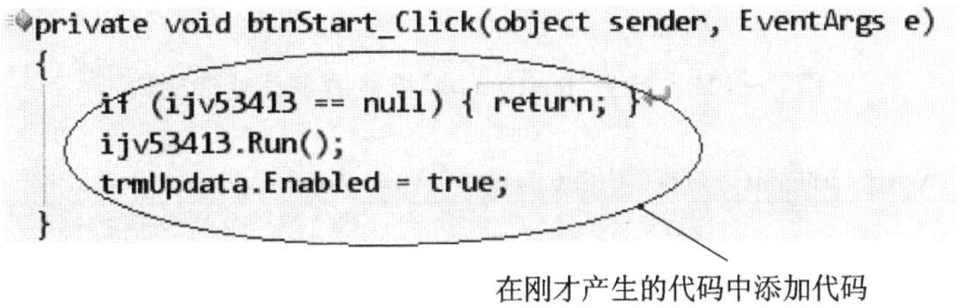

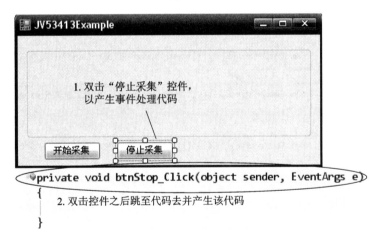

图 6 - 124 添加"开始采集"控件的事件响应代码

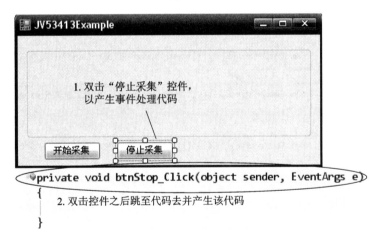

图 6 - 125 产生"停止采集"控件的事件处理代码

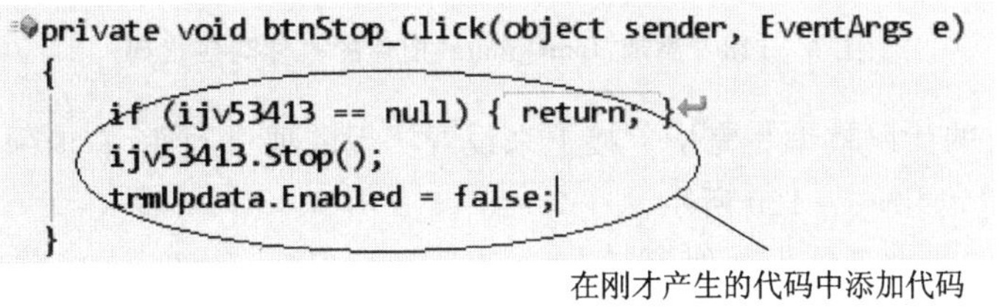

图 6 - 126 添加"停止采集"控件的事件响应代码

㉙ 产生“trmUpdata”控件的事件处理代码(见图 6－127),并添加其事件响应代码(见图 6－128)。

JV53413Example
1. 双击“trmUpdata”控件，以产生事件处理代码
开始采集
停止采集
trmUpdata
private void trmUpdata_Tick(object sender, EventArgs e)
{
}
2. 双击控件之后跳至代码区并产生该代码

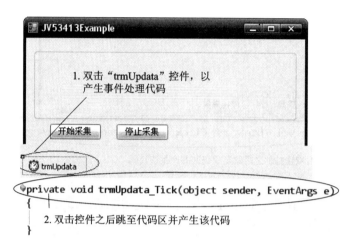

图 6－127　产生“trmUpdata”控件的事件处理代码

private void trmUpdata_Tick(object sender, EventArgs e)
{
if (ijv53413 == null) { return; }
double[] cvt;
ijv53413.ReadCVTWithScale(out cvt);
foreach (TemperaturePanel item in grpControl.Controls)
{
switch (item.Unit)
{
case 0: //摄氏度
item.Temperature = cvt[item.Channel].ToString("F6");
break;
case 1: //绝对温度
item.Temperature = (cvt[item.Channel] + 273.15).ToString("F6");
break;
case 2:
//华氏温度
item.Temperature = (cvt[item.Channel] * 1.8d + 32).ToString("F6");
break;
default: break;
}
}
}
}
在刚才产生的代码中添加代码

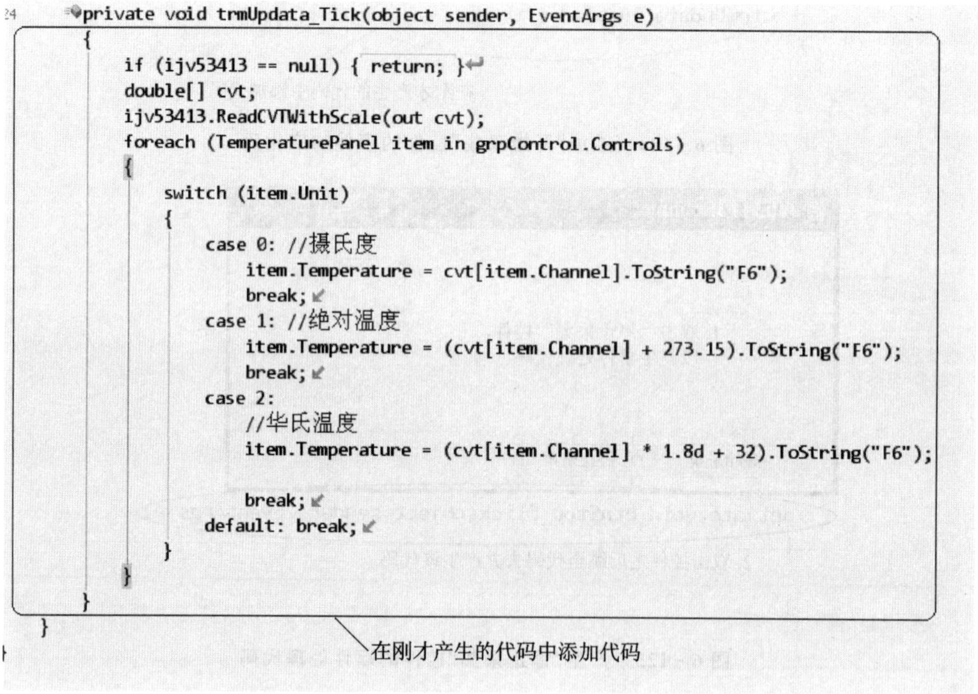

图 6－128　添加“trmUpdata”控件的事件响应代码

㉚ 至此,所有的代码就编写完毕。接下来设置实现的项目属性,右击项目,选择“属性”对项目属性进行设置,如图 6－129 所示。

㉛ 设置本次实践项目输出文件类型为“类库”,然后保存,如图 6－130 所示。

㉜ 设置完成后,右击项目,在弹出的菜单中选择“生成”即可编译生成本次实验项目的动态库,如图 6－131 所示。

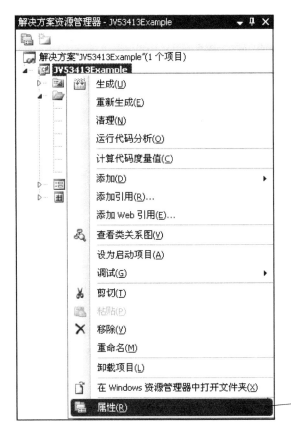

图 6 - 129　单击属性设置项目属性

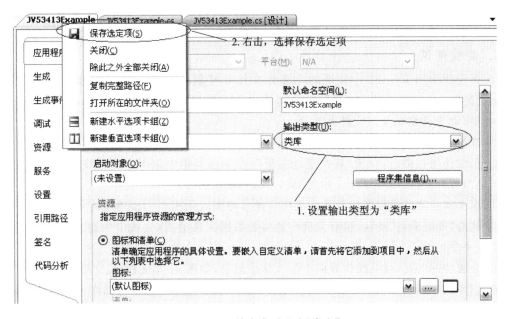

图 6 - 130　输出类型设为"类库"

图 6 – 131　生成本次实验项目的动态库

㉝ 生成后的动态库如图 6 – 132 所示。

注意：软件默认安装在 C:Program Files\Jovian. VXIInstrument. Framework 文件夹下。

图 6 – 132　生成的动态库

2. 实验调试

① 首先找到图 6 – 132 中生成的动态库文件并复制；然后找到教学实验设备软件平台 Jovian. VXIInstrument 的安装目录，并找到该目录下项目扩展文件夹"clientextend"；最后将生成的动态库文件粘贴至该文件夹下。

② 打开教学实验设备软件平台 Jovian. VXIInstrument，登录并申请使用权限。

③ 获取使用权限后，单击"客户功能扩展"，在下拉菜单中找到本次实践中自行开发程序的动态链接库（参考 6.5.4 节 1.1 中的第㉕步骤），单击打开。

④ 本次实验项目的程序运行界面或用户操作界面应如图 6 – 133 所示。

⑤ 单击"开始采集"按钮，接有温度传感器的数据采集通道（实践中为通道 1）应有实验室内的温度采集值。

⑥ 为增加辨识度，可在操作界面上加入学生信息，如图 6 – 134 所示。

至此，本次"温度测试系统搭建"实验项目完成，将图 6 – 134 截屏存储作为实验结果，并撰写实验报告。

设计完成后程序运行界面如图

图 6 - 133 本次实验用户操作界面

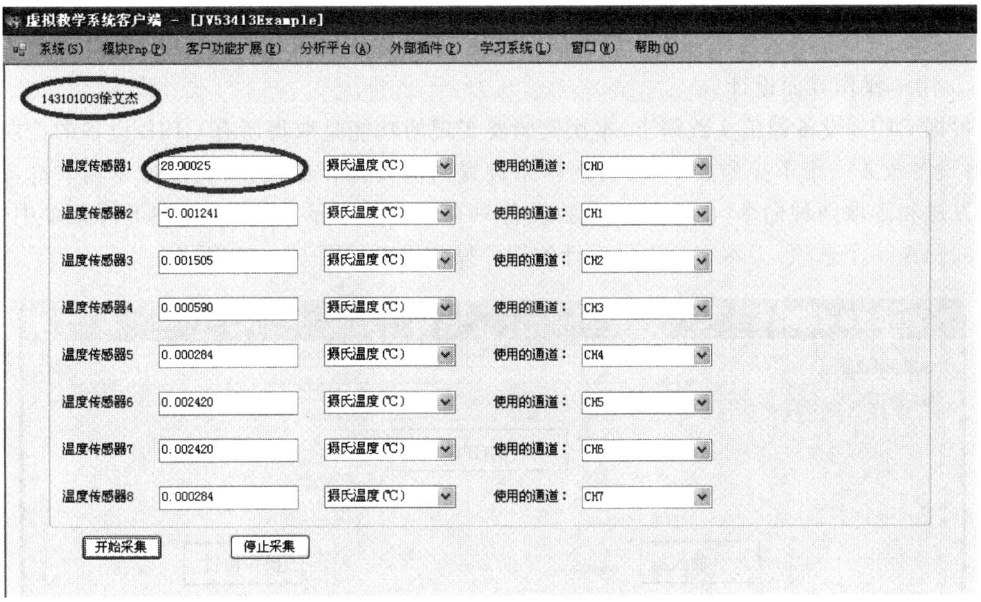

图 6 - 134 带学生信息的操作界面

6.6 GPIB 仪器通信实验

6.6.1 实验目的

① 掌握 GPIB 仪器程序控制方法。

② 掌握 GPIB 仪器程序编写方法。

③ 掌握并熟悉 SCPI 命令。

6.6.2　实验设备

① 一体化虚拟仪器教学实验设备一套。

② 学生（客户端）计算机若干。

6.6.3　实验原理

利用系统框架提供的客户端扩展功能取得 GPIB 控制接口，并实现与 GPIB 设备通信。在本次实验中，主要是对教学实验设备中的 DSO5014A 数字示波器进行通信控制，应具备 SCPI 命令发送、读取、响应等基本功能。在实验开始之前，开发者应仔细阅读 DSO5014A 数字示波器的编成手册，熟悉示波器设置的各种 SCPI 命令。在本教学实验设备的系统软件中封装了 GPIB 设备访问的细节问题，在开发时只需注重命令的细节即可。

6.6.4　实验步骤

1. 实验编制

① 本次实验属扩展性，开发流程可参考图 6-2，开发步骤中的用户界面设计和代码编辑与 6.3、6.4 和 6.5 中的实践开发步骤类似。此处，不再详细阐述。

② 用户操作界面设计。

根据 GPIB 设备通信实践需求，本次实验要实现的功能是取得所有 GPIB 设备的控制，将 GPIB 设备放入一个下拉列表中，通过选择来设置当前要操作的设备，提供命令输入框，能够支持发送和读取两种命令（由于教学实验设备只有一台数字示波器，因此在下拉菜单中仅有 DSO5014A 一个选项）。本实验项目设计的用户操作界面如图 6-135 所示。

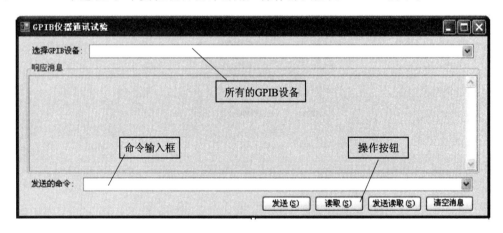

图 6-135　GPIB 仪器通信实验用户操作界面

控件命名与设置如下所示：

- GPIB 设备选择下拉组合框控件，其 Name 和 DropDownStyle 属性分别为"cmbGPIB" 和"DropDownList"。
- 响应消息框文本框控件，其 Name、ReadOnly、MultiLine 和 ScrollBars 属性分别设置为"txtInfo"、"true"、"true"和"Vertical"。

- 发送命令文本框控件,其 Name 属性设置为"cmbCommand"。
- 发送按钮控件的 Name 和 Text 属性并分别设置为"btnSend"和"发送"。
- 读取按钮控件的 Name 和 Text 属性并分别设置为"btnRead"和"读取"。
- 发送读按钮的 Name 和 Text 属性并分别设置为"btnSendRead"和"发送读取"。
- 清空消息按钮的 Name 和 Text 属性并分别设置为"btnClear"和"清空消息"。

③ 实验项目代码编辑

本次实验的代码文件共有两个,一个 ByteHelper,用于用户协助编码问题;另一个是主窗口事件响应代码,双击控件即可得到事件代码。

具体代码细节详见附录 4。

2. 实践调试

① 将生成的动态库文件并复制;然后找到教学实验设备软件平台 Jovian. VXIInstrument 的安装目录,并找到该目录下项目扩展文件夹"clientextend";最后将生成的动态库文件粘贴至该文件夹下。

② 打开教学实验设备软件平台 Jovian. VXIInstrument,登录并申请使用权限。

③ 获取使用权限后,单击"客户功能扩展",在下拉菜单中找到本次实验中自己开发程序的动态链接库,单击打开。

④ 在"模块"下拉菜单中打开"JV53202"任意波形发生器模块,选择通道 1,设置并输出一个正弦波至数字示波器 DSO5014A。

⑤ 在本次实验的用户操作界面命令输入框(见图 6 - 135)依次输入信号的频率、幅值和峰峰值的 SCPI 测量命令,并观察响应文本框内的"响应消息"是否与设置的参数一致。

⑥ 将带有响应消息的用户操作界面截屏存储作为实践结果,并撰写实验报告。

本章小结

本章首先介绍了课程实验项目的开发流程和实践要求,然后按步骤详细介绍程控通信接口、任意波形发生器编制、串行接口通信原理验证和温度测试系统搭建四个课程必做实验,最后简单介绍作为能力扩展的 GPIB 仪器通信实验。本章的重点是熟悉实验设备和实验开发软件,并独立完成四个必做的课程实验。通过本章学习,使学习者初步掌握 SCPI 命令的应用、仪器的调用控制以及测试总线应用等知识,初步具备测试软件的开发的能力。

思 考 题

1. 简述测试软件开发的基本流程。
2. 实验中控件的 Name 属性和 Text 属性的作用是什么?
3. 实验中遇到的典型错误有哪些?

附　　录

附录1　任意波形发生器编制实验完整代码

```
using System;
using System.Collections.Generic;
using System.ComponentModel;
using System.Drawing;
using System.Text;
using System.Windows.Forms;
using Jovian.WarpLib.Interface;

namespace JV53202EasyExample
{
    public partial class frmMain : Form,IClientExtend
    {
        public frmMain()
        {
            InitializeComponent();

            cmbWaveStyle.Items.AddRange(new string[] { "正弦波",
                                                       "方波",
                                                       "三角波",
                                                       "锯齿波",
                                                       "白噪声",
                                                       "阻尼衰减",
                                                       "直流"}); //添加波形样式
            cmbWaveStyle.SelectedIndex = 0;
            cmbChannel.Items.AddRange(new string[] { "CH0", "CH1", "CH2", "CH3" }); //通道
            cmbChannel.SelectedIndex = 0;
        }
        private IJV53202 ijv53202 = null;
        private ushort channel = 0;
        private bool isoutput = false;
        #region IClientExtend 成员
        public string Description
        {
            get { return "JV53202 简单示例"; }
        }
```

```
    public void LostAccessRight()                  //失去控制权限
    {
        if (ijv53202 == null) { return; }
        for (ushort i = 0; i < 4; i++)              //停止所有通道输出
        {
            ijv53202.StopWaveOut(i);
            ijv53202.DisableWaveOutTrg(i);
        }
    }
    public void SetInterface(IVXIVirtualBox ivxi)
    {
        List<IJV53202> list = ivxi.GetAllInterface<IJV53202>();
        if (list == null || list.Count <= 0) { return; }
        ijv53202 = list[0];                         //取得 JV53202 模块访问接口
    }
    #endregion
    private void cmbChannel_SelectedIndexChanged(object sender, EventArgs e)
    {
        if (ijv53202 == null) { return; }
        if (isoutput)                               //如果上个通道正在输出,则停止输出
        {
            ijv53202.StopWaveOut(channel);          //停止输出
            ijv53202.DisableWaveOutTrg(channel);
        }
        isoutput = false;                           //置为 false
        channel = (ushort)cmbChannel.SelectedIndex;
    }
    private void btnLoadWave_Click(object sender, EventArgs e)
    {
        if (ijv53202 == null) { return; }
    int re = ijv53202.GenerateWave(channel, cmbWaveStyle.SelectedIndex, 1000, 8d, 0d,
50d, 0.1d, 0);
    re = ijv53202.SetWaveAddr(channel,0, 999);
    btnImmOutPut.Enabled = true;
    btnLoadWave.Enabled = false;
        //产生波形,使用时可根据需要改变参数值
        //1000,点数
        //8,幅值
        //0,相位
        //50,占空
        //0.1,阻尼系数
        //0,起始地址
    }
    private void btnImmOutPut_Click(object sender, EventArgs e)
    {
```

```
            if (ijv53202 == null) { return; }
            isoutput = true;
            int re = ijv53202.ImmediatelyWaveOut(channel);    //立即输出
            isoutput = true;
            btnStopOutPut.Enabled = true;
            btnImmOutPut.Enabled = false;
        }
        private void btnStopOutPut_Click(object sender, EventArgs e)
        {
            if (ijv53202 == null) { return; }
            ijv53202.StopWaveOut(channel);
            ijv53202.DisableWaveOutTrg(channel);              //禁止输出
            btnImmOutPut.Enabled = false;
            btnStopOutPut.Enabled = false;
            btnLoadWave.Enabled = true;
            isoutput = false;
        }
    }
}
```

附录2   串行通信原理验证实验完整代码

```
using System;
using System.Windows.Forms;
using Jovian.WarpLib.Interface;
using System.Collections.Generic;
using System.Text;

namespace JV53452EasyExample
{
    public partial class frmMain : Form, IClientExtend
    {
        public frmMain()
        {
            InitializeComponent();
            for (int i = 0; i < 8; i++)
            {
                cmbChannel.Items.Add("CH" + i);
            }
            cmbChannel.SelectedIndex = 0;
        }
        private IJV53452 ijv53452 = null;
        private short channel = 0;
        private byte[] sendbyte = Encoding.Default.GetBytes("");
```

```csharp
private bool[] IsOpen = new bool[8];                    //存放通道是否打开
#region IClientExtend 成员
public string Description
{
    get { return "JV53452 简单示例"; }
}
public void LostAccessRight()                           //失去权限
{
    if (ijv53452 == null) { return; }
    for (short i = 0; i < 8; i++)
    {
        ijv53452.Start(i, 0);                          //关闭所有串口
    }
}
public void SetInterface(IVXIVirtualBox ivxi)
{
    List<IJV53452> list = ivxi.GetAllInterface<IJV53452>();
    if (list != null && list.Count > 0)
    {
        ijv53452 = list[0];
    } //取得 JV53452 访问接口
}
#endregion
private void btnOpen_Click(object sender, EventArgs e)
{
    if (ijv53452 == null) { return; }
    //参数设置
    ijv53452.SetDataBits(channel, 8);                  //数据位
    ijv53452.SetStopBits(channel, 1);                  //
    ijv53452.SetParity(channel, 0);                    //奇偶校验
    ijv53452.SetInterfaceType(channel, 0);             //接口
    ijv53452.SetCommBaudRate(channel, 9600);           //波特率
    ijv53452.SetFlowCtrl(channel, 0);                  //数据流控制
    ijv53452.SetRThreshold(channel, 32);
    ijv53452.SetRxfifoIrqlevel(channel, 3);
    ijv53452.Start(channel, 1);                        //打开串口
    ijv53452.InterruptDSP(channel);
    //设置参数
    ijv53452.SetTCycle(channel, 0, 0, sendbyte);       //设置周期
    ijv53452.Clear(channel);                           //清空
    IsOpen[channel] = true;
    btnOpen.Enabled = false;
    btnClose.Enabled = true;
}
private void cmbChannel_SelectedIndexChanged(object sender, EventArgs e)
```

```
{
    if (ijv53452 == null) { return; }
    channel = (short)cmbChannel.SelectedIndex;
    if (IsOpen[channel]) { btnOpen.Enabled = false; btnClose.Enabled = true; }
    else { btnOpen.Enabled = true; btnClose.Enabled = false; }
}
private void btnClose_Click(object sender, EventArgs e)
{
    if (ijv53452 == null) { return; }
    ijv53452.Start(channel, 0); //关闭串口
    IsOpen[channel] = false;
    btnClose.Enabled = false;
    btnOpen.Enabled = true;
}
private void txtSend_TextChanged(object sender, EventArgs e)
{
    if (ijv53452 == null) { return; }

    sendbyte = Encoding.Default.GetBytes(txtSend.Text); //获取发送字符的字节数组
    byte[] buffer = null;
    if (sendbyte.Length > 1024)
    {
        buffer = new byte[1024];
        int len = 1024;

        for (int i = 0; i < len; i++)
        {
            buffer[i] = sendbyte[i];
        }
        sendbyte = buffer;
    }
    //生成发送字节数组
}
private void btnSend_Click(object sender, EventArgs e)
{
    if (ijv53452 == null) { return; }
    if (!IsOpen[channel]) { MessageBox.Show("串口通道未打开!", "JV53452"); return; }
    ijv53452.SendData(channel, sendbyte, (short)sendbyte.Length); //发送数据
}
private void btnReceive_Click(object sender, EventArgs e)
{
    if (ijv53452 == null) { return; }
    if (!IsOpen[channel]) { MessageBox.Show("串口通道未打开!", "JV53452"); return; }
    byte[] rbuffer;// = new byte[4096];
    ushort len = 0;
```

```
                int re = ijv53452.PollChannel(channel, out rbuffer, 4096, ref len); //接收数据
                if (re < 0)
                {
                    txtReceive.Text += ("\r\n=======Error======" + re);
                }
                else
                {
                    if (len>0)
                    {
txtReceive.Text += (Encoding.Default.GetString(rbuffer, 0, len));
                    }
                }
            }
        }
}
```

附录3　温度测试系统搭建实验完整代码

1. TemperaturePanel

```
using System;
using System.Windows.Forms;

namespace JV53413Example
{
    public partial class TemperaturePanel : UserControl
    {
        public TemperaturePanel()
        {
            InitializeComponent();
            cmbChannel.BeginUpdate();
            for (int i = 0; i < 64; i++)
            {
                cmbChannel.Items.Add("CH" + i);
            }
            cmbChannel.SelectedIndex = 0;
            cmbChannel.EndUpdate();
            cmbUnit.Items.AddRange(new string[] {"摄氏温度(℃)","开氏温度(K)","华氏温度(℉)" });
            cmbUnit.SelectedIndex = 0;
        }
        public string SensorName
        {
            get { return lblName.Text; }
```

```
            set { lblName.Text = value; }
        }
        public string Temperature
        {
            get{return txtTemp.Text;}
            set { txtTemp.Text = value; }
        }
        public int Unit
        {
            get { return cmbUnit.SelectedIndex; }
            set { cmbUnit.SelectedIndex = value; }
        }
        public int Channel
        {
            get { return cmbChannel.SelectedIndex; }
            set { cmbChannel.SelectedIndex = value; }
        }
    }
}
```

2. 主界面代码

```
using System;
using System.Windows.Forms;
using Jovian.WarpLib.Interface;
using System.Collections.Generic;

namespace JV53413Example
{
    public partial class frmMain : Form,IClientExtend
    {
        public frmMain()
        {
            InitializeComponent();
            Init();
        }
        private void Init()
        {
            int top = 20;
            int left = 6;
            TemperaturePanel temp = null;
            grpControl.SuspendLayout();
            for (int i = 0; i < 8; i++)
            {
                temp = new TemperaturePanel();
                temp.SensorName = "温度传感器" + (i + 1);
```

```
            temp.Channel = i;
            temp.Left = left;
            temp.Top = top;
            top += (temp.Height + 8);
            grpControl.Controls.Add(temp);
        }
        grpControl.ResumeLayout();
}
#region IClientExtend 成员
private IJV53413 ijv53413 = null;
public string Description
{
        get { return "温度测试系统搭建实验"; }
}
public void LostAccessRight()
{
        if (ijv53413 != null) { ijv53413.Stop(); }
}
public void SetInterface(IVXIVirtualBox ivxi)
{
        List<IJV53413> list = ivxi.GetAllInterface<IJV53413>();
        if (list != null && list.Count > 0)
        {
            ijv53413 = list[0];
        }
}
#endregion
private void btnStop_Click(object sender, EventArgs e)
{
        if (ijv53413 == null) { return; }
        ijv53413.Stop();
        trmUpdata.Enabled = false;
}
private void btnStart_Click(object sender, EventArgs e)
{
        if (ijv53413 == null) { return; }
        ijv53413.Run();
        trmUpdata.Enabled = true;
}
private void trmUpdata_Tick(object sender, EventArgs e)
{
        if (ijv53413 == null) { return; }
        double[] cvt;
        ijv53413.ReadCVTWithScale(out cvt);
        foreach (TemperaturePanel item in grpControl.Controls)
```

```
        {
            switch (item.Unit)
            {
                case 0: //摄氏度
                    item.Temperature = cvt[item.Channel].ToString("F6");
                    break;
                case 1: //绝对温度
                    item.Temperature = (cvt[item.Channel] + 273.15).ToString("F6");
                    break;
                case 2:
                    //华氏温度
                    item.Temperature = (cvt[item.Channel] * 1.8d + 32).ToString("F6");
                    break;
                default: break;
            }
        }
    }
  }
}
```

附录 4　GPIB 程控命令实验完整代码

1. ByteHelper. cs

```
using System;
using System.Text;
using System.Collections.Generic;
public static class ByteHelper
{
    public static byte[] GetBytes(string commond)
    {
        return Encoding.ASCII.GetBytes(commond); //将字符编码成字节数组
    }
    public static string GetString(byte[] buffer, int count)
    {
        return Encoding.ASCII.GetString(buffer, 0, count);
    } //将字节数组编码成字符
}
```

2. frmMain. cs

```
using System;
using System.Collections.Generic;
using System.ComponentModel;
using System.Drawing;
using System.Text;
```

```csharp
using System.Windows.Forms;
using Jovian.WarpLib.Interface;
using System.Threading;

namespace ClientExtend
{
    public partial class frmMain : Form, IClientExtend        //继承客户端扩展接口
    {
        public frmMain()
        {
            InitializeComponent();
        }

        private IGPIBHelper igpib = null;                      //当前 GPIB 设备访问接口
        private IList<IGPIBHelper> ilist = null;               //GPIB 设备列表

        #region IClientExtend 成员

        public string Description
        {
            get { return "GPIB 仪器通信试验"; }               //返回扩展插件描述
        }

        public void LostAccessRight()
        {
            return;                                            //失去访问权限
        }

        public void SetInterface(IVXIVirtualBox ivxi)
        {
            {
                ilist = ivxi.GetGPIBHelper();                  //获取 GPIB 设备列表
                if (ilist != null && ilist.Count > 0)          //判断是否为空
                {
                    foreach (var item in ilist)
                    {
                        cmbGPIB.Items.Add(item.DeviceName);    //添加 GPIB 设备连接符
                    }
                    cmbGPIB.SelectedIndex = 0;                 //设第一个设备为默认设备
                }
            }
        }

        #endregion

        private void cmbGPIB_SelectedIndexChanged(object sender, EventArgs e)
        {
```

```
            int index = cmbGPIB.SelectedIndex;    //取得选中索引
            if (index >= 0)                        //索引有效
            {
                igpib = ilist[index];              //设置选中的 GPIB 设备访问接口
            }
        }


        private void Read()
        {
            if (igpib == null)
            {
                MessageBox.Show(igpib.DeviceTypeString + "访问接口为空！无法执行该操作."
                    igpib.DeviceTypeString,
                    MessageBoxButtons.OKCancel,
                    MessageBoxIcon.Error);
                return;
            }
            byte[] buffer = null;
            int count = 0x400;
            bool re = igpib.Read(out buffer, count, out count);    //读取 GPIB 设备命令
            if (re) { txtInfo.Text += ("<--" + cmbCommand.Text + " 操作已成功,返回字符信
息: " + ByteHelper.GetString(buffer, count) + "\r\n"); }
            else { txtInfo.Text += ("<--" + cmbCommand.Text + " 操作失败!\r\n"); }
        }


        private void Write(string command)
        {
            if (igpib == null)
            {
                MessageBox.Show(igpib.DeviceTypeString + "访问接口为空！无法执行该操作."
                    igpib.DeviceTypeString,
                    MessageBoxButtons.OKCancel,
                    MessageBoxIcon.Error);
                return;
            }
            byte[] buffer = ByteHelper.GetBytes(command);         //取得发送命令的字节码
            int count = buffer.Length;
            bool re = igpib.Write(buffer, count, out count);      //发送 GPIB 命令
            if (re) { txtInfo.Text += ("-->" + cmbCommand.Text + " 操作已成功!\r\n"); }
            else { txtInfo.Text += ("-->" + cmbCommand.Text + " 操作失败!\r\n"); }
        }


        private void AddCommond()
        {
            string  command = cmbCommand.Text.Trim();
            foreach (string item in cmbCommand.Items)             //遍历命令列表
            {
```

```
            if (item == command)
            {
                return; //已经存在返回
            }
        }
    cmbCommand.Items.Add(command);                    //添加到命令列表
}


private void btnSend_Click(object sender, EventArgs e)
{
    if (cmbCommand.Text.Trim() == "")
    {
        MessageBox.Show("要发送的命令不能为空！请重新输入.", igpib.DeviceTypeString,
            MessageBoxButtons.OKCancel, MessageBoxIcon.Warning);
        return;
    }
    if (igpib == null)
    {
        MessageBox.Show(igpib.DeviceTypeString + "访问接口为空！无法执行该操作."
            igpib.DeviceTypeString,
            MessageBoxButtons.OKCancel,
            MessageBoxIcon.Error);
        return;
    }
    btnSend.Enabled = false;
    string command = cmbCommand.Text.Trim();
    if (!command.EndsWith("\n")) { command += "\n"; }
    Write(command); //发送命令
    btnSend.Enabled = true;

    AddCommond(); //添加命令到列表
}


private void btnRead_Click(object sender, EventArgs e)
{
    if (cmbCommand.Text.Trim() == "")
    {
        MessageBox.Show("要发送的命令不能为空！请重新输入.", igpib.DeviceTypeString,
            MessageBoxButtons.OKCancel, MessageBoxIcon.Warning);
        return;
    }
    if (igpib == null)
    {
        MessageBox.Show(igpib.DeviceTypeString + "访问接口为空！无法执行该操作."
            igpib.DeviceTypeString,
            MessageBoxButtons.OKCancel,
            MessageBoxIcon.Error);
```

```
            return;
        }
        btnRead.Enabled = false;
        string command = cmbCommand.Text.Trim();
        if (!command.EndsWith("\n")) { command += "\n"; }
        Read();                        //读取命令
        btnRead.Enabled = true;

        AddCommond();                  //添加命令到列表
    }

    private void btnSendRead_Click(object sender, EventArgs e)
    {
        if (cmbCommand.Text.Trim() == "")
        {
            MessageBox.Show("要发送的命令不能为空！请重新输入.", igpib.DeviceTypeString,
                MessageBoxButtons.OKCancel, MessageBoxIcon.Warning);
            return;
        }
        if (igpib == null)
        {
            MessageBox.Show(igpib.DeviceTypeString + "访问接口为空！无法执行该操作."
                igpib.DeviceTypeString,
                MessageBoxButtons.OKCancel,
                MessageBoxIcon.Error);
            return;
        }
        btnSendRead.Enabled = false;
        string command = cmbCommand.Text.Trim();
        if (!command.EndsWith("\n")) { command += "\n"; }

        Write(command);                //发送命令
        int timeout = 800;
        Thread.Sleep(timeout);         //等待 800 ms
        Read();                        //读取命令
        btnSendRead.Enabled = true;

        AddCommond();                  //添加命令到列表
    }

    private void btnClear_Click(object sender, EventArgs e)
    {
        txtInfo.Clear();               //清空消息内容
    }
  }
}
```

参考文献

[1] 肖支才,王朕,秦亮,等. 自动测试技术[M]. 北京:北京航空航天大学出版社,2017.

[2] 软件开发技术联盟. C♯自学视频教程[M]. 北京:清华大学出版社,2014.

[3] 袁宝华. 操作系统实践教程[M]. 北京:清华大学出版社,北京交通大学出版社,2010.

[4] JV53202 任意波形发生器模块用户手册[M]. 成都:成都纵横测控技术有限公司,2012.

[5] JV53403 数字 I/O 模块用户手册[M]. 成都:成都纵横测控技术有限公司,2012.

[6] JV53413 A/D 采集模块用户手册[M]. 成都:成都纵横测控技术有限公司,2012.

[7] JV53452 串口通信模块用户手册[M]. 成都:成都纵横测控技术有限公司,2012.

[8] 郑忠云,苏泽娟. 浅谈 PXI 总线技术[J]. 仪器仪表标准化标准化与计量,2005.06,pp:21-23.

[9] 齐永龙,宋斌,刘道煦. 国外自动测试系统发展概述[J]. 国外电子测量技术,2015,34(12):1-3.

[10] 赖根,肖明清,夏锐,等. 国外自动测试系统发展现状综述[J]. 探测与控制学报,2005,27:26-30.

[11] 李永明,王俭勤,郑晋光,等. 国外标准化通用航空电子自动测试设备(ATE)现状和发展[J]. 计算机测量与控制,2004,12(1):1-5.